MARGOT UND ROLAND SPOHN

Welcher Baum — ist das?

KOSMOS

Die Baum- und Straucharten

Wie ist die Seite aufgebaut?

Zur Benutzung des Buches

Zu jedem beschriebenen Gehölz finden Sie Angaben zum Vorkommen sowie Interessantes zu seiner Verwendung, aus der Geschichte oder Biologie. Informative Abbildungen mit Hinweisen auf die wichtigen Merkmale erleichtern das Erkennen.

Das große Hauptfoto zeigt dabei das typische Erscheinungsbild des Baumes. Bei manchen Sträuchern, die sich im Wuchs oft ähneln, zeigt Ihnen das Hauptfoto einen typischen Ausschnitt aus dem Strauch. Weitere Abbildungen informieren Sie über aussagekräftige, für die Bestimmung wichtige Details.

Die Randspalte enthält mit Text und Bildern Angaben zum Vorkommen, wichtige Merkpunkte und zeigt ein typisches Blatt. Bei Bäumen und Stäuchern, die auf einer ganzen Seite beschrieben werden, erfahren Sie in einem **„Schon gewusst?"**- Kasten etwas besonders Interessantes zu dem Gehölz.

Höhe: Wuchshöhe über dem Boden in Metern
Monatsangabe: Hauptblütezeit

Wissenswertes
Hier stehen interessante Informationen aus den unterschiedlichsten Bereichen wie Verwendung, Geschichte, Medizin, Biologie.

Die **kleinen Abbildungen** zeigen Ausschnitte aus dem Gehölz, die für die Bestimmung wichtig sind. Es kann sich dabei zum Beispiel um Blüten, Früchte oder die Borke handeln. Die zugehörigen Legenden heben die typischen Merkmale hervor.

Ein **großes Foto** vermittelt bei den Bäumen einen Eindruck des ganzen Gehölzes. Bei den Sträuchern zeigt es den ganzen Strauch oder einen typischen Ausschnitt. Die Beschriftung weist auf wichtige Merkmale hin.

Deutscher Name
Wissenschaftlicher Name
(Familienzugehörigkeit)

Vorkommen
Der Text beschreibt die Heimat des Baumes oder Strauches. Bei europäischen Gehölzen gibt er außerdem den natürlichen Lebensraum und die Verbreitung in Europa an. Bei in Europa nicht heimischen Arten finden sich stattdessen Angaben, wo das Gehölz gerne gepflanzt wird. Zusätzlich ist ein besonders typisches Merkmal des Baumes oder auch Strauches beschrieben, das im kleinen Foto darüber gezeigt wird.

Wichtige Merkpunkte
Kurzfassung wissenswerter Informationen, zum Beispiel zur Bestimmung, Verbreitung oder Nutzung

Blatt
Zeigt ein typisches Blatt und weist auf wichtige Bestimmungsmerkmale im Blattbereich hin

Farbcode
Jede der vier Hauptgruppen ist mit der für sie typischen Farbe gekennzeichnet (siehe auch Buchklappe vorne).

Symbol
Die Schemazeichnung ermöglicht eine Unterteilung innerhalb der Blattformen (siehe auch Buchklappe vorne).

Schon gewusst?-Kasten
Der Kasten enthält, oft mit einem Bild, eine besonders interessante Information zu dem Gehölz. In manchen Fällen zeigt er auch eine wichtige, verwandte Art.

Typische Wuchsformen erkennen

Die Gehölze sind in diesem Buch nach ihren Wuchsformen wie etwa Nadel- oder Laubbaum in Hauptgruppen angeordnet. Diese Gruppen lassen sich anhand des Farbcodes rasch auffinden. Die Wuchsform lässt sich gewöhnlich schon aus der Ferne erkennen. Sie vermittelt einen ersten Eindruck des Gehölzes und gibt damit auch einen ersten Hinweis für die Bestimmung.
Die Bäume einer Wuchsform zeigen gemeinsame Grundmerkmale:

Nadelbäume besitzen einen Hauptstamm und eine meist immergrüne Krone, die oft kegelförmig ist.

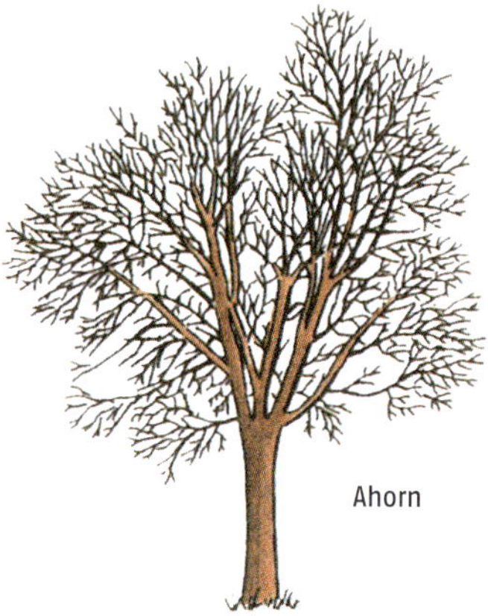

Laubbäume haben einen Hauptstamm und eine meist im Winter kahle, oft kugelförmige oder unregelmäßige Krone.

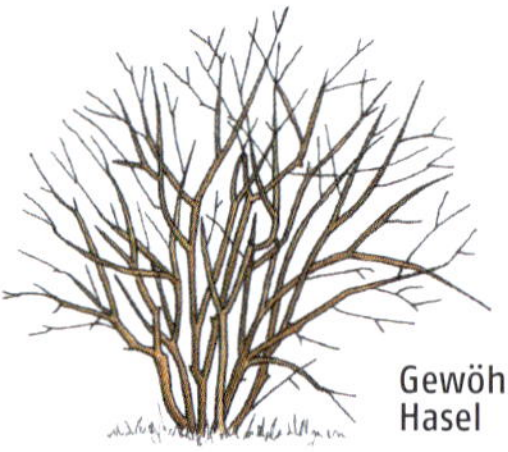

Sträucher bilden schon von unten her mehrere, oft gleichstarke Stämme.

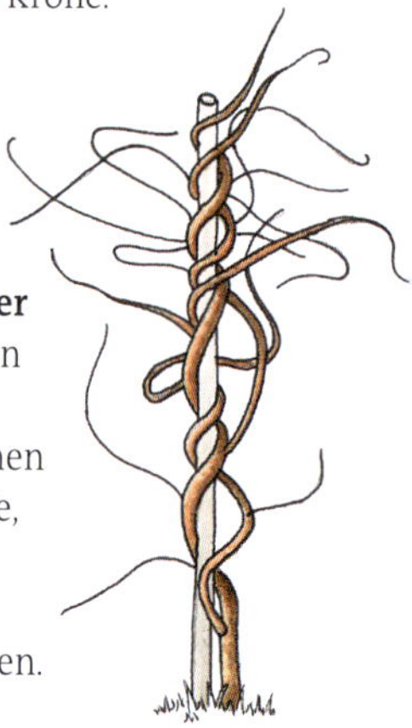

Klettersträucher stehen nicht von selbst aufrecht, sondern brauchen eine Kletterhilfe, an der sie sich festhalten oder die sie umwinden.

Der Aufbau eines Baumes

Für die Bestimmung ist es wichtig, den typischen Aufbau der Holzgewächse zu erkennen. Hierzu lassen sich verschiedene Bereiche des Baumes unterscheiden: Direkt aus dem Boden entspringt aus dem unterirdischen Wurzelwerk der **Stamm**. Er kann über die ganze Höhe des Baumes bis in die Spitze reichen, sich oberhalb des Bodens in mehrere, oft etwa gleich starke Stämme gabeln oder mehr oder weniger kurz sein. Vom Stamm gehen mehr oder weniger zahlreiche **Äste** ab, die sich in **Zweige** aufteilen. Äste und Zweige bilden in ihrer Gesamtheit die **Krone**, deren oberster Teil **Wipfel** genannt wird.

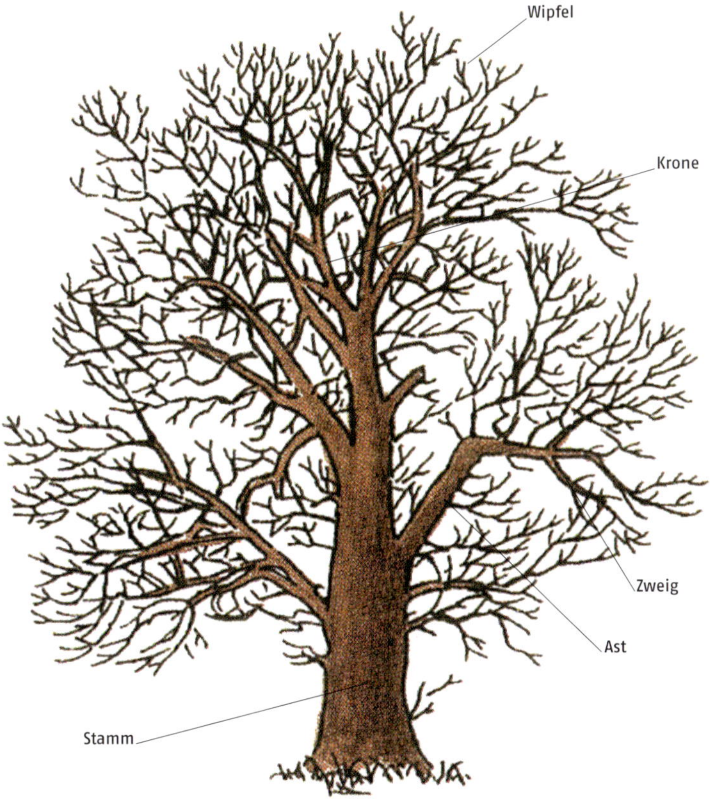

Die Blätter der Bäume

Blattmerkmale gehören zu den wichtigsten Erkennungszeichen der Bäume. So sind die Hauptgruppen der Gehölze in diesem Buch anhand von fünf Schemazeichnungen, die sich in den Farbbalken wiederfinden, in weitere Untergruppen unterteilt. Die Schemazeichnungen symbolisieren die verschiedenen Formen der Blattspreite und des Blattrands. Neben dem Aussehen des einzelnen Blattes **(Blattformen)** kann für die Bestimmung auch noch die Anordnung der Blätter am Zweig wichtig sein **(Blattstellung)**.

Blattbau

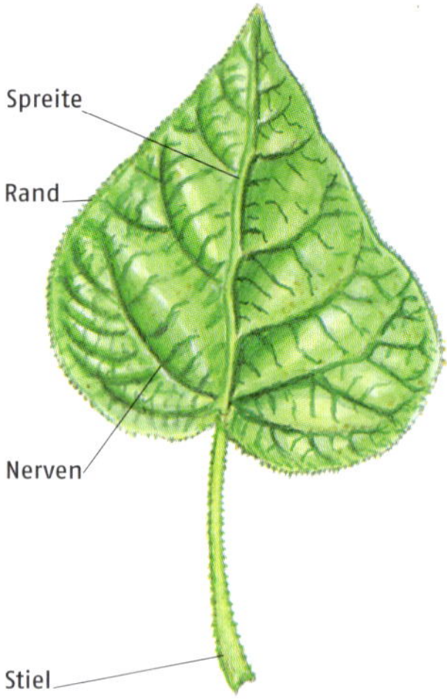

4 Blattstellungen

Die Blätter entspringen entlang den Zweigen in wenigen Grundmustern. Für die Bestimmung ist es sehr hilfreich, diese Muster zu kennen. Hierzu sollte nicht die Zweigspitze, sondern ein weiter hinten liegender Zweigabschnitt betrachtet werden.
In den meisten Fällen sitzen die Blätter in folgender Anordnung am Zweig:

1. wechselständig
Lorbeer

2. gegenständig
Gewöhnlicher Liguster

3. in Büscheln
Libanon-Zeder

4. in Quirlen
Gewöhnlicher Wacholder

5 Blattformen

Die 5 Symbole finden Sie jeweils auf jeder Bestimmungsseite in den Farbbalken wieder.

1. nadel- oder schuppenförmige Blätter

Nadeln
Sitka-Fichte

Schuppenblätter
Mittelmeer-Zypresse

2. gelappte Blätter

Rand gelappt
Stiel-Eiche

Blatt dreilappig
Französischer Ahorn

3. ungeteilte, flächige Blätter mit glattem Blattrand

eiförmig
Rot-Buche

herzförmig
Gewöhnlicher Judasbaum

lanzettlich
Gewöhnlicher Seidelbast

4. ungeteilte, flächige Blätter mit gekerbtem, gezähntem oder gesägtem Rand

Rand gesägt
Vogel-Kirsche

Rand gekerbt
Südbuche

Rand gezähnt
Gemeine Stechpalme

5. zusammengesetzte Blätter

paarig gefiedert
Mastixstrauch

unpaarig gefiedert
Echte Walnuss

doppelt gefiedert
Seidenakazie

dreizählig
Bitterorange

handförmig geteilt
Gewöhnliche Rosskastanie

Wichtige Blütenformen

Viele Gehölze bilden typische Blüten aus, die sich als gutes Merkmal für die Bestimmung eignen. Auch die Anordnung der Blüten an den Zweigen ist wichtig. Manche Blüten stehen einzeln, andere bilden charakteristisch aufgebaute Gruppen. Außerdem lohnt es sich, auf den Blühzeitpunkt zu achten: Oft erscheinen die Blüten im Frühjahr noch bevor die Blätter austreiben.

Blütenbau

Das Blütenschema zeigt den Grundaufbau einer Blüte. Hiervon existieren bei den Bäumen und Sträuchern zahlreiche Abwandlungen. In vielen Fällen können ganze Teile davon fehlen.

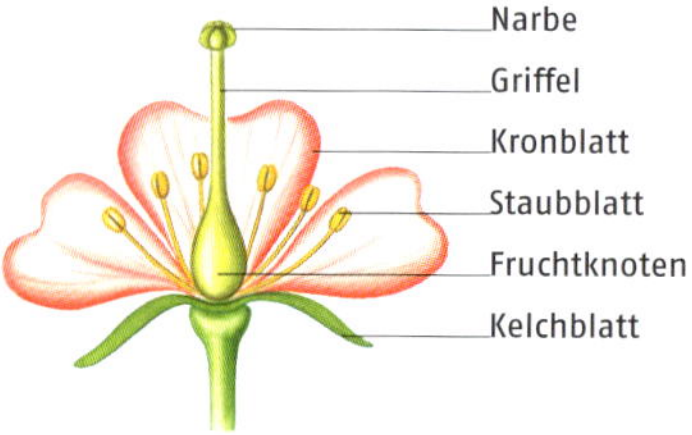

männliche Blüte nur mit Staubblättern, ohne Fruchtknoten
Rizinus

weibliche Blüte nur mit Fruchtknoten und Narben, ohne Staubblätter
Rizinus

Blütenform

Die einzelnen Teile einer Blüte können in unterschiedlicher Anzahl, Anordnung oder Ausprägung vorhanden sein, so dass Blüten eine ganze Fülle an Erscheinungsformen aufweisen.

mit 4 Kronblättern
Gemeine Stechpalme

mit 5 Kronblättern
Scheinquitte

mit vielen Kronblättern
Stern-Magnolie

gefüllt
Mandelbäumchen

Schmetterlingsblüte
Pfriemenginster

trichterförmig
Engelstrompete

mit Röhre
Kap-Bleiwurz

glockig
Baum-Heide

Blütenanordnung

Blüten erscheinen an den Zweigen nicht nur einzeln, sondern bilden oft Gruppen, in denen die Einzelblüten ganz unterschiedlich angeordnet sind.

weiblicher Blütenstand eines Nadelbaums (Blütenzapfen)
Japanische Lärche

einzeln in den Blattachseln
Dorniger Kapernstrauch

männliche Blüte eines Nadelbaums
Japanische Lärche

Traube
Lorbeer-Kirsche

weibliches Blütenkätzchen
Korb-Weide

Rispe
Götterbaum

männliches Blütenkätzchen
Korb-Weide

Köpfchen
Silber-Akazie

Wichtige Früchte

Obstgehölze werden ausschließlich der Früchte wegen kultiviert. Doch auch bei anderen Gehölzen können Früchte die Bestimmung erleichtern. Es lohnt sich deshalb, an einem unbekannten Baum oder Strauch nach ihnen Ausschau zu halten. Ihre Entwicklung beginnt unmittelbar nach der Blüte, so dass Früchte in unterschiedlichen Reifestadien oft über einen langen Zeitraum vorhanden sind. In vielen Fällen lassen sie sich sogar noch im Winter am kahlen Baum oder unter diesem im Laub versteckt finden.

Bei Nadelbäumen

Zapfen eines Nadelbaums
Pinie

Die Samen sitzen zwischen meist trockenen, holzigen Schuppen.

Beerenzapfen eines Nadelbaums
Gewöhnlicher Wacholder

Fleischige Schuppen umgeben die Samen.

Bei Laubbäumen

Kapselfrucht
Gewöhnliche Rosskastanie

Die reife Frucht öffnet sich und entlässt mehr oder weniger viele Samen.

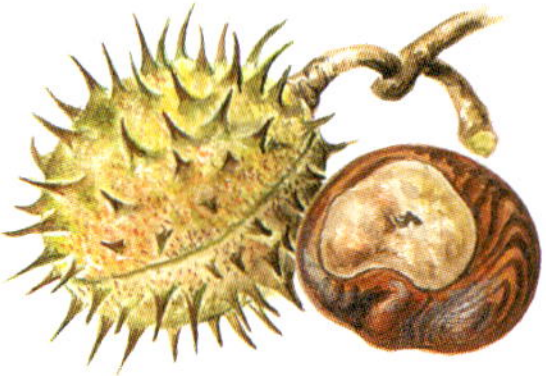

Hülsenfrucht
Besenginster

Die typische Frucht der Schmetterlingsblütengewächse öffnet sich an zwei Nähten.

Beere
Stachelbeere

Die Samen sind in der reifen Frucht in mehr oder weniger saftiges Fruchtfleisch eingebettet.

Frucht in verholztem Fruchtbecher
Kork-Eiche

Die Frucht sitzt nicht direkt an einem Zweig, sondern in einem besonderen Becher.

Steinfrucht
Pflaume

Ein mehr oder weniger dickes Fruchtfleisch umgibt einen harten Steinkern, in dem der Samen eingeschlossen ist.

Nuss
Gewöhnliche Hasel

Der Samen ist nur in einer harten Hülle eingeschlossen, Fruchtfleisch fehlt.

geflügelte Frucht
Blumen-Esche

Die Frucht besteht aus einem Teil, der den Samen enthält, und einem samenlosen flügelartigen Bereich.

zusammengesetzte Frucht
Wald-Himbeere

Solche Früchte wirken auf den ersten Blick wie eine einzelne Frucht, sind jedoch aus vielen einzelnen Früchtchen zusammengesetzt (im Fall der Wald-Himbeere aus Steinfrüchtchen).

Der „Schon-gewusst?"-Kasten

Tagtäglich kommen wir mit Gehölzen oder ihren Produkten in Kontakt, meist jedoch, ohne uns darüber Gedanken zu machen. In diesem Buch finden Sie deshalb für jedes vorgestellte Gehölz Wissenswertes aus den unterschiedlichsten Bereichen. Bei ganzseitigen Arten nimmt das Wissenswerte am meisten Raum ein. In einem **„Schon gewusst?"**-Kasten wird dabei auf etwas besonders Interessantes hingewiesen.

Bäume als Rohstofflieferanten

Der bedeutendste Teil des Baumes ist sein Holz. Dieses spielte zu allen Zeiten eine oft überlebenswichtige Rolle. Noch heute verwenden wir es als Brenn- und Baumaterial und als Rohstoff für Papier. Je nachdem, von welchem Baum das Holz stammt, weist es sehr unterschiedliche Eigenschaften auf. Holzkenner können so für jeden Einsatzbereich auf das passende Material zurückgreifen.

Schon gewusst?

Eibenholz ist schwer, hart und dabei gleichzeitig sehr elastisch. Auch „Ötzi", der im Gletschereis der Alpen gefundene Steinzeitmensch, hatte einen Bogen aus diesem Holz bei sich. Im Mittelalter stellte man Armbrüste, Messinstrumente und Drechselarbeiten daraus her.

Gehölze als Nahrungs- und Arzneistofflieferanten

Obstbäume und Sträucher wachsen praktisch in jedem größeren Nutzgarten. Besonders Äpfel, von denen es eine Vielzahl verschiedener Sorten gibt, gehören zum beliebtesten Obst. Auch Wildobst, gesammelt von wildwachsenden Sträuchern und Bäumen, findet immer mehr Liebhaber. Gehölze liefern jedoch auch wichtige Rohstoffe für pflanzliche Arzneimittel.

Schon gewusst?

Die Früchte der Kornelkirsche heißen in Österreich „Dirndln" und sind ein echter Geheimtipp für Liebhaber von Wildobst. Marmelade aus den vollreifen, säuerlichen Früchten schmeckt vorzüglich nach Walderdbeeren und Hagebutten.

Manche Gehölze werden deshalb in großem Maßstab kultiviert. Heilkräftige Inhaltsstoffe kommen in verschiedenen Teilen von Gehölzen vor. Je nach Baum- oder Strauchart benötigen die Arzneimittelhersteller deshalb Früchte, Blätter, Rinde, seltener auch Blüten oder Holz. Die Ernte und das Sammeln dieser Teile ist in vielen Fällen Handarbeit. Um die Wirkstoffe zu erhalten, muss auch die Verarbeitung sehr sorgfältig erfolgen.

Ziergehölze

Kaum ein Gartenbesitzer macht sich heute Gedanken, woher die vielen wunderschön blühenden oder bunt gefärbten Gehölze stammen, die er sorgsam pflegt. Auch in Parks lassen wir uns von der Vielfalt der oft fremdländischen Bäume und Sträucher beeindrucken. Häufig zu sehen sind nicht nur die ursprünglichen Wildformen in Kultur, sondern unzählige daraus gezüchtete Zierformen.

Schon gewusst?

Am Liguster fressen gelegentlich die auffällig gefärbten Raupen des Ligusterschwärmers (Sphinx ligustri), das ist ein nachtaktiver Schmetterling.

Schon gewusst?

Buchsbäume lassen sich gut zu Ornamenten und Figuren stutzen und waren deshalb besonders in der Renaissance und im Barock beliebt. Eine Verwendung als Umrandung von Gartenbeeten geht auf die Römer zurück, die diesen Brauch nach West- und Mitteleuropa brachten.

Symbolik und Legenden

Sei es bei der Suche nach Nahrung oder Schutz, oder beim Sammeln von Bau- und Färbematerial – unsere Vorfahren beschäftigten sich praktisch täglich mit Gehölzen. Besonders Bäume, zu deren Größe ein Mensch aufblicken muss und deren Alter sein eigenes um vieles übertrifft, beeindruckten sie schon früh. Sie hielten ihre Versammlungen unter ihnen ab, weihten die Gehölze den Göttern oder beschrieben sie in ihren Mythologien und Legenden. So gibt es zu zahlreichen Bäumen spannende Anekdoten und Geschichten.

Gehölze als Lebensraum

Eine ausgeräumte Kulturlandschaft bietet wilden Tieren und Pflanzen kaum einen Lebensraum und ist meist sehr artenarm. Deshalb setzen sich Naturschützer dafür ein, eine vielfältige Umgebung mit Hecken, Wäldchen und Wäldern zu erhalten oder wiederherzustellen. Die Gehölze sind Lebensraum für viele Tiere – vom Rothirsch bis zur Blattlaus – und auch für Pilze, Moose und Blumen.

Schon gewusst?

In der griechischen Mythologie musste Herakles als eine von zwölf Aufgaben die „goldenen Äpfel der Hesperiden" beschaffen. Er löste die Aufgabe und hielt daraufhin goldgelbe Quitten in den Händen. Auch der „Apfel der Venus" war in Wahrheit eine Quitte.

Die Baum- und Straucharten

Weiß-Tanne

Abies alba (Kieferngewächse)
H 30–50 m Mai

Vorkommen *Wälder in den Gebirgen Mittel- und Südeuropas, oft gemeinsam mit der Gemeinen Fichte (S. 25) oder der Rot-Buche (S. 60). Typische, hellgraue Borke.*

- > ***kann an die 600 Jahre alt werden***
- > ***Wurzeln reichen tief in den Boden***
- > ***liefert harzfreies Holz***

Für würzigen Tannenhonig besuchen Bienen nicht die Blüten der Bäume, sondern sammeln die zuckerhaltigen Ausscheidungen verschiedener auf Tannen und Fichten saugender Läuse. Die Weiß-Tanne geht in den letzten 200 Jahren stark im Bestand zurück. Sie war einst eine der ersten Baumarten, an der die Folgen der zunehmenden Luftverschmutzung aufgefallen sind und wurde damit zum bekanntesten Baum des „Waldsterbens".

Schon gewusst?

Wenn man im Wald Zapfen auf dem Boden findet, handelt es sich nie um Tannenzapfen. Diese zerfallen bei Reife von selbst auf dem Baum: Es fallen dann ihre Schuppen auf den Boden und die zentrale Spindel bleibt auf dem Ast sitzen.

Griechische Tanne

Abies cephalonica (Kieferngewächse)
H 20–35 m Mai

Die Griechische Tanne ist an ihren natürlichen Standorten durch den Menschen bedroht. Nicht nur Waldbrände, sondern auch ein zu intensiver Tourismus und die Luftverschmutzung schaden dem Baum. Die Art wurde deshalb in die weltweite Liste der bedrohten Baumarten aufgenommen. In Griechenland gibt es mittlerweile auch Reservate zum Schutz des Baumes.

Vorkommen *Wild in Wäldern der Gebirge Griechenlands. Im übrigen Europa als Park- und Zierbaum. Borke mit vielen kleinen Plättchen.*

- > **Frühjahrstriebe frostgefährdet**
- > **erträgt Trockenheit im Sommer**
- > **wird auch für Christbäume kultiviert**

Colorado-Tanne

Abies concolor (Kieferngewächse)
H 20–30 m Mai–Juni

Wer einmal in Kalifornien Weihnachten gefeiert hat, tat dies wahrscheinlich unter einer Colorado-Tanne. Um die dort als Christbaum beliebte Tanne in ausreichender Menge anbieten zu können, kultiviert man sie in Plantagen. Die Borke junger Bäume bildet oft Beulen, die duftendes, durchsichtiges Harz enthalten. Mikroskopiker benutzen diesen „Kanadabalsam", um darin Objekte wie in Glas einzubetten.

Vorkommen *Heimisch in Nordamerika. In Mitteleuropa in Parks und Gärten. Nadeln am Zweig meist typisch aufwärts gekrümmt.*

- > **attraktiver Zierbaum**
- > **erträgt auch trockenes Stadtklima**
- > **braucht im Garten ausreichend Platz**

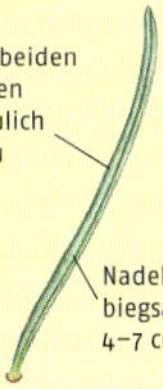

Riesen-Tanne

Abies grandis (Kieferngewächse)

H 30–50 m Mai–Juni

Vorkommen *Stammt von der pazifischen Küste Nordamerikas. In Europa in Parks und als Forstbaum. Unterschiedlich lange Nadeln am selben Zweig.*

- ***größte Tannen-Art***
- ***Nadeln riechen zerrieben nach Mandarinen***
- ***braucht viel Luftfeuchtigkeit***

In ihrer Heimat kann diese Tanne bis 100 Meter hoch werden. Sie ist recht frosthart und wächst auf geeigneten Böden ziemlich rasch. So bildet sie zwar reichlich Holz, dieses ist jedoch nicht sehr wertvoll und wird deshalb besonders für Papier verwendet. Riesen-Tannen liefern auch hübsche Weihnachtsbäume und dekorative Zweige.

Edel-Tanne

Abies procera (Kieferngewächse)

H 15–25 m Mai

Vorkommen *Heimisch in Nordamerika. In Europa besonders in Parks. Fällt auch ohne Zapfen durch die fast silbrigen Nadeln auf.*

- ***auffälligste Zapfen aller Tannen-Arten***
- ***heißt auch „Nobilis-Tanne"***
- ***kann in der Heimat bis 80 m hoch werden***

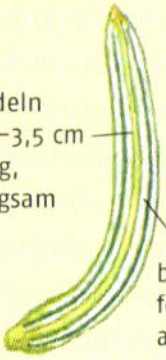

Die Edel-Tanne ist doppelter Rekordhalter unter den Tannen: Sie bildet die größten Zapfen aus und wird mit über 700 Jahren am ältesten. Die dicht benadelten Zweige liefern ein schönes, haltbares Schmuckgrün für Adventsgestecke. In Gärten ist der oft fast zerrupft aussehende Baum zwar robust, aber nur bedingt eine Zierde.

Nordmanns-Tanne

Abies nordmanniana (Kieferngewächse)

H 25–60 m Mai–Juni

In seinem Herkunftsgebiet wächst der Baum in Gebirgsgegenden mit kühlen, nicht zu trockenen Sommern und sehr kalten Wintern. Entsprechend leidet er bei uns eher einmal unter trockener Hitze im Sommer als unter Frost im Winter. Insgesamt kommt er aber recht gut mit unserem Klima zurecht. Das weiche, harzfreie Holz wird in der Heimat für die Herstellung von Zellstoff und Papier geschätzt.

Vorkommen *Vom Kaukasus bis zur Nordost-Türkei beheimatet. In Mitteleuropa in Parks, Gärten und im Forst. Die Zweige sind oft dicht benadelt.*

- > ***braucht feuchten Boden***
- > ***kann in der Heimat bis 500 Jahre alt werden***
- > ***Nadeln bleiben viele Jahre am Baum***

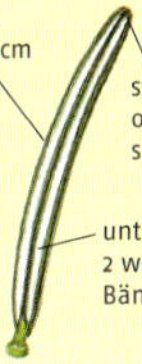

Schon gewusst?

In Mitteleuropa pflanzt man Nordmanns-Tannen besonders in Weihnachtsbaum-Kulturen an. Die Nadeln fallen an gefällten Bäumen und Zweigen wesentlich später ab als etwa die der Weiß-Tanne (S. 18) oder der Gemeinen Fichte (S. 25).

Koreanische Tanne

Abies koreana (Kieferngewächse)

H 5–10 m   Mai

Vorkommen *In Korea beheimat. In Europa in Parks und Gärten. Bildet auch an den unteren Ästen viele Zapfen aus.*

> ***attraktiver Zierbaum***
> ***erträgt Stadtklima gut***
> ***auch Zuchtformen im Handel***

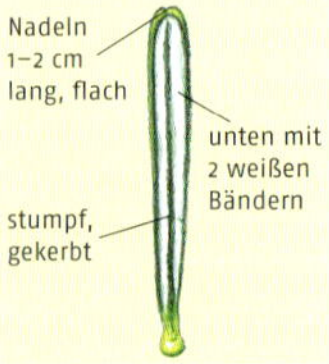

Koreanische Tannen wachsen nur sehr langsam. In Ihrer Heimat werden sie bis 20 Meter hoch, im Garten aber nur selten höher als sieben Meter. So eignen sie sich sehr gut für Vorgärten und kleine Gärten. Schon Bäume, die gerade einmal einen Meter hoch sind, schmücken sich oft reichlich mit den Zapfen, die bis in den Winter hinein auf den Ästen stehen.

Spanische Tanne

Abies pinsapo (Kieferngewächse)

H 15–25 m   Mai

Vorkommen *Wild nur in Südspanien. In Europa häufig in Parks und Gärten. Die Zweige wirken mit den abstehenden Nadeln wie Bürsten.*

> ***in der Heimat selten und gefährdet***
> ***braucht ausreichend Sonne***
> ***auch als blaugrüne Sorte in Kultur***

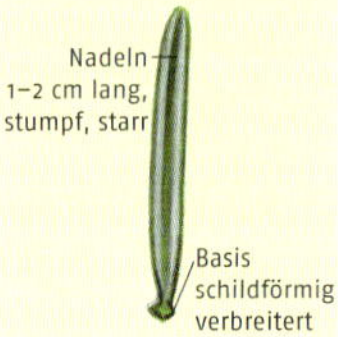

In Spanien versucht man die letzten natürlichen Wälder dieser Tanne zu erhalten. Dies ist auch ein Kampf gegen die ständigen Waldbrände, die einerseits Bestände vernichten können, andererseits aber auch Platz für Nachwuchs schaffen. Damit Lichtungen sich wieder schneller schließen, verlassen sich die Spanier nicht nur auf die natürliche Verjüngung, sondern pflanzen Jungbäume nach.

Schwarz-Kiefer

Pinus nigra (Kieferngewächse)
H 20–30 m Mai–Juni

Die Zapfen öffnen sich bei Trockenheit und schließen sich wieder bei feuchtem Wetter. Dieser Mechanismus sorgt dafür, dass die geflügelten Samen nur dann vom Wind davongeblasen werden können, wenn günstige Flugbedingungen herrschen. Die Art erträgt Salzwasser und eignet sich deshalb auch für Anpflanzungen in Küstennähe. Der Name „Schwarz-Kiefer" bezieht sich auf die oft recht dunkle Borke.

Vorkommen *Wild von Südeuropa bis Österreich und die Karpaten. Nördlich davon als Forstbaum sowie in Gärten und Parks. Borke mit tiefen Rissen.*

- ***es gibt verschiedene Unterarten***
- ***kommt gut mit Trockenheit zurecht***
- ***widerstandsfähig gegen Sturm***

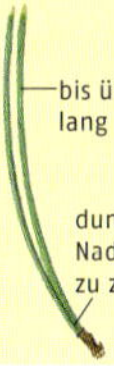

Schon gewusst?

Viele Nadelbäume bilden riesige Mengen Blütenstaub. Dies ist auch nötig, da der Wind das leichte „Pulver" ja auf die weiblichen Blüten blasen sollte. Dabei geht aber sehr viel daneben. Der „Schwefelregen" sammelt sich dann in Pfützen, auf Autos – oder löst Heuschnupfen aus.

Südbuche

Nothofagus antarctica (Buchengewächse)

H 5–7 m   April–Mai

Alle Südbuchen wachsen, wie es der Name bereits vermuten lässt, wild ausschließlich auf der Südhalbkugel. Bei uns eignet sich das Gehölz für kleine Gärten, in denen es durch den oft gedrehten Wuchs und die kleinen Blätter auffällt. Kräftige Stämme bildet der Baum auch in seiner Heimat kaum aus, sein Holz wird deshalb meist als Brennstoff verwendet.

Vorkommen *Heimisch in Südamerika von Chile bis Feuerland. In Mitteleuropa in Parks und Gärten. Zweige gleichmäßig mit kleinen Blättern besetzt.*

> ***Wuchs der Zweige oft zickzackartig***
> ***oft strauchartig entwickelt***
> ***Früchte ähneln kleinen Rot-Buchenfrüchten (S. 60)***

Südlicher Zürgelbaum

Celtis australis (Ulmengewächse)

H 10–20 m   April–Mai

Das Fruchtfleisch schmeckt reif süßlich. Auf unseren Märkten werden die Früchte nicht angeboten, in Südtirol dagegen bereitet man gelegentlich Süßspeisen aus den „Zürgeln". Das Holz, als „Triester Holz" bekannt, ist sehr elastisch. Dünne Stämme und Zweige eignen sich deshalb sehr gut für Angelruten und Peitschenstöcke.

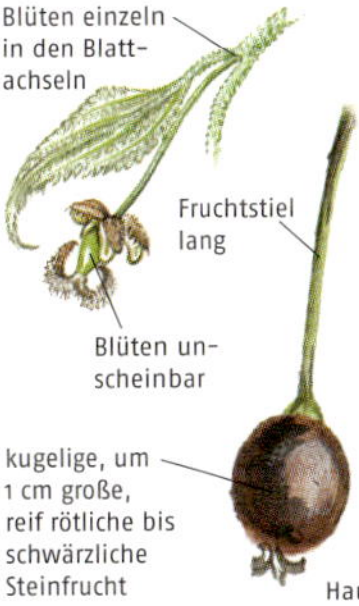

Vorkommen *Wild in Laubwäldern und Gebüschen Südeuropas. Im Mittelmeergebiet oft als Straßenbaum. Die Früchte stehen einzeln in den Blattachseln.*

> ***Blattoberseite im Gegensatz zur folgenden Art rau***
> ***in Mitteleuropa nur mäßig winterhart***
> ***Vögel fressen die Früchte***

Zerr-Eiche

Quercus cerris (Buchengewächse)
H 20–30 m   April

Die Zerr-Eiche gedeiht auch an trockenen, nährstoffarmen Standorten und ist widerstandsfähig gegen Abgase. So wird sie heute nicht nur in Parks, sondern immer häufiger auch an stark befahrenen Straßen gepflanzt. Ihr hartes Holz ist ein gutes Brennholz, kann aber auch zum Bauen verwendet werden.

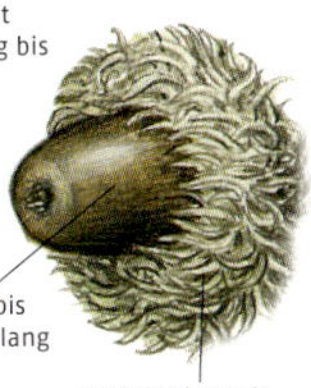

Vorkommen *Im Süden Mitteleuropas und in Südeuropa wild. In Parks und an Straßen gepflanzt. Die stark schuppigen Fruchtbecher sind unverwechselbar.*

- > ***Blattunterseite filzig behaart***
- > ***erinnert im Wuchs oft etwas an eine Stiel-Eiche (S. 122)***
- > ***Eicheln reifen erst im 2. Jahr***

Rot-Eiche

Quercus rubra (Buchengewächse)
H 10–25 m   Mai

Für Pilzsucher gelten Eichenwälder allgemein als sehr ergiebig. Angelegte Rot-Eichenforste dagegen lohnen kaum einen Besuch. In Gemeinschaft mit dieser Eiche leben bei uns nur wenige Pilze. Der Baum wurzelt sehr tief und sorgt so, an Waldränder gepflanzt, für eine gewisse Sturmsicherheit.

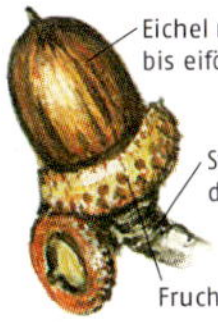

Vorkommen *Stammt aus dem östlichen Nordamerika. In Mitteleuropa im Forst und in Parks. Scharlachrote bis hellorange Herbstfärbung.*

- > ***braucht viel Licht***
- > ***wächst in der Jugend sehr rasch***
- > ***Eicheln reifen erst im 2. Jahr***

Schwedische Mehlbeere

Sorbus intermedia (Rosengewächse)
H 12–15 m   Mai

Ähnlich wie die Vogesen-Mehlbeere gilt auch die Schwedische Mehlbeere als eine natürliche Kreuzung. Sie entstand nach der letzten Eiszeit im skandinavischen Raum, vermutlich aus der Echten Mehlbeere (S. 111), der Eberesche (S. 141) und der Elsbeere (S. 130). Ihre Samen entwickeln sich ohne Befruchtung und behalten so die Merkmale des „Mutterbaumes" bei.

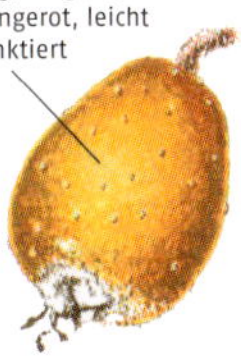

Vorkommen *Heimisch in Skandinavien und um die Ostsee. In Mitteleuropa in Parks und an Straßen. Die Blätter erinnern etwas an die einer Eiche.*

> ***Blattunterseite stark grau-filzig***
> ***sehr anspruchslos und widerstandsfähig***
> ***wird häufig angepflanzt***

Berg-Ahorn

Acer pseudoplatanus (Ahorngewächse)
H 25–30 m   Mai

Das Holz zählt zu den wertvollsten heimischen Laubhölzern. Es ist sehr hell, besitzt eine gleichmäßige Struktur und lässt sich leicht polieren, beizen oder färben. Es dient für Möbel und Parkett oder für Küchengeräte wie etwa Fleischklopfer und Holzlöffel. Musikbauer schätzen es für Flöten und Fagotte sowie als Resonanzholz für Streichinstrumente.

Vorkommen *Heimisch in Schlucht- und Gebirgswäldern Mittel- und Südosteuropas. In Parks und an Straßen häufig. Reife Früchte hängen oft lange am Baum.*

> ***Blätter gegenständig***
> ***Blüten erscheinen gleichzeitig mit den Blättern***
> ***braucht Feuchtigkeit und Halbschatten***

Rosmarinheide

Andromeda polifolia (Heidekrautgewächse)
H 0,1–0,3 m   Mai–Aug.

Blütenkrone kugelig bis eiförmig, 0,5–0,8 cm lang

Andromeda ist in der griechischen Mythologie die Tochter von Kassiopeia. Beide wurden der Legende nach als Gestirne an den Nordhimmel versetzt, also den Himmel, der sich über das Verbreitungsgebiet der Rosmarinheide wölbt. Die Pflanze enthält Giftstoffe, die den Blutdruck senken und zu Atemlähmung führen können.

Vorkommen *Wild in Hochmooren Nord- und Mitteleuropas. Auf nährstoffarmen Böden, oft in Torfmoospolstern. Die Blüten sitzen an den Enden der Äste.*

> ***Blätter immergrün***
> ***wirkt wie in den Boden gesteckte Äste des Rosmarins (S. 162)***
> ***Hauptachse kriecht im Boden***

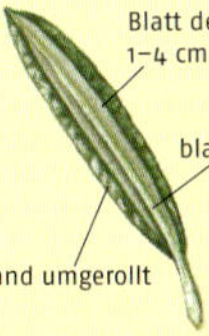

Schnee-Heide

Erica carnea (Heidekrautgewächse)
H 0,1–0,4 m   Jan.–April

Die Schnee-Heide bildet ihre Blütenknospen bereits im Herbst. Als Winterblüher und immergrüner Bodendecker wird sie gerne und in vielen Sorten in Gärten kultiviert. Es gibt Formen mit gelblichen Blättern und Blütenfarben von Weiß bis Dunkelviolett. Während die meisten Heidekrautgewächse saure Böden benötigen, kommt die Schnee-Heide gut mit Kalk zurecht.

Vorkommen *Wild in den Gebirgen Mittel- und Südeuropas. Häufig in Gärten gepflanzt. Fällt durch die ungewöhnliche Blütezeit auf.*

> ***heißt auch „Erika-Heide"***
> ***bevorzugt sonnige Standorte***
> ***manche Sorten blühen schon im Oktober***

Gewöhnlicher Liguster

Ligustrum vulgare (Ölbaumgewächse)

H 2–7 m Juni–Juli

Der Gewöhnliche Liguster erträgt starkes Beschneiden und eignet sich deshalb gut für Hecken. Meist pflanzen Gärtner hierfür die Sorte 'Atrovirens', deren Blätter bis in den Winter an den Zweigen bleiben oder gar nicht abfallen. Die Früchte werden oft erst im Spätwinter von Vögeln gefressen, die mit den unverdaut ausgeschiedenen Samen für die Verbreitung des Strauches sorgen. Früher gewann man aus den Früchten einen violetten Farbstoff für Tinte.

Beeren bis 1 cm groß, schwarz, innen grün

4 ausgebreitete Kronzipfel

Blüten weiß, klein

Vorkommen *Wild fast in ganz Europa in Gebüschen, an Waldrändern. Kultiviert an Böschungen und in Hecken. Die Früchte hängen lange am Strauch.*

- > ***Blüten riechen unangenehm***
- > ***erträgt Sonne und Halbschatten***
- > ***alle Pflanzenteile sind für den Menschen giftig!***

Blatt ledrig, 2–6 cm lang

gegenständig

Zweige aufstrebend

Wuchs dicht, oft unregelmäßig

Schon gewusst?

An den Sträuchern fressen gelegentlich die auffällig gefärbten Raupen des Ligusterschwärmers (Sphinx ligustri), das ist ein nachtaktiver Schmetterling.

Gewöhnliche Pimpernuss

Staphylea pinnata (Pimpernussgewächse)

H 2–5 m Mai–Juni

Der Name „Pimpernuss“ leitet sich vom mittelhochdeutschen „pimpern“ oder „pümpern“ ab und bedeutet „klappern“: Die Samen klappern bei Bewegung in den hohlen Früchten. Einem alten Aberglauben zufolge sollen die Samen Glück bringen. Manche Menschen tragen deshalb noch heute eines der „Glücksnüsschen“ im Geldbeutel.

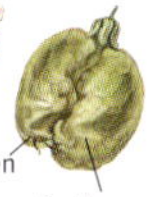

Vorkommen *Wild in Südeuropa, sehr selten in Mitteleuropa an Waldrändern. In Gärten gepflanzt. In den Früchten sitzen erbsengroße Samen.*

> ***Strauch wird im unteren Bereich meist kahl***
> ***bildet typische Früchte***
> ***Samen galten früher als potenzfördernd***

Roter Holunder

Sambucus racemosa (Geißblattgewächse)

H 2–4 m April–Mai

Die rohen, herb-sauer schmeckenden Früchte des Roten Holunders können zu Brechdurchfall führen. Früher dienten sie in der Heilkunde als Abführ- und Brechmittel. Wer gerne mit Wildfrüchten experimentiert, kann jedoch die Beeren kräftig kochen, die Samen abtrennen und den Saft verwenden.

Vorkommen *In Mitteleuropa wild, in Skandinavien eingebürgert. In Wäldern, Gebüschen, an Felshängen. Die Blütenstände erscheinen mit den Blättern.*

> ***Früchte locken Vögel an***
> ***erträgt schattige Standorte***
> ***wächst häufiger in den Bergen als im Flachland***

Kahle Drillingsblume

Bougainvillea glabra (Wunderblumengewächse)
H 5–8 m April–Sept

Vorkommen *Stammt aus Brasilien. In Südeuropa an Mauern, Wänden, in Mitteleuropa als Kübelpflanze. Auffallend durch die rotvioletten Hochblätter.*

- **trägt abstehende Dornen an den Stängeln**
- **kann in Südeuropa Wände in Blütenmeere verwandeln**
- **robust gegen Krankheiten**

Der Name „Drillingsblume“ bezieht sich darauf, dass immer drei Hochblätter drei Blüten umgeben. Die gelblichen Blüten fallen jedoch zwischen den leuchtend gefärbten Hochblättern kaum auf. So sind es auch die Hochblätter, die in der Heimat der Pflanze Kolibris als Bestäuber zu den Blüten locken: Für diese Vögel wirken rote Farbtöne besonders attraktiv.

Wohlriechendes Geißblatt

Lonicera caprifolium (Geißblattgewächse)
H 3–6 m Mai–Juli

Vorkommen *Wild in Südeuropa, in Mitteuropa in Gärten und verwildert in Gebüschen. Blüten zu sechst bis zehnt auf dem oberen, scheibenartigen Blattpaar.*

- **duftet besonders abends beim Öffnen der Blüten**
- **kam in der Mitte des 16. Jahrhunderts nach Deutschland**
- **blüht nur bei sonnigem Stand**

Mit seinem dichten Wuchs und dem fast betörenden Duft ist das Wohlriechende Geißblatt beliebt für „Liebeslauben“. Im 18. Jahrhundert zählte es bei uns zu den häufigsten Gartenpflanzen. Die Blüten locken Nachtschmetterlinge an, die zum Teil wie kleine Kolibris im Schwirrflug vor der Blüte stehen und in der langen Kronröhre reichlich Nektar finden.

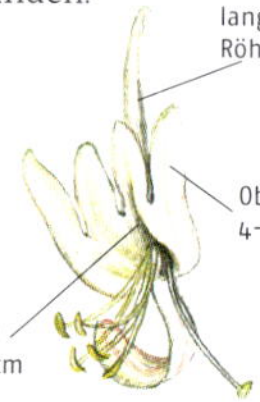

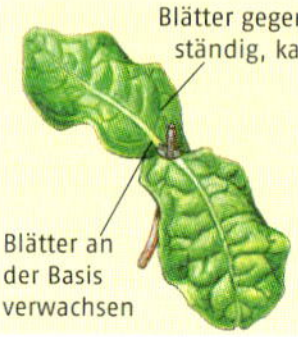

Kiwifrucht

Actinidia deliciosa (Strahlengriffelgewächse)
H 5–7 m Juni

In den 1960er Jahren begannen die Kiwifrüchte ihren Siegeszug in Europa. Anfangs kamen sie meist aus neuseeländischem Anbau, heute gibt es große Kulturen in den Mittelmeerländern. Die Früchte enthalten viel Vitamin C sowie ein Enzym, das Eiweiß zersetzt. Roh eignen sie sich deshalb nicht zum Mischen mit Milchprodukten.

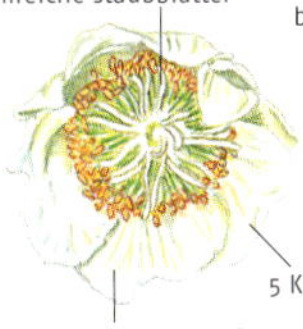

Vorkommen *Stammt ursprünglich aus China. Im Mittelmeerraum kultiviert, selten in Mitteleuropa. Die Früchte reifen bei uns nur in warmen Sommern.*

> ***Blattunterseite mit dichtem, grauem Filz***
> ***Blüten duften***
> ***es gibt männliche und weibliche Pflanzen***

Kletter-Hortensie

Hydrangea anomala ssp. *petiolaris* (Hortensiengewächse)
H 2–15 m Juli

Die Kletter-Hortensie hält sich mit Haftwurzeln am Untergrund fest und kann so an Mauern hinaufwachsen. Allerdings sind besonders die blühenden Zweige oft so schwer, dass sie sich bei starkem Wind von der Wand lösen. Berühren die Haftwurzeln den Erdboden, entwickeln sie sich zu normalen Wurzeln. Aus derartig bewurzelten Zweigen können wieder junge Pflanzen wachsen.

Vorkommen *Stammt aus Japan, Korea und Taiwan. In Europa kultiviert. Bis 25 cm breite schirmförmige Blütenstände mit vergrößerten Randblüten.*

> ***wächst ziemlich langsam***
> ***große Randblüten bleiben viele Wochen lang schön***
> ***blüht auch an schattigen Standorten***

Gelb-Kiefer

Pinus ponderosa (Kieferngewächse)

H 15–50 m Mai–Juni

Die Gelb-Kiefer bekam ihren Namen wegen des gelblichen Holzes, das auch recht schwer ist. Da die Bäume sehr gerade wachsen und starke Stämme bilden, gehören sie zu den wirtschaftlich wichtigsten Holzlieferanten Nordamerikas. Kiefern, besonders auch die Gelb-Kiefer, reagieren empfindlich auf Ozon in der Luft.

Vorkommen Heimisch im westlichen Nordamerika bis in Höhen um 2700 m. In Europa in Parks. Zweige oft stark verbogen.

- ***kann 500 Jahre alt werden***
- ***ist in ihrer Heimat sehr häufig***
- ***hat eine stark gefurchte, dicke Borke***

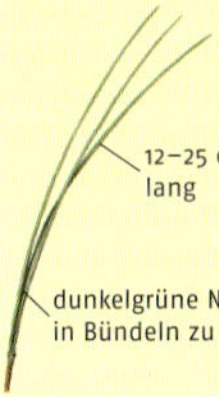

Weymouths-Kiefer

Pinus strobus (Kieferngewächse)

H 20–50 m Mai–Juni

Die Weymouths-Kiefer produziert sehr viel Holz. Sie zählt zu den ertragreichsten Nadelbäumen ihrer Heimat und wird deshalb dort gelegentlich „King of Pine", „König der Kiefern", genannt. Die Masten großer Segelschiffe bestanden häufig aus den geraden, sehr belastbaren Stämmen dieser Art; auch Gebäude wurden daraus errichtet.

Vorkommen Stammt aus den östlichen USA und Kanada. In Europa als Forstbaum und auch in Parks. Die jungen Zapfen stehen am Ende der Zweige.

- ***liefert leichtes, sehr weiches Holz***
- ***heißt auch „Strobe" oder „Seidenkiefer"***
- ***ist gut winterhart***

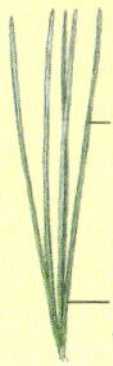

Ginkgo

Ginkgo biloba (Ginkgogewächse)
H 10–40 m   April

Verwandte des Ginkgos, die der heutigen Art recht ähnlich waren, besiedelten die Erde schon im Jura-Zeitalter. Der Ginkgo als einziger bis heute Überlebender dieser Gruppe ist somit ein „lebendes Fossil". Er ist so robust, dass er mit Luftverschmutzungen in Innenstädten gut zurecht kommt. Ein Ginkgobaum überlebte sogar den Atombombenangriff auf Hiroshima. Die Japaner sehen in dem Baum seither ein Symbol der Hoffnung.

Vorkommen *Wild nur in der chinesischen Provinz Tschekiang. In Europa in Parks und als Straßenbaum. Die typischen Blätter sind unverwechselbar.*

> ***wirkt wie ein Laubbaum, ist aber mit den Nadelbäumen vewandt***
> ***es gibt männliche und weibliche Bäume***
> ***winterhart***

Schon gewusst?

Das chinesische „Gin-kyo" bedeutet „Silberaprikose" und bezieht sich auf das Aussehen der Samen. Deren äußere, weiche Schale riecht unangenehm nach Schweißfüßen. Die innere harte Schale umgibt einen Kern, den Japaner und Chinesen rösten und wie Pistazien essen.

Korb-Weide

Salix viminalis (Weidengewächse)

H 2–10 m März–April

Vorkommen *Von Europa bis Sibirien wild in Auen und an Bachufern, zu Flechtzwecken oft gepflanzt. Die Zweige sind extrem biegsam.*

- > ***geschnittene Bäume heißen „Kopfweiden"***
- > ***kann zeitenweise im Wasser stehen***
- > ***heißt auch „Hanf-Weide"***

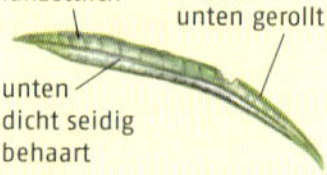

Radikal zurückgeschnittene Korb-Weiden bilden zahlreiche lange, unverzweigte Ruten – der klassische Rohstoff für den Korbflechter. Für grobe Körbe belässt er die Ruten unverändert, für Einkaufskörbe entfernt er meist die Rinde, so dass das helle Holz zu sehen ist. Die Ruten werden in Wasser eingelegt, bis sie weich und biegsam sind und sich so gut flechten lassen. Beim Trocknen erhält das Geflecht seine Festigkeit.

Schon gewusst?

Auch andere Weidenarten liefern Flechtmaterial – oft mit anders gefärbten Rinden. Farbvarianten erhalten Korbflechter auch durch Kochen oder Beizen der Ruten.

Avocado

Persea americana (Lorbeergewächse)
H 5–15 m   März–April

Vorkommen *Ursprünglich in Mexiko, Mittelamerika, Kolumbien. Im Mittelmeerraum kultiviert. Bildet trotz vieler Blüten nur wenige Früchte.*

- > ***weltweit in warmen Gebieten in vielen Sorten in Kultur***
- > ***heißt auch „Butterbirne"***
- > ***nur aus etwa einer von 5000 Blüten entsteht eine Frucht***

Die nahrhaften Früchte standen schon bei den Ureinwohnern Amerikas auf dem Speisezettel. In Kolumbien fanden Archäologen in rund 10.000 Jahre alten Siedlungsplätzen Überreste von Avocados. Das butterartige, leicht verdauliche Fruchtfleisch enthält je nach Sorte zwischen vier und 30 Prozent Fett, außerdem Mineralstoffe, Vitamine, Eiweiß und wenige Kohlenhydrate.

Lorbeer

Laurus nobilis (Lorbeergewächse)
H 2–20 m   März–April

Vorkommen *Wild in feuchten Wäldern des Mittelmeerraumes. In Mitteleuropa nicht winterhart. Die Blüten stehen in Büscheln zwischen den Blättern.*

- > ***Blätter und Früchte riechen zerrieben stark würzig***
- > ***kann Allergien auslösen***
- > ***oft als schmückende Kübelpflanze verwendet***

Ein Lorbeerkranz schmückte bereits das Haupt des siegreichen Julius Cäsar und anderer römischer Feldherren. In Griechenland erhielten erfolgreiche Sportler diese Auszeichnung. Später ehrte man Studenten mit dem „Baccalaureus", einem beerentragenden Lorbeerkranz. Hiervon leitet sich der akademische Grad „Bachelor" ab.

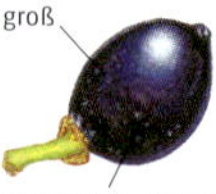

Lotuspflaume

Diospyros lotus (Ebenholzgewächse)

H 5–12 m Juni

Die Früchte der Lotuspflaume, oft auch „Lotuskirschen" genannt, sind besonders in Ostasien sehr beliebt. Chinesen und Japaner essen sie roh oder getrocknet und stellen Sirup daraus her. Unbehandelt wirken sie im Mund stark zusammenziehend. Für ein paar Minuten in heißes Wasser getaucht, verliert sich dies und sie schmecken süß.

Vorkommen *Von Südwestasien bis Japan beheimatet. Im Mittelmeergebiet zum Teil eingebürgert, zum Teil angepflanzt. Fruchtet meist sehr reichlich.*

- > ***heißt auch „Dattelpflaume"***
- > ***in warmen Lagen in Mitteleuropa winterhart***
- > ***Früchte nur kurz haltbar***

Blauglockenbaum

Paulownia tomentosa (Braunwurzgewächse)

H 10–15 m April–Mai

Eines der Wappen des japanischen Kaiserhauses zeigt in stilisierter Form Blätter und Blütenstände des Blauglockenbaums. Der auch „Kaiser-Paulownie" genannte Baum ist nicht nur im blühenden Zustand dekorativ. Früher pflegte man ihn oft als reine Blattpflanze und schnitt die Austriebe regelmäßig bis zum Boden zurück. Dann bildeten sich bis vier Meter hohe Triebe mit bis 50 Zentimeter großen Blättern.

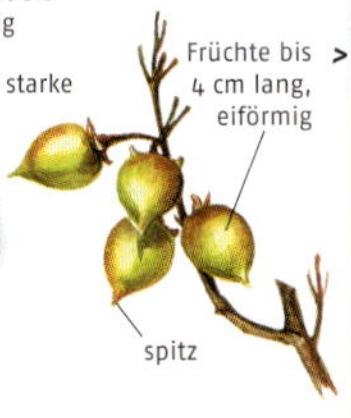

Vorkommen *Heimisch in China. In Süd- und Mitteleuropa in Parks. Fällt im Frühjahr durch die für Bäume ungewöhnliche Blütenfarbe auf.*

- > ***junge Bäume und Blütenknospen durch starken Frost gefährdet***
- > ***erträgt Luftverschmutzung***
- > ***Früchte bleiben oft den Winter über am Baum***

Europäische Hopfenbuche

Ostrya carpinifolia (Birkengewächse)

H 10–20 m   April–Mai

Vorkommen *Wild von Südeuropa bis Kleinasien in Mischwäldern. In Mitteleuropa in Parks. Die Fruchtstände ähneln denen von Hopfen.*

> ***erinnert im Wuchs und von den Blättern her an eine Hainbuche (S. 91)***
> ***erträgt Trockenheit***
> ***braucht ausreichend Wärme***

Der wissenschaftliche Name *Ostrya* leitet sich von der griechischen Bezeichnung für Auster ab. Die sackartige Hülle um die Nussfrüchte soll etwas an die Schalen dieser Muschel erinnern. Sie dient den Früchten als Flugorgan, das allerdings nur bei starkem Wind gut funktioniert und die Samen über eine größere Strecke transportieren kann.

Baum-Hasel

Corylus colurna (Haselgewächse)

H 10–20 m   Febr.–März

Vorkommen *In Südosteuropa und Kleinasien beheimatet. In Mitteleuropa häufig als Straßen- und Parkbaum. Liefert sehr hartschalige Haselnüsse.*

> ***Früchte bilden ballartige Knäuel***
> ***im Gegensatz zur Gewöhnlichen Hasel (S. 198) einstämmig***
> ***heißt auch „Türkische Hasel"***

Die Nüsse der Baum-Hasel schmecken ähnlich wie die der Gewöhnlichen Hasel (S. 198) Allerdings lassen sie sich schwer knacken und ergeben nur eine geringe Ausbeute. Das schön gemaserte Holz eignet sich für Möbel und Schnitzarbeiten, eine Verwendung, auf die auch der Artname *colurna* hinweist. Dieser bedeutet „aus Haselnussholz gemacht".

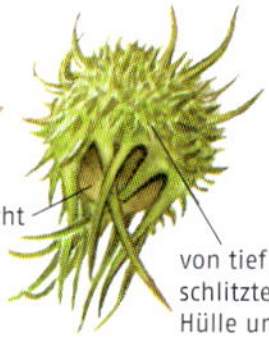

Sauer-Kirsche

Prunus cerasus (Rosengewächse)
H 3–6 m April–Mai

Die kultivierten Bäume wachsen meist nicht auf den eigenen Wurzeln, sondern sind auf eine Unterlage, oft Steinweichseln (S. 104) oder Kirschpflaumen (S. 103), veredelt. Den meisten Leuten schmecken frische Sauerkirschen zu sauer. In Form von Konserven, Marmelade und nicht zuletzt als Schwarzwälder Kirschtorte haben die Früchte jedoch viele Liebhaber.

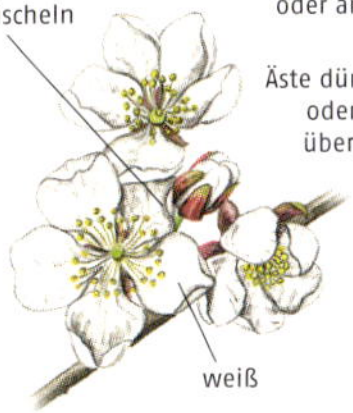

Vorkommen *Stammt aus Westasien. In Europa seit der Römerzeit kultiviert. Kirschen je nach Sorte hellrot bis schwarzrot.*

- **heißt auch „Weichsel" oder „Weichselkirsche"**
- **blüht etwas später als die Süß-Kirsche**
- **Früchte sauer**

Japanische Blüten-Kirsche

Prunus serrulata (Rosengewächse)
H 3–12 m April–Mai

Die Japaner kultivieren die Japanische Blüten-Kirsche schon seit zwei Jahrtausenden und haben zahlreiche Sorten gezüchtet. Ebenso wie ähnlich üppig blühende Zierkirschen schätzen sie sie als Künder des Frühlings und feiern ihre Blüte in einem eigenen Fest, dem Kirschblütenfest „Hanami".

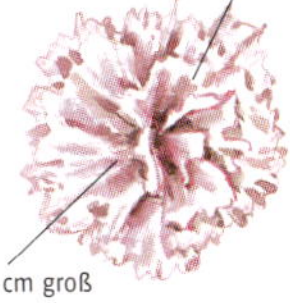

Vorkommen *Wildformen in Ostasien. Dort und in Europa in Gärten und Parks. Einige Sorten auch mit großen, ungefüllten Blüten.*

- **heißt auch „Grannen-Kirsche"**
- **zahlreiche verschiedene Sorten**
- **liefert keine essbaren Kirschen**

Gewöhnliche Traubenkirsche

Prunus padus (Rosengewächse)

H 3–12 m April–Mai

Vorkommen *Wild in fast ganz Europa in Auenwäldern und an nassen Waldrändern. Bildet meist sehr viele Blütentrauben.*

> ***braucht viel Feuchtigkeit im Boden***
> ***Blüten duften angenehm***
> ***Früchte schmecken bitter zusammenziehend***

Die Borke des Baumes riecht unangenehm faulig und etwas nach Essig. Norweger verwendeten sie früher zum Färben. Im Herbst gesammelt, färbt sie Wolle je nach Vorbehandlung orange oder dunkelbraun. In Russland verwenden Korbflechter die biegsamen, olivfarbenen oder rotbraunen Zweige als Flechtmaterial.

Späte Traubenkirsche

Prunus serotina (Rosengewächse)

H 5–12 m Mai–Juni

Vorkommen *Heimisch im östlichen Nordamerika. In Europa gepflanzt und teilweise eingebürgert. Hängende Trauben mit zahlreichen Früchten.*

> ***sehr anspruchslos***
> ***blüht etwa 2 Wochen später als die Gewöhnliche Traubenkirsche***
> ***Früchte essbar, aber bitter***

Die Späte Traubenkirsche gelangte als eine der ersten amerikanischen Baumarten bereits 1623 nach Europa, als Ziergehölz für Gärten und Parks. Forstleute schätzen sie außerdem als Wind- und Bodenschutz und sie trägt zur Verbesserung der Humusqualität bei. Naturschützer stehen dem Baum kritisch gegenüber, da er in Heiden und Feuchtgebiete eindringt und diese dadurch verändert.

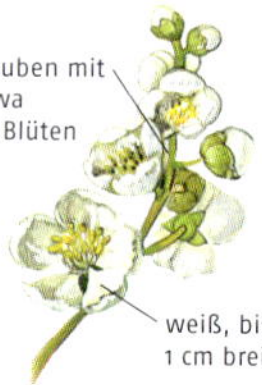

Winter-Linde

Tilia cordata (Lindengewächse)

H 10–30 m Juni–Juli

***Vorkommen** In Mittel- und Osteuropa in Wäldern. In ganz Europa in Parks und an Straßen. Die Tragblätter fallen zwischen den Blättern auf.*

> ***Blüten duften sehr stark und locken Bienen an***
> ***blüht etwa 14 Tage später als die Sommer-Linde***
> ***empfindlich gegen Streusalz***

Viele Orts- und Städtenamen hängen mit der Linde zusammen, etwa Lindau und Leipzig. Lindenblüten liefern mitsamt des Tragblatts einen guten, schweißtreibenden Tee bei Erkältungskrankheiten. Das Holz ist weich und gleichmäßig strukturiert. Deshalb lässt es sich gut bearbeiten und gehört zu den beliebtesten Hölzern für Schnitzarbeiten. Zu den bekanntesten zählen die Altare von Tilman Riemenschneider.

Schon gewusst?

Lindenbast ist seit langem als Flecht- und Bindematerial bekannt. Die rund 5300 Jahre alte Gletschermumie Ötzi trug Schuhe mit einem Innengeflecht aus diesem Bast und einen Umhang, in den ebenfalls Lindenbast eingearbeitet war.

Feigenbaum

Ficus carica (Maulbeerbaumgewächse)

H 3–10 m Juni–Sept.

Vorkommen *In ganz Südeuropa angepflanzt, zum Teil auch wild vorkommend. Die Feigen sitzen auf kurzen Stielen in den Blattachseln.*

- ***treibt im Frühjahr spät aus***
- ***enthält Milchsaft***
- ***oft im Schutz von Mauern und Häusern kultiviert***

Blatt bis 20 cm groß, tief 3–5-lappig

Bereits vor etwa 5000 Jahren pflanzten die Assyrer Feigenbäume. Damit gehört der Baum neben der Weinrebe (S. 240) und dem Ölbaum (S. 79) zu den ältesten Kulturpflanzen. Im Altertum verbreitete sich der Anbau über den ganzen Mittelmeerraum. Feigen sind keine echten Früchte, sondern so genannte Scheinfrüchte: Die eigentlichen Früchte sind die winzigen harten Nüsschen, die im Inneren eingeschlossen sind und beim Zerkauen knirschen.

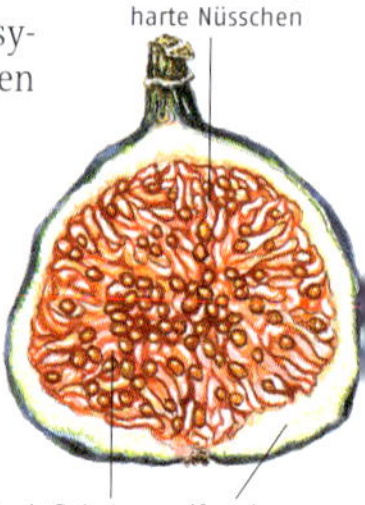

Schon gewusst?

Getrocknete Feigen schmecken nicht nur gut, sondern sind auch gesund. Sie enthalten neben Zucker reichlich Kalzium, Kalium und Eisen und unterstützen somit die Blutbildung. Bei Verstopfung wirken sie als mildes Abführmittel.

Seidenakazie

Albizia julibrissin (Mimosengewächse)
H 5–15 m Mai–Sept.

viele bis 3 cm lange, rosane oder blasslilane Staubblätter

bis 5 cm breite Blütenbüschel

Die zarten, attraktiven Blütenbüschel der Seidenakazie wirken tatsächlich so, als seien sie aus Seide hergestellt. Unzählige dünne Staubblätter bilden zusammen die weithin auffälligen Pinsel. Die kleinen Fiederblättchen können sich an eigenen „Gelenken" bewegen und stellen sich nachts alle senkrecht.

Krone breit gewölbt, manchmal fast schirmartig

Vorkommen *Von Persien bis Zentralchina beheimatet. Im Mittelmeergebiet als Zierbaum weit verbreitet. Die Blütenstände ragen nach oben.*

> ***Samen sehr lange keimfähig***
> ***heißt auch „Seidenrosenbaum"***
> ***gut geeignet für trockene, warme Standorte im Süden***

Frucht bis 15 cm lang

hellbraun, flach, wellig

Blatt doppelt gefiedert

bis 30 cm lang

viele kleine Blättchen

Gleditschie

Gleditsia triacanthos (Johannisbrotgewächse)
H 15–20 m Juni–Juli

grünliche Blüten in bis 8 cm langen Trauben

Die im reifen Zustand rotbraunen Früchte bleiben oft bis weit in den Winter an den Bäumen hängen. Ihre gerösteten Samen lieferten den amerikanischen Siedlern in Notzeiten einen Kaffee-Ersatz, und aus dem Fruchtbrei brauten sie ein bierartiges Getränk. Heute wächst die anspruchslose, gegen Abgase unempfindliche Gleditschie als Zierbaum oft mitten in Großstädten.

Krone locker, breit ausladend

aufstrebende Hauptäste

Stamm geht bis weit in die Krone

Vorkommen *Stammt aus Nordamerika. In Europa in Gärten, Parks und an Straßen. Am Stamm und an den Zweigen sitzen verzweigte Dornen.*

> ***Blätter einfach oder doppelt gefiedert***
> ***gelbe, frühe Herbstfärbung***
> ***es gibt auch eine Sorte ohne Dornen***

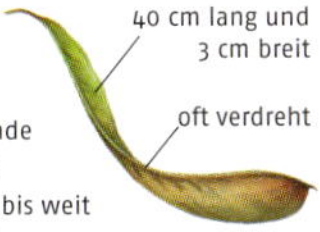

Hülsenfrucht bis 40 cm lang und 3 cm breit

oft verdreht

einfach gefiedertes Blatt mit 20–34 Blättchen

bis 2 cm lang, spitz, glänzend grün

Indischer Zederachbaum

Melia azedarach (Rosenkranzbaumgewächse)

H 5–15 m April–Juni

Die Blüten des auch „Persischer Flieder" genannten Baumes duften besonders abends stark nach Flieder und locken Nachtschmetterlinge an. Die interessant geformten, kantigen Fruchtkerne fädelte man früher zu Rosenkränzen, weshalb der Baum die weiteren Namen „Paternosterbaum" oder „Rosenkranzbaum" erhielt. Das Holz eignet sich für Möbel und Schnitzarbeiten.

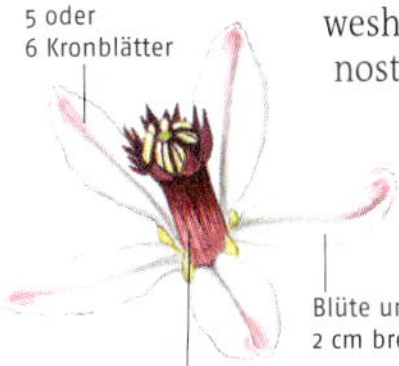

5 oder 6 Kronblätter

Blüte um 2 cm breit

Staubblätter bilden eine Röhre

Frucht um 1 cm dick, gelb

Fruchtkerne holzig, kantig

Vorkommen *Im Himalaja beheimatet. Im Mittelmeergebiet als Zierbaum in Anlagen und an Straßen. Die Früchte bleiben sehr lange am Baum hängen.*

> ***Blätter können auch einfach gefiedert sein***
> ***Früchte giftig!***
> ***ziemlich winterhart***

Blatt doppelt gefiedert, 30–60 cm lang

eiförmige bis elliptische Blättchen

Rand scharf gesägt

Schon gewusst?

Der nah verwandte Neembaum (Antelaea azadirachta) hat glatte, längliche Fruchtkerne: Sowohl die Kerne als auch die Rinde und Zubereitungen daraus sind seit einigen Jahren als wirksame Alternative zu chemischen Pflanzenschutzmitteln auf dem Markt.

Netz-Weide

Salix reticulata (Weidengewächse)
H 0,1–0,3 m   Juli–Aug.

Die Netz-Weide gehört wie die Stumpfblättrige Weide und die Kraut-Weide (Seite gegenüber) zu den „Gletscher-Weiden“ oder „Teppich-Weiden“. Sie wachsen so hoch in den Gebirgen oder im Norden, dass sie lange vom Schnee bedeckt sind. Trotzdem schaffen sie es, in der kurzen Wachstumszeit zu blühen und Samen auszubilden.

Vorkommen *Wild in Nordeuropa und den Gebirgen Mittel- und Südeuropas. Meist oberhalb der Waldgrenze bis auf 3000 m. Die Blätter wirken runzelig.*

> ***kann große Matten bilden***
> ***Äste treiben Wurzeln in den Boden***
> ***wächst auf offenem, steinigem Boden und Schutt***

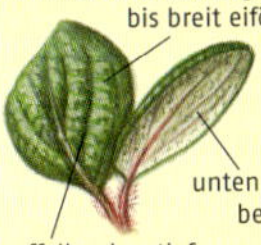

Stern-Magnolie

Magnolia stellata (Magnoliengewächse)
H 1,5–3 m   März–April

Während die meisten Magnolien zu mehr oder weniger großen Bäumen heranwachsen (S. 64, 65), bleibt die Stern-Magnolie klein und eignet sich deshalb auch für geschützte Standorte in kleinen Gärten. In Japan wird sie schon seit Jahrhunderten kultiviert, nach Europa kam sie erst in der zweiten Hälfte des 19. Jahrhunderts.

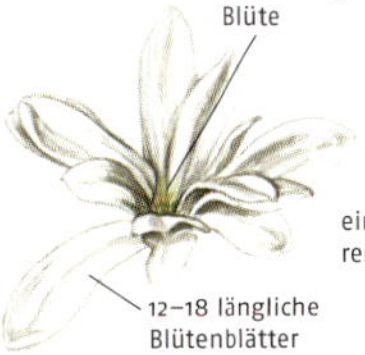

Vorkommen *Stammt aus Japan. In Europa in nicht zu rauen Gegenden in Gärten und Parks. Blüht weiß oder rosa.*

> ***wächst ziemlich langsam***
> ***Blüten leiden unter Nachtfrösten***
> ***nach der Form der Blüten benannt***

Sumpf-Porst

Ledum palustre (Heidekrautgewächse)
H 0,5–1,5 m   Mai–Juni

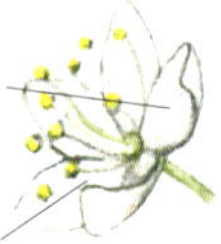

In Sibirien legte man früher Zweige zwischen die Kleidung und in Getreidelager, um Ungeziefer abzuhalten. Größere Mengen der duftenden Inhaltsstoffe wirken berauschend. Bereits die Germanen gaben die Pflanze als Bitterwürze ins Bier und verstärkten damit die Rauschwirkung. Bis ins 18. Jahrhundert gab es trotz der Giftigkeit noch mit Porst aromatisiertes Bier.

Vorkommen *Wild in Kiefernmooren Norddeutschlands und Nordeuropas. Auf nassen, sauren Böden. Die Blüten bilden auffällige, endständige Büschel.*

- ***Blätter immergrün***
- ***riecht zerrieben ähnlich wie Kampfer (S. 67)***
- ***kann bei Einnahme zu Nierenschäden führen***

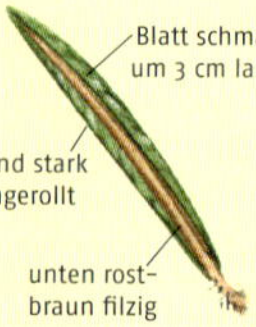

Kap-Bleiwurz

Plumbago auriculata (Bleiwurzgewächse)
H 0,5–6 m   Juni–Sept.

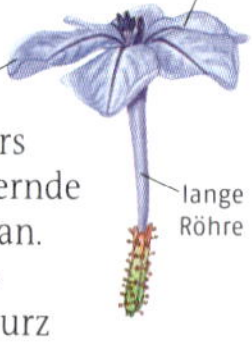

Die Blüten locken langrüsselige Insekten, besonders Schwärmer wie das an einen kleinen Kolibri erinnernde Taubenschwänzchen (*Macroglossum stellatarum*) an. Aus der verwandten, als Staude an Wegrändern im Mittelmeerraum wachsenden Europäischen Bleiwurz (*Plumbago europaea*) lässt sich ein bleigrau färbender Saft gewinnen, der den Pflanzen den Namen gab.

Vorkommen *Stammt aus Südafrika. In Südeuropa in Gärten und Anlagen, in Mitteleuropa als Kübelpflanze. Auffällige, bis 15 cm breite Blütenstände.*

- ***Blütenkelche stark klebrig***
- ***eignet sich zum Begrünen von Pergolen***
- ***kann auch weiß blühen***

Gewöhnliche Schneebeere

Symphoricarpos albus (Geißblattgewächse)
H 1,5–2 m Juni–Sept.

Vorkommen *Stammt aus Nordamerika. In Europa in Gärten, Parks und an Böschungen. Unverwechselbar durch die schneeballähnlichen Früchte.*

- ***Beeren können Erbrechen oder Durchfall auslösen***
- ***oft auch grob gelappte Blätter vorhanden***
- ***Blüten locken Bienen an***

Die Früchte des Strauches werden je nach Gegend „Knallerbsen", „Knatschbeeren" oder „Knackerbsen" genannt. Wirft man sie mit Wucht auf den Boden oder tritt darauf, zerplatzen sie mit einem mehr oder weniger lauten Knall. Das schwammige Fruchtfleisch enthält keinen weißen Farbstoff, sondern reflektiert das einfallende Licht vollständig.

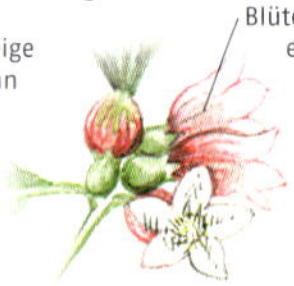

Stacheliger Mäusedorn

Ruscus aculeatus (Mäusedorngewächse)
H 0,2–0,9 m Febr.–April

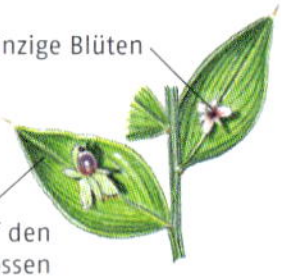

Vorkommen *Wild im Mittelmeerraum und in Westeuropa in Gebüschen und Wäldern. Selten in Gärten. Blüht und fruchtet auf den „Blättern".*

- ***undurchdringliches Gehölz***
- ***es gibt männliche und weibliche Pflanzen***
- ***Zweige für Trockensträuße geeignet***

Zwischen Vorräte gehängt oder gelegt, hielten die stechenden Zweige des Mäusedorns früher erfolgreich Mäuse vom Plündern ab. Die starren Zweige ergaben auch haltbare Besen. Ganz junge Zweige kochte man zu einem spargelähnlichen Gemüse. Heute spielt der Mäusedorn als Heilpflanze gegen Venenleiden eine wichtige Rolle.

Gewöhnliche Hasel

Corylus avellana (Haselgewächse)

H 2–7 m Febr.–April

Vorkommen *Wild in ganz Europa in Laubwäldern, an Waldrändern und in Hecken. Gepflanzt in Gärten und Parks. Die Früchte reifen ab September.*

> ***blüht manchmal bereits im Dezember***
> ***der Blütenstaub wird vom Wind verblasen***
> ***kann Allergien auslösen***

Haselnüsse enthalten viel fettes Öl, Eiweiß, wertvolle Mineralstoffe sowie Vitamine. Als Nahrungslieferant war der Strauch früher den Kelten und den Wikingern heilig. Er sollte auch Hexen und böse Geister abwehren. Seine elastischen „Stecken" liefern noch heute Wanderstöcke, Wünschelruten und Flechtmaterial für Korbmacher. Die Haselnüsse des Handels sind meist die größeren Früchte der südeuropäischen Lamberts-Hasel (*Corylus maxima*).

weibliche Blüten sind in einer Knospe verborgen

männliche Blüten hängen in bis 10 cm langen Kätzchen

Blatt 5–10 cm lang, oval, rundlich oder herzförmig

weich behaart

Rand doppelt gezähnt

braune „Haselnüsse"

röhren- bis glockenförmige Fruchthülle

blüht lange vor dem Laubaustrieb

meist viele gerade aufstrebende Stämme

Schon gewusst?

Die häufig als Ziergehölz kultivierte Korkenzieher-Hasel (Corylus avellana 'Contorta') orientiert ihre Wuchsrichtung nicht wie sonst bei Pflanzen üblich nach der Schwerkraft. Die Zweige wachsen deshalb verdreht und gewunden.

Japanischer Spierstrauch

Spiraea japonica (Rosengewächse)
H 0,3–0,6 m   Juni–Juli

Die anspruchslosen Sträucher werden oft dicht nebeneinander gepflanzt, so dass sie größere Flächen begrünen. Sie ertragen Rückschnitte, so dass sie auch für Hecken oder Rabatten entlang von Straßen verwendet werden. Die Blüten produzieren süßen Nektar und locken damit zahlreiche Wildbienen, Fliegen und Käfer an.

Vorkommen *Wildform in Japan beheimatet. Zuchtformen in Europa in Parks und Gärten. Die Blüten bilden dichte, schirmartige Blütenstände.*

- ***kann auch weißlich blühen***
- ***sehr beliebt als sommerblühender Strauch***
- ***anspruchslos***

Belgischer Spierstrauch

Spiraea x *vanhouttei* (Rosengewächse)
H 2–3 m   Mai–Juni

Bei den weißblühenden Spiersträuchern gibt es eine große Auswahl an ähnlichen Arten und Sorten, die eine Zierde für jeden Garten sind. Theophrastos, ein griechischer Philosoph des Altertums, erwähnt *speiraia* als einen Strauch, der für Girlanden verwendet wird. Dieser Name passt gut für die Sträucher mit den langen, üppigen Blütenzweigen.

Vorkommen *Um 1860 von einem Belgier gezüchteter Zierstrauch. Oft in Gärten, Parks und Anlagen. Fällt durch die Blütenfülle auf.*

- ***braucht sonnige Standorte***
- ***blühende Zweige eignen sich für Sträuße***
- ***heißt auch „Pracht-Spierstrauch"***

Zimt-Himbeere

Rubus odoratus (Rosengewächse)

H 1,5–2 m   Juni–Aug.

rote, breit halbkugelige, zusammengesetzte Frucht

Vorkommen *Heimisch in Nordamerika an Waldrändern und steinigen Hängen. In Europa in Anlagen und Parks. Bildet bis 5 cm breite rosarote Blüten.*

> ***Stängel mit steifen Haaren besetzt***
> ***Früchte zerfallen oft in einzelne kugelige Früchtchen***
> ***Blüten duften***

Blatt bis 30 cm groß, mit 3–5 Lappen

Grund herzförmig

Im Gegensatz zur Wald-Himbeere (S. 227) und den daraus gezüchteten Himbeersorten für die Gartenkultur liefert die Zimt-Himbeere ungenießbare Früchte. Sie stellt jedoch ein dekoratives Ziergehölz für halbschattige, etwas feuchte Standorte dar. Allerdings kann sie sich durch unterirdische Ausläufer stark ausbreiten.

Blätter groß

Wuchs dicht und breit

meist alte, abgestorbene Ruten vorhanden

Mandelbäumchen

Prunus triloba (Rosengewächse)

H 1,5–3 m   März–Mai

fast immer dicht rosettenartig gefüllt

Blüte bis 3 cm breit

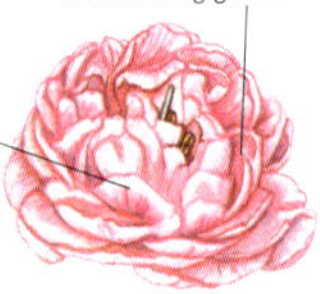

Vorkommen *Nur in Kultur bekannte Form aus China. In Europa in Gärten. Typisch sind die rosafarbenen, gefüllten Blüten.*

> ***meist auch ungelappte, elliptische Blätter vorhanden***
> ***blüht vor oder mit dem Laubaustrieb***
> ***bildet nur selten Früchte***

Blatt bis 8 cm lang, 3-lappig

Rand gesägt

Im Unterschied zur Mandel (S. 107) ist das Mandelbäumchen ausschließlich ein Ziergehölz. Es entwickelt seine ganze Schönheit in Mitteleuropa nur in wärmeren Lagen, da die Blüten sehr empfindlich auf Spätfröste reagieren. Neben den Sträuchern gibt es auch auf Stämmchen veredelte Formen.

Wuchs dicht buschig

meist stark verzweigt

Urweltmammutbaum

Metasequoia glyptostroboides (Sumpfzypressengewächse)
H 20–35 m Mai

Schon kurz nach dem Zweiten Weltkrieg, nicht lange nach seiner Entdeckung, pflanzte man den Urweltmammutbaum als Attraktion in viele Parks Europas. Anfangs vermehrte man ihn ausschließlich über Stecklinge, die leicht Wurzeln treiben. Eine Vielzahl an Bäumen hat damit aber das gleiche Erbgut, so dass sich die Bäume im Wuchs oft sehr stark ähneln. Heute findet man Anpflanzungen in vielen Ländern der Erde.

***Vorkommen** Wild nur in einem kleinen Gebiet in China. In Europa in Gärten und Parks. Nadeln färben sich im Herbst auffällig orange bis kupferrot.*

- ***die Nadeln und auch die kurzen Seitenzweige fallen im Herbst ab***
- ***gilt als „lebendes Fossil"***
- ***empfindlich gegen Spätfröste***

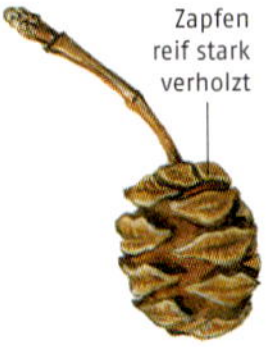

Schon gewusst?

Das Erste, was von diesem Baum bekannt wurde, waren Versteinerungen in Ablagerungen aus der Jurazeit. 1941 entdeckte man aber auch lebende Bäume in einem kleinen Gebiet Chinas – eine Sensation sowohl für Botaniker als auch für Paläontologen!

Küsten-Sequoie

Sequoia sempervirens (Sumpfzypressengewächse)
H 20–30 m Febr.–März

Der mächtige Baum kann 1000 bis 1500 Jahre alt werden. Für viele Amerikaner ist er ein Symbol der Beständigkeit. Von den Urwäldern, die der Baum an der Küste Kaliforniens bildete, sind jedoch seit dem Beginn der Nutzung rund 85 Prozent vernichtet worden. Das dauerhafte Holz ist weltweit sehr gefragt.

Vorkommen *Wild im westlichen Nordamerika. In milden Gegenden Europas in Gärten und Parks, selten im Forst. Nadeln an den Zweigen oft ungleich lang.*

> ***immergrün***
> ***kann in ihrer Heimat über 100 m hoch werden***
> ***heißt auch „Redwood" oder „Küstenmammutbaum"***

Großfrüchtiger Wacholder

Juniperus oxycedrus (Zypressengewächse)
H 2–15 m Febr.–März

Im Altertum bezeichnete man baumförmige Wacholderarten auch als „Zedern". So bedeutet der wissenschaftliche Artname *oxycedrus* so viel wie „Rotzeder" und bezieht sich auf die Farbe der Früchte. Manchmal wird der kleine Baum oder Strauch auch „Zedern-Wacholder" oder „Spanische Zeder" genannt, was jedoch zu Verwirrungen führen kann.

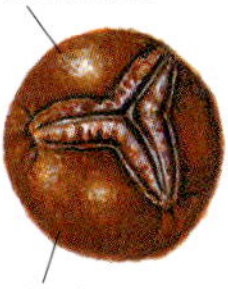

Vorkommen *Im Mittelmeergebiet in Strauchbeständen und lückigen Wäldern. An den rotbraunen Früchten gut vom Gewöhnlichen Wacholder (S. 32) zu unterscheiden.*

> ***heißt auch „Rotbeeriger Wacholder"***
> ***wächst meist auf steinigem oder sandigem Boden***
> ***Früchte reifen im 2. Jahr***

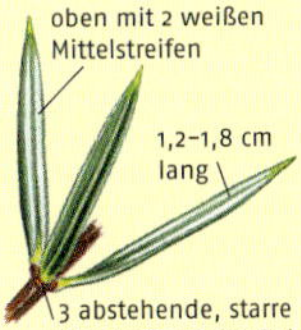

Berg-Kiefer

Pinus mugo (Kieferngewächse)

H 2–4 m Juni–Juli

Die Berg-Kiefer hat sehr elastische Äste und erträgt so die oft hohe und lange Schneebedeckung am natürlichen Standort. Das aus dem Baum gewonnene Latschenkiefernöl ist ein beliebtes Heilmittel. Als Inhalation hilft es bei Katarrhen der Luftwege, in Form von Einreibemitteln bei Muskel- und Gelenkschmerzen.

Vorkommen *Gebirge Mitteleuropas. Bildet in den Alpen oberhalb der Waldgrenze den „Krummholzgürtel". Im 1. Jahr sind die Zapfen grün.*

- ***heißt auch „Latsche" oder „Latschen-Kiefer"***
- ***kann in Felsspalten wachsen***
- ***häufig als Zuchtformen in Gärten***

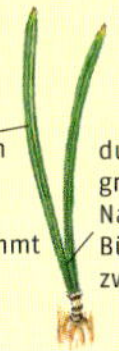

35

Haken-Kiefer

Pinus uncinata (Kieferngewächse)

H 10–20 m Juni–Juli

Die Haken-Kiefer ist eng mit der Berg-Kiefer verwandt, obwohl sie eine völlig andere Wuchsform zeigt und eher an eine Wald-Kiefer (S. 16) erinnert. Die Bäume spielen im Gebirge eine wichtige Rolle als Geröllbefestiger und in Lawinenschutzwäldern. Es gibt jedoch auch Zwergzüchtungen, die sehr kompakt, fast kissenförmig wachsen und sich für Steingärten eignen.

Vorkommen *Westalpen, Pyrenäen, Spanien, Hochmoore der Voralpen. Die Zapfen sind immer typisch schief und unsymmetrisch.*

- ***hat Nadeln wie die Berg-Kiefer***
- ***heißt auch „Spirke"***
- ***wächst bis an die Baumgrenze***

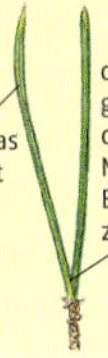

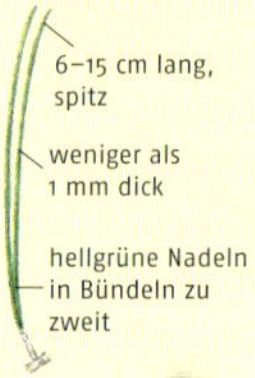

Pinie

Pinus pinea (Kieferngewächse)

H 15–30 m April–Mai

Vorkommen *Mittelmeergebiet, nördlich bis nach Südtirol kultiviert. Meist mehrere sitzende Zapfen an den stärkeren Zweigen.*

> ***braucht viel Licht***
> ***Samen werden durch Nagetiere und Vögel verbreitet***
> ***ältere Bäume sind schon aus der Ferne zu erkennen***

Die flache Krone hat für die Pinie wohl zwei Vorteile: Sie beschattet den Boden und schützt so die Wurzeln gegen zu starke Austrocknung. Außerdem bietet sie dem oft starken Küstenwind nur geringen Widerstand. Die Samenkerne schmecken angenehm, etwas mandelartig. Um an sie zu gelangen, muss man jedoch die meist recht harte Samenschale knacken.

Krone auffällig schirmförmig, flach gewölbt, an jungen Bäumen kugelig

Samen mit holziger Schale

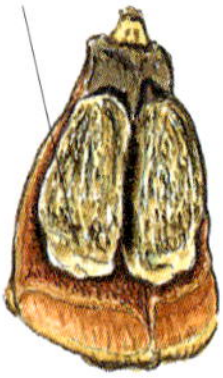

Schon gewusst?

Pinienkerne gehörten offensichtlich schon bei den alten Römern zur Marschverpflegung der Truppen. In England fand man die Samenschalen in den Abfallgruben der römischen Lager.

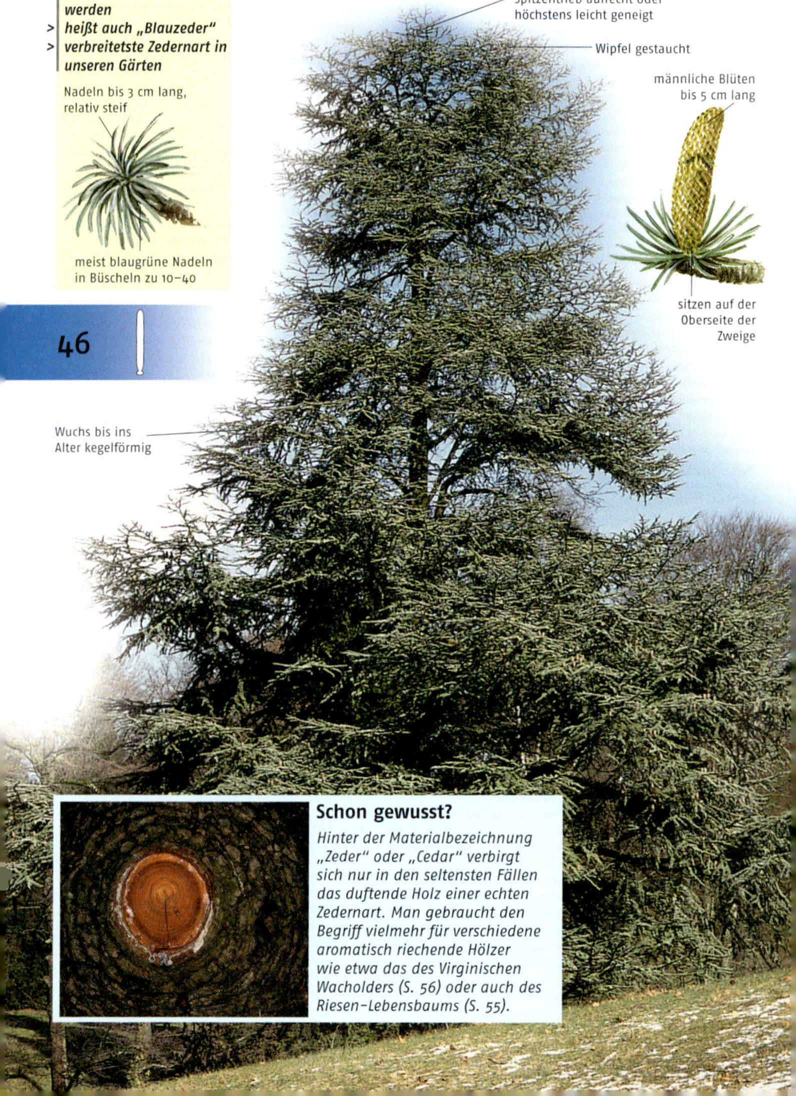

Libanon-Zeder

Cedrus libani (Kieferngewächse)
H 20–35 m   Sept.

Diese eindrucksvolle Zeder galt im Altertum als der schönste Baum oder auch als „Baum Gottes". Ihr Holz nutzt man schon seit rund 5000 Jahren intensiv. Im alten Ägypten, in Griechenland und in Phoenizien baute man prächtige Tempel, aber auch Schiffe daraus. Die ursprünglichen Bestände sind durch die jahrhundertelange Abholzung aber heute starkt geschrumpft.

Krone breit, im Alter schirmförmig

meist mit mehreren sehr starken, steil aufragenden Ästen

Vorkommen *Stammt aus Klein- und Westasien. Besonders in Westeuropa in Gärten und Parks. Die Schuppen reifer Zapfen fallen herab.*

- ***bereits im Alten Testament erwähnt***
- ***Zapfen etwas größer als bei der Atlas-Zeder***
- ***sehr attraktiver Parkbaum in wintermilden Gegenden***

Nadeln bis 3,5 cm lang, zugespitzt

hell- bis dunkelgrüne Nadeln in Büscheln zu 10–20

Schirmtanne

Sciadopitys verticillata (Sumpfzypressengewächse)
H 10–30 m   Mai

männliche Blüten an den Zweigspitzen

Der Baum nimmt eine Sonderstellung ein, da sich seine Nadeln von denen anderer Nadelgehölze unterscheiden. Es ist den Botanikern noch nicht ganz klar, ob es sich hierbei um zwei zusammengewachsene Nadeln oder um einen umgebildeten Spross handelt. In Japan kultiviert man Schirmtannen häufig in Tempelanlagen und Gärten. Abbildungen der typischen Zweige zieren Porzellan, Raumteiler oder Lackwaren. Forstlich angebaute Bäume liefern ein weißes, elastisches Holz für den Schiffs- und Hochbau.

Wuchs schmal kegelförmig, oft unregelmäßig

erinnert meist etwas an eine kleine Kiefer

Zapfen holzig, bis 10 cm lang

Vorkommen *Stammt aus Japan. In Mitteleuropa gelegentlich in Parks und Gärten. Fällt durch die schirmspeichenartig angeordneten Nadeln auf.*

- ***wächst in Europa oft nur strauchartig***
- ***Zapfen reifen im 2. Jahr***
- ***braucht kalkfreien Boden***

Nadeln in Quirlen zu 30–40

5–15 cm lang, ledrig, biegsam

Rauchzypresse

Calocedrus decurrens (Zypressengewächse)
H 10–30 m April–Mai

Indianer nutzten die Borke der Rauchzypresse früher zum Hüttenbau. Auch die ersten weißen Siedler schätzten die langen Streifen als schützenden Belag auf ihren Dächern. Das Holz splittert kaum und lässt sich gut spitzen. Deshalb stellt man seit einigen Jahrzehnten auch Bleistifte daraus her.

Vorkommen *Im westlichen Nordamerika beheimatet. In Europa in Parks. Die zimtfarbene Borke löst sich in dünnen Schuppenstreifen ab.*

> ***heißt auch „Weihrauchzeder"***
> ***Zweige duften beim Zerreiben aromatisch***
> ***kann 1000 Jahre alt werden***

Arizona-Zypresse

Cupressus arizonica (Zypressengewächse)
H 10–25 m Febr.–April

In Südeuropa werden Arizona-Zypressen oft in Windschutzhecken oder zum Schutz gegen Erosionen gepflanzt. Der Baum fällt schon von Weitem durch seine graublaue Farbe auf. Zur Blütezeit im Frühling wirkt er gelblich, da praktisch alle Zweige reichlich mit kleinen gelben Blüten besetzt sind. Der Blütenstaub kann Heuschnupfen auslösen.

Vorkommen *Heimisch von Arizona bis Kalifornien und Mexiko, bis auf über 2000 m. In Europa in Parks und Gärten. Zapfen erst grün, dann grau.*

> ***sehr anspruchslos und ziemlich frosthart***
> ***Zweige riechen beim Zerreiben sehr angenehm***
> ***auch als gelbliche Sorte erhältlich***

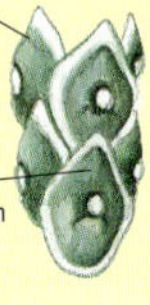

Virginischer Wacholder

Juniperus virginiana (Zypressengewächse)

H 2–18 m März–Mai

Vorkommen *Wildform in Nordamerika. In Europa meist in Zuchtformen in Gärten und Parks. Blau bereifte Beerenzapfen reifen im 1. Jahr.*

> ***duftet intensiv würzig***
> ***größte Wacholderart, Stamm in der Heimat bis 30 m hoch***
> ***viele Sorten bekannt***

Der auch unter dem Namen „Virginische Rotzeder“ bekannte Baum lieferte lange Zeit das klassische Holz für Bleistifte. Es weist eine einheitliche Struktur auf und lässt sich leicht bearbeiten. Mit diesen Eigenschaften wäre der Baum zwar auch für die Forstwirtschaft in Europa interessant. Entsprechende Anbauversuche preußischer Forstleute brachten aber nicht den gewünschten Erfolg, da die Bäume in unserem Klima zu langsam wuchsen. Verschiedene Zierformen wurden jedoch zu beliebten Gartengehölzen.

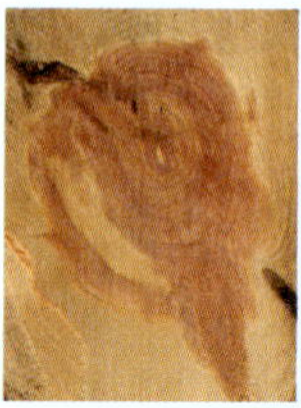

Schon gewusst?

Der zentrale Holzteil des Stammes hat frisch gesägt eine charakteristische, rotviolette Farbe. Holzstücke liefern, in Schränke gelegt, ein gutes Mottenmittel. Insekten meiden den aromatischen Geruch.

Ginkgo

Ginkgo biloba (Ginkgogewächse)

H 10–40 m April

Verwandte des Ginkgos, die der heutigen Art recht ähnlich waren, besiedelten die Erde schon im Jura-Zeitalter. Der Ginkgo als einziger bis heute Überlebender dieser Gruppe ist somit ein „lebendes Fossil". Er ist so robust, dass er mit Luftverschmutzungen in Innenstädten gut zurecht kommt. Ein Ginkgobaum überlebte sogar den Atombombenangriff auf Hiroshima. Die Japaner sehen in dem Baum seither ein Symbol der Hoffnung.

Vorkommen *Wild nur in der chinesischen Provinz Tschekiang. In Europa in Parks und als Straßenbaum. Die typischen Blätter sind unverwechselbar.*

- ***wirkt wie ein Laubbaum, ist aber mit den Nadelbäumen vewandt***
- ***es gibt männliche und weibliche Bäume***
- ***winterhart***

Schon gewusst?

Das chinesische „Gin-kyo" bedeutet „Silberaprikose" und bezieht sich auf das Aussehen der Samen. Deren äußere, weiche Schale riecht unangenehm nach Schweißfüßen. Die innere harte Schale umgibt einen Kern, den Japaner und Chinesen rösten und wie Pistazien essen.

Korb-Weide

Salix viminalis (Weidengewächse)

H 2–10 m März–April

Vorkommen *Von Europa bis Sibirien wild in Auen und an Bachufern, zu Flechtzwecken oft gepflanzt. Die Zweige sind extrem biegsam.*

- ***geschnittene Bäume heißen „Kopfweiden"***
- ***kann zeitenweise im Wasser stehen***
- ***heißt auch „Hanf-Weide"***

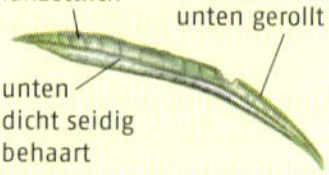

Radikal zurückgeschnittene Korb-Weiden bilden zahlreiche lange, unverzweigte Ruten – der klassische Rohstoff für den Korbflechter. Für grobe Körbe belässt er die Ruten unverändert, für Einkaufskörbe entfernt er meist die Rinde, so dass das helle Holz zu sehen ist. Die Ruten werden in Wasser eingelegt, bis sie weich und biegsam sind und sich so gut flechten lassen. Beim Trocknen erhält das Geflecht seine Festigkeit.

Schon gewusst?

Auch andere Weidenarten liefern Flechtmaterial – oft mit anders gefärbten Rinden. Farbvarianten erhalten Korbflechter auch durch Kochen oder Beizen der Ruten.

Weiden-Birne

Pyrus salicifolia (Rosengewächse)

H 5–9 m April

Die Weiden-Birne stellt für Gärten eine hübsche Alternative zu anderen silberlaubigen Bäumen wie der Schmalblättrigen Ölweide (S. 72) oder der Silber-Weide (S. 82) dar. Sie wächst ziemlich langsam und benötigt nur wenig Platz. Im Frühjahr ist sie oft über und über mit Blüten bedeckt. Ihre Früchte sind für den Menschen nicht genießbar.

Vorkommen *Stammt aus Kleinasien. In Europa in Gärten. Weiße Blüten in mehrblütigen Blütenständen.*

> ***das Laub leuchtet silbern***
> ***ähnelt von den Blättern her einer Silber-Weide (S. 82)***
> ***Früchte bleiben hart***

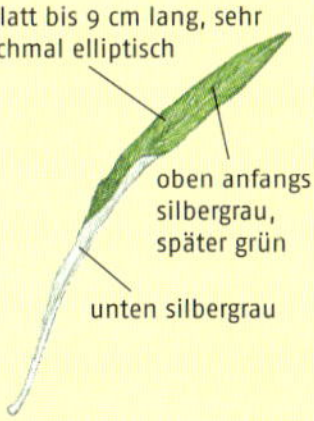

Lorbeer-Kirsche

Prunus laurocerasus (Rosengewächse)

H 1–6 m Mai

Die immergrünen Blätter erinnern an die des Lorbeers (S. 66), die Früchte an Kirschen (S. 100). Verwandtschaftlich steht die Art tatsächlich den Kirschen nahe. Im Gegensatz zu diesen sind jedoch alle Pflanzenteile giftig. Sie enthalten Giftstoffe, aus denen Blausäure freigesetzt wird. Beim Zerreiben der Blätter oder Schälen der Rinde entwickelt sich deshalb ein typischer „Bittermandelgeruch".

Vorkommen *Wild auf dem Balkan und in Kleinasien. In Mittel- und Südeuropa oft als Zier- und Heckenstrauch. Oft reife und unreife Früchte gleichzeitig.*

> ***wächst in Gärten meist eher als Strauch***
> ***blüht manchmal im Herbst ein zweites Mal***
> ***heißt auch „Kirschlorbeer"***

Schmalblättrige Ölweide

Elaeagnus angustifolia (Ölweidengewächse)

H 6–8 m   Juni

Vorkommen *Heimisch in West- und Zentralasien. Im Mittelmeerraum eingebürgert, in Mitteleuropa in Parks. Trägt reichlich unscheinbare Früchte.*

> ***Zweige oft mit Dornen***
> ***erinnert etwas an eine Silber-Weide (S. 82)***
> ***Früchte reifen bei uns selten aus***

Krone vielgestaltig, oft breit und unregelmäßig

stark verzweigt

ein oder mehrere, oft gedrehte Stämme

Ölweiden wachsen in vielen Gegenden nur als Zierbaum oder in Windschutzhecken. Vom östlichen Mittelmeerraum bis Mittelasien gibt es jedoch eine Varietät mit größeren Früchten, die auf den Märkten angeboten werden. Sie schmecken süß und lassen sich zu Kompott, Marmelade und Likör verarbeiten. Aus den Samen lässt sich ein fettes Öl pressen.

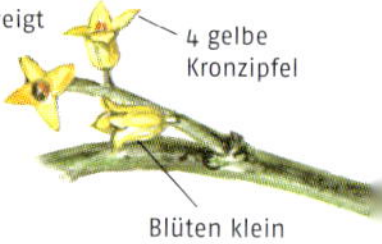

Kreppmyrte

Lagerstroemia indica (Weiderichgewächse)

H 2–8 m   Juli–Sept.

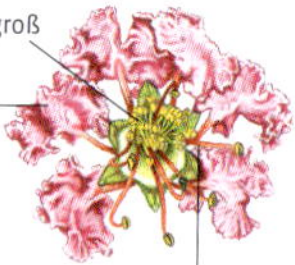

Vorkommen *Heimisch in Asien. In Südeuropa in Parks und Gärten, in Mitteleuropa als Kübelpflanze. Blüht reichlich an den Zweigenden.*

> ***Blütenblätter erinnern an Krepp-Papier***
> ***blüht rosa, rot, violett oder weiß***
> ***sehr dekoratives Ziergehölz***

Kreppmyrten benötigen für eine üppige Blüte viel Wärme. In Mitteleuropa sollte man sie im Kübel direkt vor die Südwand des Hauses stellen. Im Süden wachsen sie auch ohne besondere Maßnahmen sehr gut, sogar als Straßenbäume. Das auffällige Gehölz trägt weitere deutsche Namen wie „Kräuselmyrte", „Indische Lagerstroemie" oder „Flieder des Südens".

Blütenstände am Ende der Zweige

Krone rundlich

ein- oder mehrstämmig

Europäische Hopfenbuche

Ostrya carpinifolia (Birkengewächse)

H 10–20 m April–Mai

Vorkommen *Wild von Südeuropa bis Kleinasien in Mischwäldern. In Mitteleuropa in Parks. Die Fruchtstände ähneln denen von Hopfen.*

> ***erinnert im Wuchs und von den Blättern her an eine Hainbuche (S. 91)***
> ***erträgt Trockenheit***
> ***braucht ausreichend Wärme***

Der wissenschaftliche Name *Ostrya* leitet sich von der griechischen Bezeichnung für Auster ab. Die sackartige Hülle um die Nussfrüchte soll etwas an die Schalen dieser Muschel erinnern. Sie dient den Früchten als Flugorgan, das allerdings nur bei starkem Wind gut funktioniert und die Samen über eine größere Strecke transportieren kann.

Baum-Hasel

Corylus colurna (Haselgewächse)

H 10–20 m Febr.–März

Vorkommen *In Südosteuropa und Kleinasien beheimatet. In Mitteleuropa häufig als Straßen- und Parkbaum. Liefert sehr hartschalige Haselnüsse.*

> ***Früchte bilden ballartige Knäuel***
> ***im Gegensatz zur Gewöhnlichen Hasel (S. 198) einstämmig***
> ***heißt auch „Türkische Hasel"***

Die Nüsse der Baum-Hasel schmecken ähnlich wie die der Gewöhnlichen Hasel (S. 198) Allerdings lassen sie sich schwer knacken und ergeben nur eine geringe Ausbeute. Das schön gemaserte Holz eignet sich für Möbel und Schnitzarbeiten, eine Verwendung, auf die auch der Artname *colurna* hinweist. Dieser bedeutet „aus Haselnussholz gemacht".

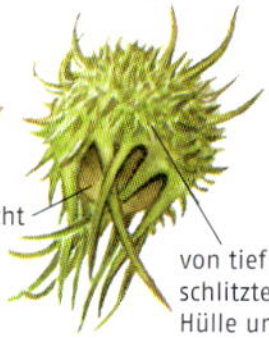

Steinweichsel

Prunus mahaleb (Rosengewächse)

H 1–10 m April–Mai

Vorkommen *Wächst wild an sonnigen, steinigen Hängen Mittel- und Südeuropas. Blütenstände doldenähnlich.*

- **heißt auch „Felsen-Kirsche" oder „Weichselrohr"**
- **unempfindlich gegen Hitze**
- **Vögel finden im dichten Gehölz Schutz**

Die winzigen „Kirschen" schmecken herb und meist bitter. Trotzdem hat der anspruchslose Baum eine gewisse Bedeutung erlangt: Er dient oft als Veredelungsunterlage für verschiedene Kirschensorten. Sein Holz duftet sehr angenehm, etwa wie Heu. Es eignet sich sehr gut für Drechselarbeiten, etwa für Pfeifenrohre.

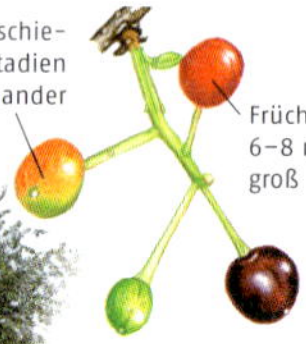

Aprikose

Prunus armeniaca (Rosengewächse)

H 4–8 m März–April

Vorkommen *Heimisch in Westasien. Im Mittelmeerraum häufig, in Mitteleuropa selten angepflanzt. Blüht vor dem Laubaustrieb weiß oder blassrosa.*

- **heißt in Österreich „Marille"**
- **benötigt viel Wärme**
- **das Fruchtfleisch löst sich leicht vom Stein**

Auch wenn der Artname *armeniaca* es vermuten ließe, stammt der Baum dennoch nicht aus Armenien. Er kam allerdings nach den Armenienfeldzügen des römischen Kaisers Nero im ersten Jahrhundert n. Chr. nach Griechenland und Rom. Die Früchte sind sehr gesund, da sie reichlich Mineralstoffe und Vitamine enthalten.

Mandel

Prunus dulcis (Rosengewächse)
H 3–10 m   März–April

Mandeln sind sehr nahrhaft und reich an wichtigen Mineralstoffen. Besonders die Weihnachtsbäckerei wäre ohne sie kaum denkbar. Viele Rezpete verlangen süße Mandeln oder Marzipan, eine aromatische Spezialität, die aus Mandeln, Zucker und Aromastoffen besteht. Mandelöl eignet sich zur Pflege von Babyhaut und für Naturkosmetika sowie als Schmieröl für Uhren. Bittermandeln dagegen setzen im Magen Blausäure frei. Für Kinder können fünf bis zehn dieser Samen tödlich sein.

Schon gewusst?
Im Mittelmeerraum gelten grüne Mandeln mit noch weicher Schale als Delikatesse. Sie schmecken roh am besten mit etwas Salz oder auch eingelegt in Salzwasser.

Vorkommen *Heimisch in Westasien. Im Mittelmeerraum angepflanzt. Die Blüten erscheinen vor dem Laubaustrieb.*

> ***gedeiht in Mitteleuropa nur in sehr geschützten Lagen***
> ***empfindlich gegen Spätfrost***
> ***es gibt süße und bittere Mandeln***

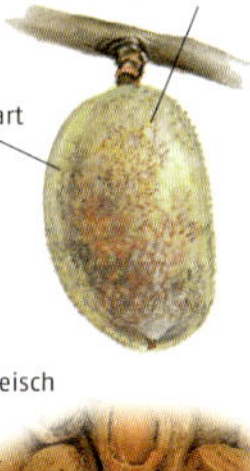

Spitz-Ahorn

Acer platanoides (Ahorngewächse)

H 15–25 m April–Mai

Vorkommen *Wild in Wäldern Europas, Kleinasiens und im Kaukasus. Gepflanzt in Parks, Gärten und an Straßen. Blätter im Herbst goldgelb bis rot.*

- ***Blätter gegenständig***
- ***blüht vor dem Laubaustrieb, Bäume leuchten dann gelbgrün***
- ***für Gärten gibt es auch eine dunkelrote Sorte***

Die Blätter des Spitz-Ahorns standen wohl Pate, als er und seine Verwandten die Namen *Acer* bzw. „Ahorn" erhielten. Beides leitet sich vom indogermanischen *ak* ab, das „scharf, spitz" bedeutet. Als Ende des 18. Jahrhunderts Zucker aus Zuckerrohr in Deutschland sehr teuer wurde, zapfte man Spitz-Ahorne an, deren Blutungssaft drei bis vier Prozent Zucker enthält. Die Versuche versprachen zwar Erfolg, letztendlich setzte sich aber die Zuckergewinnung aus der Zuckerrübe durch.

Schon gewusst?

Heimische Ahorne zeigen auf den Blättern oft schwarze Flecken. Hier wächst ein Pilz und löst die „Teerfleckenkrankheit" oder den „Ahornrunzelschorf" aus. Die Blätter sehen zwar nicht mehr so schön aus, der Baum wird aber nicht geschädigt.

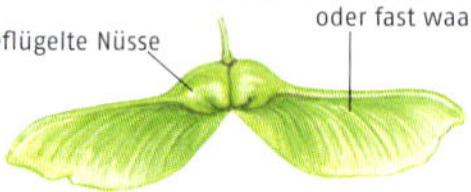

Echte Walnuss

Juglans regia (Walnussgewächse)
H 15–25 m Mai

Die Echte Walnuss kam mit den Römern als Nutzbaum nach Mitteleuropa. Bauern pflanzen sie heute in erster Linie wegen der schmackhaften, ölreichen Samen. Alte Bäume wachsen oft direkt am Gehöft, da die Bewohner früher glaubten, damit Fliegen und Mücken zu vertreiben. Unter Walnussbäumen gedeiht nur wenig. Dies hängt nicht nur mit der Beschattung zusammen. Vielmehr enthält der Baum Stoffe, die Keimung und Wachstum vieler anderer Pflanzen unterdrücken.

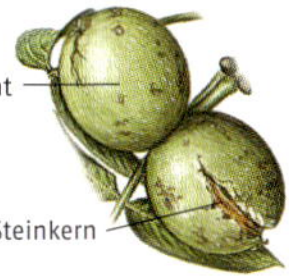

Vorkommen *Ursprünglich aus Asien und dem östlichen Mittelmeerraum. In wärmeren Gegenden Europas gepflanzt. Die grüne Schale der Früchte reißt noch am Baum auf.*

> ***wächst oft als Einzelbaum***
> ***liefert schönes Holz für Möbel***
> ***zahlreiche Sorten mit verschieden großen Früchten***

Schon gewusst?

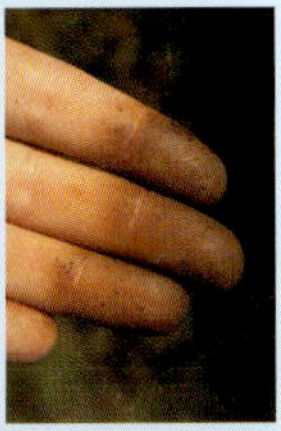

Kommt der Saft frischer Walnussblätter oder grüner Fruchtschalen auf die Haut, färbt sich diese haltbar und intensiv gelbbraun. Manche bräunende Sonnenschutzmittel enthalten deshalb entsprechende Auszüge.

Gewöhnliche Rosskastanie

Aesculus hippocastanum (Rosskastaniengewächse)

H 15–25 m April–Mai

In Deutschland pflanzen Gärtner den Baum seit 1646. Anfangs wuchs er nur in höfischen Parks und Alleen. Heute ist er mit seiner Schatten spendenden Krone der typische „Biergartenbaum". In Notzeiten entbitterte man die Samen und gewann Bratöl und Mehl daraus. Bereits die Türken verfütterten die Samen an ihre Pferde (Name!). Heute dienen sie für die Wildfütterung. Auch Arzneimittel gegen Venenschwäche und „schwere Beine" enthalten Auszüge daraus.

Vorkommen *Wild auf dem Balkan. In Mittel- und Westeuropa gepflanzt an Straßen, Plätzen, in Parks. Die Samen fallen im September und Oktober.*

> ***austreibende Blätter dicht wollig behaart***
> ***Knospen besonders am Ende des Winters stark klebrig***
> ***beliebter „Biergartenbaum"***

Schon gewusst?

Die Blätter zeigen oft braune Flecken, in denen im Gegenlicht kleine Larven zu sehen sind. In der Folge fallen die Blätter ab. Bei den Larven handelt es sich um die Kastanienminiermotte, einen Kleinschmetterling, der in Europa erstmals 1984 auftrat und sich seitdem stark ausbreitet.

Kanarische Dattelpalme

Phoenix canariensis (Palmengewächse)

H 8–20 m Febr.–Juni

Die Kanarische Dattelpalme wächst schneller als die Echte Dattelpalme und ist viel weniger empfindlich gegen Kälte. Sie konnte sich deshalb als Zierbaum gegen diese durchsetzen. Die Palmwedel der Dattelpalmen liefern den typischen Schmuck für den christlichen Palmsonntag und das jüdische Laubhüttenfest.

Blätter bilden an der Spitze des Stammes einen üppigen Schopf

Blätter etwas schief gedreht

Stamm einzeln

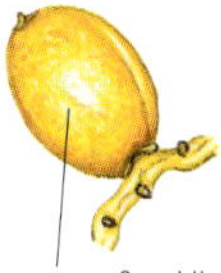

Frucht um 2 cm groß, goldbraun

***Vorkommen** Heimisch auf den Kanarischen Inseln. Zierbaum im ganzen Mittelmeerraum. In den hellen Blütenständen stehen unzählige Blüten.*

> ***Krone in der Regel dichter als bei der Echten Dattelpalme***
> ***wurzelt sehr tief***
> ***Früchte fast ohne Fruchtfleisch, als Nahrung bedeutungslos***

mittlere Blättchen bis 50 cm lang

gefiederter, 5–6 m langer „Palmwedel"

Echte Dattelpalme

Phoenix dactylifera (Palmengewächse)

H 10–30 m Febr.–Juni

In den afrikanischen Oasen stellt diese Palme das „Brot der Wüste" dar. Sie liefert nahrhafte Früchte, die je nach Qualität eher süss oder mehlig schmecken. Kamele können sogar die harten, fasrigen Kerne verwerten. Das Holz der Stämme dient als Bauholz, mit den Blättern werden Häuser gedeckt.

Blätter bilden an der Spitze des Stammes einen üppigen Schopf

Wuchs hoch, auch mit mehreren Stämmen

bis 8 cm lange Frucht, die „Dattel"

harter Kern

***Vorkommen** Ursprünglich wohl aus dem arabischen Raum. Im europäischen Mittelmeerraum nur selten kultiviert. Typischer Baum in den Oasen der Sahara.*

> ***es gibt männliche und weibliche Bäume***
> ***erträgt etwas Salz***
> ***braucht Hitze und erträgt keine feuchte Luft***

mittlere Blättchen bis 40 cm lang

gefiederter, 3–5 m langer „Palmwedel"

Rosmarinheide

Andromeda polifolia (Heidekrautgewächse)
H 0,1–0,3 m   Mai–Aug.

Andromeda ist in der griechischen Mythologie die Tochter von Kassiopeia. Beide wurden der Legende nach als Gestirne an den Nordhimmel versetzt, also den Himmel, der sich über das Verbreitungsgebiet der Rosmarinheide wölbt. Die Pflanze enthält Giftstoffe, die den Blutdruck senken und zu Atemlähmung führen können.

Vorkommen *Wild in Hochmooren Nord- und Mitteleuropas. Auf nährstoffarmen Böden, oft in Torfmoospolstern. Die Blüten sitzen an den Enden der Äste.*

- ***Blätter immergrün***
- ***wirkt wie in den Boden gesteckte Äste des Rosmarins (S. 162)***
- ***Hauptachse kriecht im Boden***

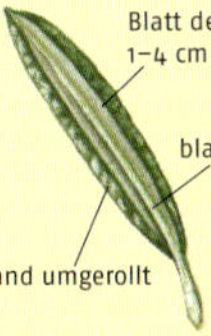

Schnee-Heide

Erica carnea (Heidekrautgewächse)
H 0,1–0,4 m   Jan.–April

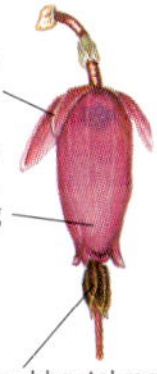

Die Schnee-Heide bildet ihre Blütenknospen bereits im Herbst. Als Winterblüher und immergrüner Bodendecker wird sie gerne und in vielen Sorten in Gärten kultiviert. Es gibt Formen mit gelblichen Blättern und Blütenfarben von Weiß bis Dunkelviolett. Während die meisten Heidekrautgewächse saure Böden benötigen, kommt die Schnee-Heide gut mit Kalk zurecht.

Vorkommen *Wild in den Gebirgen Mittel- und Südeuropas. Häufig in Gärten gepflanzt. Fällt durch die ungewöhnliche Blütezeit auf.*

- ***heißt auch „Erika-Heide"***
- ***bevorzugt sonnige Standorte***
- ***manche Sorten blühen schon im Oktober***

Netz-Weide

Salix reticulata (Weidengewächse)
H 0,1–0,3 m   Juli–Aug.

Die Netz-Weide gehört wie die Stumpfblättrige Weide und die Kraut-Weide (Seite gegenüber) zu den „Gletscher-Weiden" oder „Teppich-Weiden". Sie wachsen so hoch in den Gebirgen oder im Norden, dass sie lange vom Schnee bedeckt sind. Trotzdem schaffen sie es, in der kurzen Wachstumszeit zu blühen und Samen auszubilden.

***Vorkommen** Wild in Nordeuropa und den Gebirgen Mittel- und Südeuropas. Meist oberhalb der Waldgrenze bis auf 3000 m. Die Blätter wirken runzelig.*

- ***kann große Matten bilden***
- ***Äste treiben Wurzeln in den Boden***
- ***wächst auf offenem, steinigem Boden und Schutt***

Stern-Magnolie

Magnolia stellata (Magnoliengewächse)
H 1,5–3 m   März–April

Während die meisten Magnolien zu mehr oder weniger großen Bäumen heranwachsen (S. 64, 65), bleibt die Stern-Magnolie klein und eignet sich deshalb auch für geschützte Standorte in kleinen Gärten. In Japan wird sie schon seit Jahrhunderten kultiviert, nach Europa kam sie erst in der zweiten Hälfte des 19. Jahrhunderts.

***Vorkommen** Stammt aus Japan. In Europa in nicht zu rauen Gegenden in Gärten und Parks. Blüht weiß oder rosa.*

- ***wächst ziemlich langsam***
- ***Blüten leiden unter Nachtfrösten***
- ***nach der Form der Blüten benannt***

Westlicher Gewürzstrauch

Calycanthus occidentalis (Gewürzstrauchgewächse)

H 1–4 m Juni–Juli

Vorkommen *Heimisch in Kalifornien. In Europa als winterhartes Gehölz in Parks und Gärten. Typisch sind die sternförmigen, braunroten Blüten.*

- **die Blüten halten viele Tage**
- **auch schön für Einzelpflanzung**
- **der ähnliche Echte Gewürzstrauch blüht dunkel rotbraun**

Die Blüten duften intensiv nach Most und Lebkuchen, die getrocknete Rinde riecht nach Gewürznelken. Die Cherokee-Indianer verwendeten früher Rindenauszüge des verwandten Echten Gewürzstrauches (*Calycanthus floridus*) als Gewürz und als Heil- und Brechmittel. Hierbei ist jedoch Vorsicht geboten, das Gehölz enthält Giftstoffe, besonders reichlich in den Samen.

Chinesische Winterblüte

Chimonanthus praecox (Gewürzstrauchgewächse)

H 2–4 m Febr.–März

Vorkommen *Stammt aus China. In Europa in Gegenden mit milden Wintern in Parks und Gärten. Auffallend sind die vielen nickenden Blüten.*

- **Blätter gegenständig**
- **die duftenden Blüten ertragen keine große Kälte**
- **als junges Gehölz etwas frostempfindlich**

Der angenehme, starke Geruch der Blüten lockt schon an den ersten warmen Tagen des Frühjahrs Bienen und Fliegen als Bestäuber an. Sie finden in den wachsig wirkenden Blüten süßen Nektar. Abgeschnittene Zweige oder Blüten bringen den etwas an Jasmin erinnernden Duft auch ins Haus.

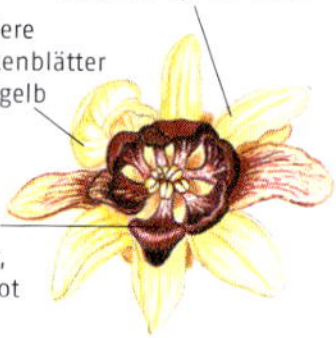

Preiselbeere

Vaccinium vitis-idaea (Heidekrautgewächse)

H 0,1–0,3 m   Mai–Aug.

Die Schweden bezeichnen die Preiselbeeren als „Rotes Gold des Landes". Die Früchte enthalten verschiedene Säuren, viele Mineralstoffe, Vitamin A und C sowie Vitamine der B-Gruppe. Sie lassen sich ziemlich lange lagern. Roh schmecken sie nicht besonders gut, umso schmackhafter sind sie als Kompott oder als Saft. Am bekanntesten sind sie als Beilage zu Wildbraten.

***Vorkommen** Wild fast in ganz Europa in Kiefern- und Fichtenwäldern und Mooren. Auf sauren Böden. Wächst in Mooren oft zwischen dem Moos.*

- > ***Blätter immergrün***
- > ***Früchte reifen meist nicht gleichzeitig***
- > ***heißt auch „Kronsbeere"***

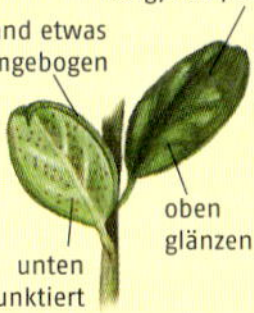

Schon gewusst?

In Nordamerika wächst die ähnlich verwendete Großfrüchtige Moosbeere oder Cranberry (Vaccinium macrocarpon). Cranberry-Saft ist seit einigen Jahren auch bei uns ein beliebtes Erfrischungsgetränk. Er soll auch Harnwegsinfekten vorbeugen.

Gewöhnlicher Liguster

Ligustrum vulgare (Ölbaumgewächse)

H 2–7 m   Juni–Juli

Der Gewöhnliche Liguster erträgt starkes Beschneiden und eignet sich deshalb gut für Hecken. Meist pflanzen Gärtner hierfür die Sorte 'Atrovirens', deren Blätter bis in den Winter an den Zweigen bleiben oder gar nicht abfallen. Die Früchte werden oft erst im Spätwinter von Vögeln gefressen, die mit den unverdaut ausgeschiedenen Samen für die Verbreitung des Strauches sorgen. Früher gewann man aus den Früchten einen violetten Farbstoff für Tinte.

Beeren bis 1 cm groß, schwarz, innen grün

4 ausgebreitete Kronzipfel

Blüten weiß, klein

Vorkommen *Wild fast in ganz Europa in Gebüschen, an Waldrändern. Kultiviert an Böschungen und in Hecken. Die Früchte hängen lange am Strauch.*

- ***Blüten riechen unangenehm***
- ***erträgt Sonne und Halbschatten***
- ***alle Pflanzenteile sind für den Menschen giftig!***

Blatt ledrig, 2–6 cm lang

gegenständig

Zweige aufstrebend

Wuchs dicht, oft unregelmäßig

Schon gewusst?

An den Sträuchern fressen gelegentlich die auffällig gefärbten Raupen des Ligusterschwärmers (Sphinx ligustri), das ist ein nachtaktiver Schmetterling.

Gewöhnliche Schneebeere

Symphoricarpos albus (Geißblattgewächse)

H 1,5–2 m   Juni–Sept.

Vorkommen *Stammt aus Nordamerika. In Europa in Gärten, Parks und an Böschungen. Unverwechselbar durch die schneeballähnlichen Früchte.*

- > ***Beeren können Erbrechen oder Durchfall auslösen***
- > ***oft auch grob gelappte Blätter vorhanden***
- > ***Blüten locken Bienen an***

Die Früchte des Strauches werden je nach Gegend „Knallerbsen“, „Knatschbeeren“ oder „Knackerbsen“ genannt. Wirft man sie mit Wucht auf den Boden oder tritt darauf, zerplatzen sie mit einem mehr oder weniger lauten Knall. Das schwammige Fruchtfleisch enthält keinen weißen Farbstoff, sondern reflektiert das einfallende Licht vollständig.

Stacheliger Mäusedorn

Ruscus aculeatus (Mäusedorngewächse)

H 0,2–0,9 m   Febr.–April

Vorkommen *Wild im Mittelmeerraum und in Westeuropa in Gebüschen und Wäldern. Selten in Gärten. Blüht und fruchtet auf den „Blättern“.*

- > ***undurchdringliches Gehölz***
- > ***es gibt männliche und weibliche Pflanzen***
- > ***Zweige für Trockensträuße geeignet***

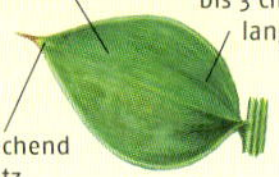

Zwischen Vorräte gehängt oder gelegt, hielten die stechenden Zweige des Mäusedorns früher erfolgreich Mäuse vom Plündern ab. Die starren Zweige ergaben auch haltbare Besen. Ganz junge Zweige kochte man zu einem spargelähnlichen Gemüse. Heute spielt der Mäusedorn als Heilpflanze gegen Venenleiden eine wichtige Rolle.

Gewöhnlicher Pfeifenstrauch

Philadelphus coronarius (Hortensiengewächse)

H 1–3 m Mai–Juni

Vorkommen *Wild vor allem im östlichen Mittelmeerraum und in Kleinasien. In Mitteleuropa in Gärten und Parks. Auffällige Blüten meist zu fünft bis neunt.*

> ***Blüten duften sehr stark***
> ***anspruchsloser, frostharter, weit verbreiteter Zierstrauch***
> ***heißt auch „Falscher Jasmin"***

Da die Blüten des Gewöhnlichen Pfeifenstrauchs sehr intensiv nach Jasmin duften, wird er häufig mit dem Echten Jasmin verwechselt (s. Kasten). Seine Blüten liefern zwar keinen Aromastoff für die Parfümindustrie, ein blühender Zweig bringt jedoch den betörenden Duft in die Wohnung. Aus den Zweigen schnitzte man früher Flöten. Im 18. Jahrhundert stellte man auch die Schäfte langer Tabakpfeifen daraus her.

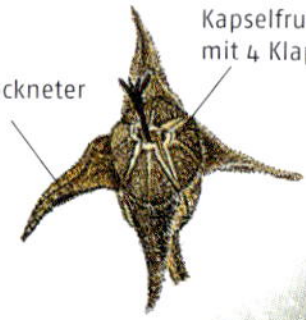

Schon gewusst?

Der Echte Jasmin (Jasminum officinale) ist ein Kletterstrauch aus Asien, der in Südeuropa kultiviert wird. Seine Blüten liefern Duftstoffe für Parfüms. In Mitteleuropa lässt sich das Gehölz nur in Kübeln kultivierten, da es nicht winterhart ist.

Scheinquitte

Chaenomeles sp. (Rosengewächse)

H 0,5–3 m März–April

Die ersten Scheinquitten-Sträucher kamen Ende des 18. Jahrhunderts nach Europa. Züchter beschäftigten sich seither in erster Linie wegen der schönen Blüten mit dem Gehölz, das sich als anspruchslose, dekorative „Zierquitte“ rasch verbreitete. Die harten Früchte duften sehr angenehm, Hausfrauen legten sie deshalb früher in den Wäscheschrank. Sie eignen sich auch für Konfitüre und Gelee.

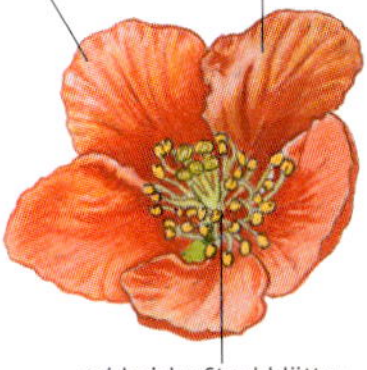

Vorkommen *Stammt aus Ostasien. In Europa in vielen Sorten in Gärten und Parks. Die Früchte erinnern etwas an die von Echten Quitten (S. 68).*

- > ***blüht oft im Herbst ein zweites Mal***
- > ***Früchte reifen von September bis November***
- > ***viele verschiedene Sorten***

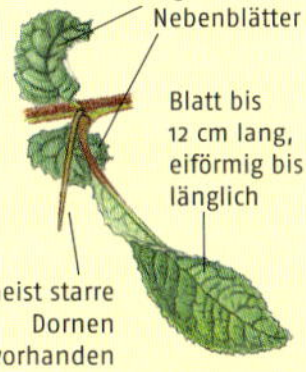

Schon gewusst?

Besonders in Lettland gibt es Scheinquitten-Plantagen, um die Früchte zu gewinnen. Diese heißen dort oft „Zitronen des Nordens“. Der aus ihren Früchten gepresste saure Saft enthält viel Vitamin C und wird wie Zitronensaft verwendet.

Rotblättrige Rose

Rosa glauca (Rosengewächse)
H 1–3 m Juni–Juli

***Vorkommen** Wild in den Gebirgen Mittel- und Südeuropas, an Felsen und in trockenen Gebüschen. Die Blüten leuchten zwischen den dunklen Blättern.*

> ***eine Wildrose mit besonders auffälligen Blättern***
> ***nur mäßig bestachelt***
> ***heißt auch „Hecht-Rose"***

Die Wurzeln der Rotblättrigen Rose können tief in Felsspalten eindringen und so auch an scheinbar trockenen Standorten ausreichend Feuchtigkeit aufnehmen. Der Strauch fand wegen der kontrastreichen Blüten und der auffälligen Blattfärbung den Weg als Zierrose in Gärten. Auch an Straßenböschungen pflanzt man die anspruchslose Art recht gerne.

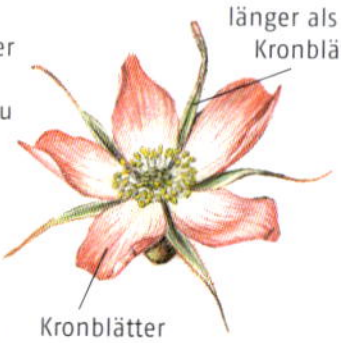

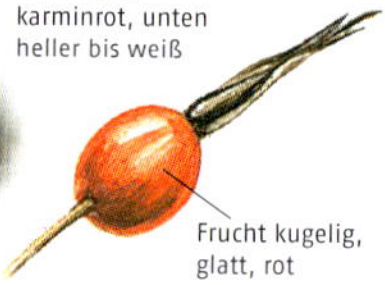

Wein-Rose

Rosa rubiginosa (Rosengewächse)
H 1–3 m Juni–Juli

***Vorkommen** Wild in ganz Europa in Gebüschen auf mageren Wiesen, an Waldrändern, felsigen Hängen. Orangefarbene Früchte mit gestielten Drüsen am Stiel.*

> ***am Duft gut zu erkennen***
> ***bevorzugt warme Standorte***
> ***Früchte eignen sich für Tee***

Die Wein-Rose verströmt beim Reiben, im Frühsommer auch ohne Reiben, einen deutlichen Geruch nach frischen Äpfeln. Das geflügelte Wort „Keine Rose ohne Dornen" müsste botanisch gesehen richtig heißen: „Keine Rose ohne Stacheln": Die wehrhaften Gebilde entstehen aus der Hautschicht und lassen sich wegdrücken, ohne den Zweig zu verletzen – und sind somit Stacheln.

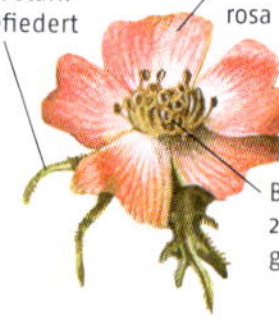

Kartoffel-Rose

Rosa rugosa (Rosengewächse)
H 1–2,5 m Juni–Sept.

Die großen Früchte liefern wesentlich mehr Fruchtfleisch als die der Hunds-Rose (S. 225). Sie können auf gleiche Weise verarbeitet werden. Rosen-Züchter verwendeten die Kartoffel-Rose als Basis zur Züchtung von „Öfter-blühenden-Strauchrosen". Die Art hat ihre Hauptblüte zwar im Juni, bildet jedoch noch bis Mitte September weitere Blüten aus.

Vorkommen *Stammt aus Ostasien. In Europa als Hecke, an Straßenböschungen, auf Dünen, auch verwildert. Typische, kugelig-abgeflachte Früchte.*

> ***blüht und fruchtet oft gleichzeitig***
> ***Blüten duften***
> ***erträgt salzhaltigen Boden***

Wald-Himbeere

Rubus idaeus (Rosengewächse)
H 0,5–2 m Mai–Juni

Die sehr aromatischen, vitaminreichen Himbeeren schmecken frisch und in vielerlei Zubereitungen. In Teemischungen sorgen die getrockneten Blätter mit ihrem Filz dafür, dass die Bestandteile gleichmäßig durchmischt bleiben. Neben Kultursorten der Wald-Himbeere wachsen heute in Gärten auch amerikanische Himbeerarten.

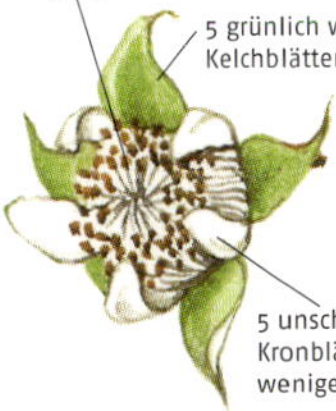

Vorkommen *Wild in ganz Europa auf Waldlichtungen, an Waldwegen, auf Felsschutthalden. Unverwechselbar durch die typischen Früchte.*

> ***Frucht ist nach dem Abpflücken innen hohl***
> ***seit dem Mittelalter in Gärten***
> ***braucht feuchten Boden***

Gewöhnlicher Erbsenstrauch

Caragana arborescens (Schmetterlingsblütengewächse)
H 0,5–4 m   Mai–Juni

Vorkommen *Stammt aus Sibirien und der Mandschurei. In Europa in Parks, als Windhecke, oft auch an Autobahnen. Blüten einzeln oder bis zu viert.*

> ***giftig!***
> ***stellt geringe Ansprüche an den Boden***
> ***wächst in der Sonne und im Schatten***

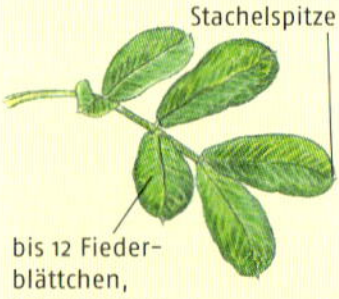

Ab dem 18. Jahrhundert pflanzte man das damals „Sibirischer Erbsenbaum“ genannte Ziergehölz häufig in deutsche Gärten. Allerdings blüht es im Vergleich mit heute verbreiteten Ziergehölzen nicht besonders üppig. So verwenden Gärtner es praktisch nur noch an Standorten, an denen es weniger um Blüten als vielmehr um einen anspruchslosen Bewuchs geht.

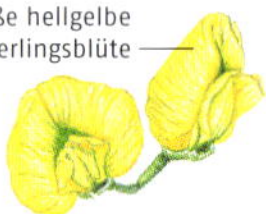

Gewöhnlicher Blasenstrauch

Colutea arborescens (Schmetterlingsblütengewächse)
H 1,5–4 m   Mai–Aug.

Vorkommen *Wild in Südeuropa. In Mitteleuropa oft in Parks, Gärten und an Straßen, gelegentlich auch verwildert. Fällt durch die blasigen Früchte auf.*

> ***giftig!, führt zu Erbrechen und Durchfall***
> ***früher als Abführmittel verwendet***
> ***braucht Wärme***

Die Früchte bleiben lange am Strauch hängen. Sie springen im Gegensatz zu den Hülsen der meisten anderen Schmetterlingsblütengewächse nicht auf, sondern werden als Ganzes vom Wind verblasen. Legt man sie auf die Hand und klatscht darauf, öffnen sie sich mit einem Knall – deshalb hieß der Strauch früher auch „Knallschote“.

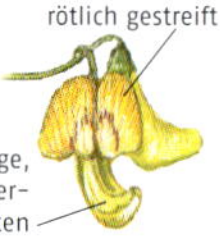

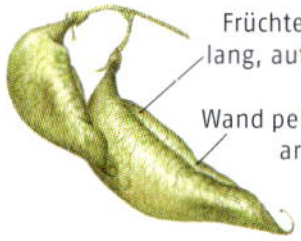

Terpentin-Pistazie

Pistacia terebinthus (Sumachgewächse)
H 2–5 m April–Juli

Aus angeschnittenen Stämmen fließt ein duftendes Harz, das „Terpentin" des Altertums. Heute versteht man unter „Terpentin" ein ätherisches Öl aus dem Harz von Kiefern. Terpentin-Ersatz stammt dagegen aus Erdöl oder Steinkohle. Mit den auf Terpentin-Pistazien häufigen, hohlen Gallen färbt man im Orient Seide.

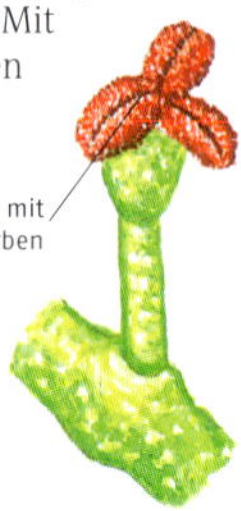

Vorkommen *Wild im gesamten Mittelmeerraum im Buschland und in lichten Wäldern. Die erbsengroßen Früchte bilden lockere Fruchtstände.*

- ***wächst als Strauch, auch als kleiner Baum***
- ***Blätter nur im Sommer grün***
- ***kommt nördlich bis an den Gardasee vor***

Schon gewusst?

Die haselnussgroßen, grünen Pistazien, die in Mortadella-Wurst und als Knabberfrüchte verwendet werden, stammen von der verwandten Echten Pistazie (Pistacia vera). Dieser bis zehn Meter hohe Baum stammt aus Asien.

Douglasie

Pseudotsuga menziesii (Kieferngewächse)
H 25–50 m Mai

Die Douglasie wächst rasch und liefert hartes, dauerhaftes Holz. An gleichen Standorten kann ihr Holzertrag doppelt so hoch sein wie das der Gemeinen Fichte. Kein Wunder, dass sie bei uns heute die wirtschaftlich bedeutendste ausländische Baumart ist. Die ersten Samen kamen um 1827 durch den schottischen Naturforscher Douglas nach Europa. Ein besonderer Förderer des Anbaus in Deutschland war Reichskanzler Bismarck, der sie ab etwa 1880 vielerorts pflanzen ließ.

***Vorkommen** Stammt aus dem westlichen Nordamerika. In Mitteleuropa als Forstbaum, in Gärten und Parks. An den typischen Zapfen gut zu erkennen.*

> ***Nadeln duften zerrieben nach Orange oder Zitrone***
> ***kann in der Heimat bis über 100 m hoch werden***
> ***Zapfen fallen als Ganzes ab***

männliche Blüten am Ende der Zweige

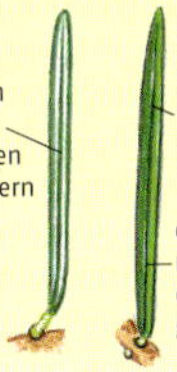

23

weibliche Blütenzapfen grünlich, struppig

Schon gewusst?
Die schuppige Borke der Douglasie ist auffallend dick. In ihrer Heimat schützt sie die lebenden Stammbereiche des Baumes gegen die dort häufig auftretenden Waldbrände.

Kanadische Hemlocktanne

Tsuga canadensis (Kieferngewächse)
H 10–30 m   Mai

Vorkommen *Heimisch im Nordosten Nordamerikas. In Mittel- und Westeuropa in Parks, selten im Forst. Die kleinen Zapfen hängen an den Zweigen.*

> ***wächst auch im Schatten sehr gut***
> ***lässt sich auch als Hecke schneiden***
> ***in verschiedenen Gartensorten bekannt***

Die Kanadische Hemlocktanne ist in kühlen, feuchten Klimalagen ein ergiebiger Holzlieferant. Allerdings ist das Holz weich und wenig dauerhaft. In Nordamerika stellt man deshalb hauptsächlich Kisten und Papier daraus her. „Hemlock" ist der englische Name des Schierlings. Zerriebene Nadeln des Baumes sollen ähnlich wie diese Giftstaude riechen.

Siskiyou-Fichte

Picea breweriana (Kieferngewächse)
H 8–15 m   April–Mai

Vorkommen *Beheimatet in den USA von Oregon bis Nordkalifornien. In Europa in Gärten. Die Seitenzweige hängen wie eine Mähne herab.*

> ***empfindlich gegen Luftverschmutzung***
> ***nur für große Gärten geeignet***
> ***heißt auch „Mähnenfichte"***

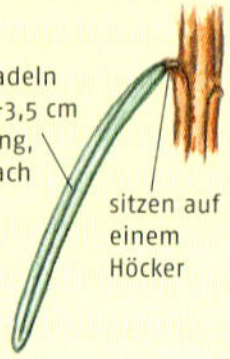

Die Siskiyou-Fichte ist wild die seltenste der amerikanischen Fichtenarten. Sie wurde nach Professor Brewer benannt, der sie in der zweiten Hälfte des 19. Jahrhunderts erstmals „entdeckte". Mit ihren schleppenartigen Zweigen wirkt sie sehr dekorativ und wird deshalb gerne als freistehendes Einzelexemplar in Parks oder Gärten gepflanzt.

Gewöhnliche Fichte

Picea abies (Kieferngewächse)

H 25–50 m Mai

Fichten wurden lange Zeit hauptsächlich in dichten Monokulturen gezogen, in deren Unterwuchs kaum eine andere Pflanze wachsen kann. In diesen Forsten breiten sich aber Schädlinge wie etwa Borkenkäfer stark aus. Mittlerweile pflanzt man den „Brotbaum der Forstwirte" deshalb vermehrt in Mischkulturen mit anderen Bäumen. Es wird aber noch lange dauern, bis die letzten eintönigen Forste verschwunden sind.

Vorkommen *Ist in Nordeuropa und den Gebirgen Mitteleuropas beheimatet. In tieferen Lagen oft als Forstbaum. Die Nadeln sitzen rundherum an den Zweigen.*

> ***preisgünstiger Weihnachtsbaum***
> ***Nadeln zersetzen sich nur langsam***
> ***bevorzugt luftfeuchte, kühle Standorte***

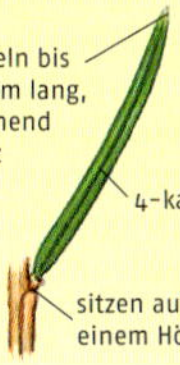

Schon gewusst?

Fichten sind Flachwurzler: Ihre Hauptwurzeln wachsen nicht in die Tiefe, sondern nahe an der Oberfläche. So kann der Baum zwar bei geringer Bodenauflage gedeihen, verliert aber bei Sturm schnell seinen Halt und fällt mitsamt des „Wurzeltellers" um.

Kaukasus-Fichte

Picea orientalis (Kieferngewächse)

H 15–50 m Mai

***Vorkommen** Stammt aus dem nördlichen Kleinasien und dem Kaukasus. In Europa oft in Parks. Typisch sind die extrem kurzen Nadeln.*

- > ***heißt auch „Orient-Fichte"***
- > ***Zapfen ähneln etwas der Gemeinen Fichte (S. 25)***
- > ***kürzeste Nadeln aller Fichten***

In ihrer Heimat kann die Kaukasus-Fichte dichte Wälder bilden. Ihr Holz ist sehr harzig, weshalb man es früher, ähnlich wie die Kienspäne der Kiefern, in kleinere Stücke spaltete, die angezündet zur Beleuchtung dienten. Oft quillt das Harz sogar in Form von Tropfen aus den Zweigen. Diese nannte man früher „Sapindustränen".

Serbische Fichte

Picea omorika (Kieferngewächse)

H 15–35 m Mai

***Vorkommen** Heimisch in Bosnien und Serbien. In Europa in Gärten. Die meist sehr zahlreichen Zapfen sind harzig.*

- > ***sehr anspruchslos***
- > ***erträgt auch Rauch und Ruß***
- > ***einer der häufigsten Nadelbäume in Gärten***

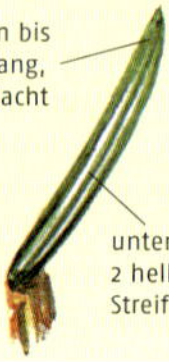

Fossile Funde belegen, dass die Serbische Fichte früher wesentlich weiter verbreitet war. Heute wächst sie wild nur noch in einem kleinen Gebiet in schwer zugänglichen Schluchten. Mit ihrem schlanken Wuchs und den oft hängenden Ästen kann sie sich auch in schneereichen Lagen gut behaupten, da die Schneelast ab einer gewissen Menge von den Ästen rutscht.

Stech-Fichte

Picea pungens (Kieferngewächse)
H 10–30 m Mai–Juni

Die Stech-Fichte ist der „State Tree", der „Landesbaum" der amerikanischen Bundesstaaten Utah und Colorado. Sie liefert kein besonders gutes Holz, eignet sich jedoch für Windschutzstreifen. In Europa stieß besonders die blaugrüne Sorte auf reges Interesse der Gärtner und gehört zu den am häufigsten in Hausgärten gepflanzten Nadelbaum-Varianten.

Vorkommen *In den mittleren USA beheimatet. In Mittel- und Nordeuropa als Zierbaum. Formen mit stark bläulich grünen Nadeln sind besonders beliebt.*

> ***heißt auch „Blaufichte"***
> ***sehr frosthart***
> ***in vielen Ziersorten weit verbreitet***

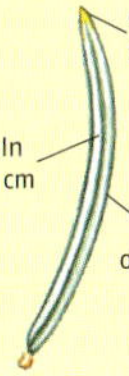

Zuckerhut-Fichte

Picea glauca 'Conica' (Kieferngewächse)
H 1,5–3 m April–Mai

Bei der Zuckerhut-Fichte handelt sich um eine zufällig entstandene Mutante der in Kanada beheimateten Weiß-Fichte. Ihr Wachstum ist stark gehemmt. Die Bäume bilden keine Samen aus und können deshalb nur gärtnerisch vermehrt werden. Ab und zu entstehen normale Äste mit Zapfen, daraus gezogene Sämlinge wachsen jedoch zu gewöhnlichen Weiß-Fichten *(Picea glauca)* und nicht zu Zuckerhut-Fichten.

Vorkommen *1904 in Kanada entdeckt. In Europa in Gärten, Parks, Steingärten, auf Friedhöfen. Die dichten jungen Zweige sind hellgrün.*

> ***wächst sehr langsam***
> ***eignet sich gut für kleine Gärten und Anlagen***
> ***empfindlich gegen Hitze und Trockenheit***

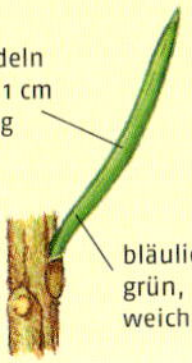

Sitka-Fichte

Picea sitchensis (Kieferngewächse)
H 15–35 m Mai

Vorkommen *Heimisch an der Westküste Nordamerikas. In Nordwesteuropa als Forstbaum, seltener in Parks. Auffällig hellbraune Farbe der Zapfen.*

- ***größte Fichtenart, in ihrer Heimat bis 85 m hoch***
- ***oft geschwächt durch Luftschadstoffe***
- ***bis 800 Jahre alt***

Das stabile, aber leichte Holz der Sitka-Fichte lässt sich vielseitig verwenden. Früher spielte es eine große Rolle im Flugzeugbau. Auch Lindberghs einmotoriges Flugzeug „Spirit of St. Louis", mit dem er 1927 als erster in einem Nonstop-Alleinflug den Atlantik überquerte, bestand in wesentlichen Teilen aus diesem Holz.

Sicheltanne

Cryptomeria japonica (Sumpfzypressengewächse)
H 6–20 m Febr.–März

Vorkommen *Beheimatet in den Gebirgen Japans und Chinas. In Mitteleuropa als Parkbaum. Durch die typischen Nadeln unverwechselbar.*

- ***Nadeln färben sich bei Frost oft rötlich braun***
- ***braucht ausreichend Luftfeuchtigkeit***
- ***kann bis 500 Jahre alt werden***

Die Sicheltanne stellt in Japan die für die Forstwirtschaft wichtigste Baumart dar. Ihr harzfreies Holz dient als Baumaterial für verschiedene Holzkonstruktionen und Brücken und wird auch gerne zur Herstellung von Fässern und Wannen verwendet. Es ist selbst bei Kontakt mit Feuchtigkeit sehr haltbar.

Urweltmammutbaum

Metasequoia glyptostroboides (Sumpfzypressengewächse)

H 20–35 m Mai

Schon kurz nach dem Zweiten Weltkrieg, nicht lange nach seiner Entdeckung, pflanzte man den Urweltmammutbaum als Attraktion in viele Parks Europas. Anfangs vermehrte man ihn ausschließlich über Stecklinge, die leicht Wurzeln treiben. Eine Vielzahl an Bäumen hat damit aber das gleiche Erbgut, so dass sich die Bäume im Wuchs oft sehr stark ähneln. Heute findet man Anpflanzungen in vielen Ländern der Erde.

Vorkommen *Wild nur in einem kleinen Gebiet in China. In Europa in Gärten und Parks. Nadeln färben sich im Herbst auffällig orange bis kupferrot.*

> ***die Nadeln und auch die kurzen Seitenzweige fallen im Herbst ab***
> ***gilt als „lebendes Fossil"***
> ***empfindlich gegen Spätfröste***

29

Schon gewusst?

Das Erste, was von diesem Baum bekannt wurde, waren Versteinerungen in Ablagerungen aus der Jurazeit. 1941 entdeckte man aber auch lebende Bäume in einem kleinen Gebiet Chinas – eine Sensation sowohl für Botaniker als auch für Paläontologen!

Sumpfzypresse

Taxodium distichum (Sumpfzypressengewächse)
H 20–35 m März–April

Vorkommen *Stammt aus den Sumpfgebieten im Südosten Nordamerikas. In Europa in Parks. Bildet an nassen Standorten aus dem Boden ragende Wurzeln.*

> ***Nadeln fallen mit den kurzen Zweigen im Herbst ab***
> ***treibt aus Stümpfen wieder aus***
> ***kann im Wasser stehen***

Die Bedeutung der merkwürdigen Wurzeln, die bei vielen Exemplaren aus dem Boden ragen, ist noch nicht endgültig geklärt. Früher meinte man, dass diese bei hohem Wasserstand für eine ausreichende Sauerstoffversorgung der untergetauchten Teile sorgen und bezeichnete sie als „Atemknies". Heute weiß man, dass sie nur bei wechselndem Wasserstand entstehen und als Speicher für die bei der Fotosynthese gebildeten Kohlenhydrate dienen. Außerdem sorgen sie für eine extreme Standfestigkeit der Bäume.

Schon gewusst?

Die Sumpfzypresse gehört mit dem Urweltmammutbaum (S. 29) und den Lärchen (S. 44, 45) zu den wenigen laubwerfenden Nadelbäumen. So hat schon mancher Pflanzenfreund die prächtige Herbstfärbung falsch gedeutet und gemeint, der Baum sei krank.

Küsten-Sequoie

Sequoia sempervirens (Sumpfzypressengewächse)
H 20–30 m Febr.–März

Der mächtige Baum kann 1000 bis 1500 Jahre alt werden. Für viele Amerikaner ist er ein Symbol der Beständigkeit. Von den Urwäldern, die der Baum an der Küste Kaliforniens bildete, sind jedoch seit dem Beginn der Nutzung rund 85 Prozent vernichtet worden. Das dauerhafte Holz ist weltweit sehr gefragt.

***Vorkommen** Wild im westlichen Nordamerika. In milden Gegenden Europas in Gärten und Parks, selten im Forst. Nadeln an den Zweigen oft ungleich lang.*

> ***immergrün***
> ***kann in ihrer Heimat über 100 m hoch werden***
> ***heißt auch „Redwood" oder „Küstenmammutbaum"***

Großfrüchtiger Wacholder

Juniperus oxycedrus (Zypressengewächse)
H 2–15 m Febr.–März

Im Altertum bezeichnete man baumförmige Wacholderarten auch als „Zedern". So bedeutet der wissenschaftliche Artname *oxycedrus* so viel wie „Rotzeder" und bezieht sich auf die Farbe der Früchte. Manchmal wird der kleine Baum oder Strauch auch „Zedern-Wacholder" oder „Spanische Zeder" genannt, was jedoch zu Verwirrungen führen kann.

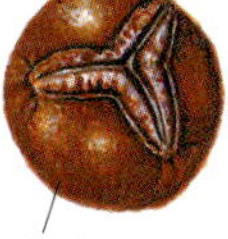

***Vorkommen** Im Mittelmeergebiet in Strauchbeständen und lückigen Wäldern. An den rotbraunen Früchten gut vom Gewöhnlichen Wacholder (S. 32) zu unterscheiden.*

> ***heißt auch „Rotbeeriger Wacholder"***
> ***wächst meist auf steinigem oder sandigem Boden***
> ***Früchte reifen im 2. Jahr***

Gewöhnlicher Wacholder

Juniperus communis (Zypressengewächse)
H 2–10 m April–Mai

Vorkommen *Heiden, magere Weiden, lichte, trockene Wälder von Europa bis Nordchina. Erst im 2. oder 3. Jahr sind die Früchte blau und reif.*

> ***wird von Weidetieren nicht gefressen***
> ***riecht zerrieben stark aromatisch***
> ***Charakterbaum oder -strauch von „Wacholderheiden"***

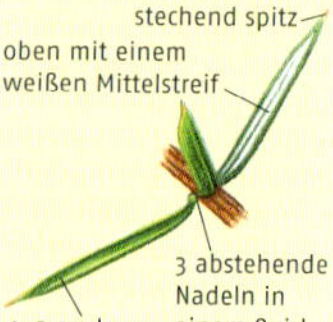

Früher zündete man bei Seuchen von Mensch oder Tier Wacholderzweige an und räucherte damit Wohnungen und Ställe aus. Der kräftige, herb würzige Rauch sollte Böses und Dämonisches aller Art vertreiben. Auch die Früchte enthalten aromatische ätherische Öle und würzen Sauerkraut und Wild. Zu große Mengen davon können jedoch die Niere reizen. Gin, Genever oder Steinhäger erhalten ihren besonderen Geschmack durch die Fruchtdestillate.

Schon gewusst?

Der Zwerg-Wacholder (Juniperus communis ssp. alpina) ist eine Unterart des Gewöhnlichen Wacholders. Er wächst in den Alpen und anderen Hochgebirgen. Im Himalaja kommt er noch in Höhen von über 3500 Metern vor – ein Rekord für ein Gehölz.

Japanische Kopfeibe

Cephalotaxus harringtonia (Kopfeibengewächse)

H 3–10 m April–Mai

Kopfeiben sind weniger winterhart als Eiben (S. 34) und werden deshalb wesentlich seltener gepflanzt. Auf zu starke Besonnung reagieren sie empfindlich. Die Samen erinnern etwas an kleine Pflaumen. Die Samenschale ist außen fleischig und harzig, innen hart und holzig. Aus den Kernen lässt sich ein Öl pressen, das als Brennstoff verwendet wird.

Vorkommen *Heimisch in Japan, China und Korea. In Europa in Gärten und Parks. Die Samen stehen meist einzeln oder zu zweit.*

- ***erinnert ohne Früchte an eine langnadelige Eibe***
- ***es gibt männliche und weibliche Bäume***
- ***eignet sich auch als Hecke***

Chilenische Araukarie

Araucaria araucana (Araukariengewächse)

H 8–30 m Juni–Juli

Dieser ungewöhnliche Baum fällt nicht nur in unseren Gärten auf – er gilt insgesamt als der beeindruckendste Nadelbaum der Südhalbkugel. In ihrer Heimat ist die Art geschützt. Die Pehuenche-Indios, die in den Araukarienwäldern leben, verehren den Baum als heilig. Seine fett- und eiweißreichen Samen sind für sie auch eine wichtige Nahrungsquelle.

Vorkommen *Stammt aus den Anden Chiles und Argentiniens. In Europa in Parks und Gärten. Unverwechselbar durch die breiten, spiralig gestellten Nadeln.*

- ***in Europa nur in milden Lagen winterhart***
- ***Samen essbar***
- ***es gibt männliche und weibliche Bäume***

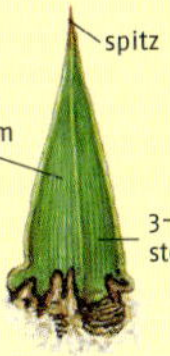

Gewöhnliche Eibe

Taxus baccata (Eibengewächse)

H 2–15 m   März–April

Vorkommen *Wild selten in den europäischen Gebirgswäldern. Häufig in Gärten, Parks und auf Friedhöfen. Fällt besonders wegen der Früchte auf.*

- ***wächst baum- oder strauchförmig***
- ***ist mit Ausnahme des roten Samenmantels sehr giftig!***
- ***wächst sehr langsam***

Im Altertum war die Eibe wegen ihrer Giftigkeit den Totengöttern geweiht. Man sah das viele Jahrhunderte alt werdende Nadelgehölz aber auch als Sinnbild für Unsterblichkeit und Wehrhaftigkeit. In den Zeiten, als man das Vieh noch zur Futtersuche in den Wald trieb, rodete man viele Eiben, da immer wieder Tiere durch sie verendeten. Dies und die intensive Nutzung des Holzes führten dazu, dass Wildvorkommen heute viel seltener sind als früher.

Schon gewusst?

Eibenholz ist schwer, hart und dabei gleichzeitig sehr elastisch. „Ötzi", der im Gletschereis der Alpen gefundene Steinzeitmensch, hatte einen Bogen aus diesem Holz bei sich. Im Mittelalter stellte man Armbrüste, Messinstrumente und Drechselarbeiten daraus her.

Berg-Kiefer

Pinus mugo (Kieferngewächse)

H 2–4 m Juni–Juli

Die Berg-Kiefer hat sehr elastische Äste und erträgt so die oft hohe und lange Schneebedeckung am natürlichen Standort. Das aus dem Baum gewonnene Latschenkiefernöl ist ein beliebtes Heilmittel. Als Inhalation hilft es bei Katarrhen der Luftwege, in Form von Einreibemitteln bei Muskel- und Gelenkschmerzen.

***Vorkommen** Gebirge Mitteleuropas. Bildet in den Alpen oberhalb der Waldgrenze den „Krummholzgürtel". Im 1. Jahr sind die Zapfen grün.*

- ***heißt auch „Latsche" oder „Latschen-Kiefer"***
- ***kann in Felsspalten wachsen***
- ***häufig als Zuchtformen in Gärten***

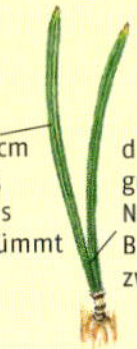

Haken-Kiefer

Pinus uncinata (Kieferngewächse)

H 10–20 m Juni–Juli

Die Haken-Kiefer ist eng mit der Berg-Kiefer verwandt, obwohl sie eine völlig andere Wuchsform zeigt und eher an eine Wald-Kiefer (S. 16) erinnert. Die Bäume spielen im Gebirge eine wichtige Rolle als Geröllbefestiger und in Lawinenschutzwäldern. Es gibt jedoch auch Zwergzüchtungen, die sehr kompakt, fast kissenförmig wachsen und sich für Steingärten eignen.

***Vorkommen** Westalpen, Pyrenäen, Spanien, Hochmoore der Voralpen. Die Zapfen sind immer typisch schief und unsymmetrisch.*

- ***hat Nadeln wie die Berg-Kiefer***
- ***heißt auch „Spirke"***
- ***wächst bis an die Baumgrenze***

Wald-Kiefer

Pinus sylvestris (Kieferngewächse)

H 15–40 m Mai–Juni

Vorkommen *Wächst von Schottland bis zur Mongolei und von Finnland bis zum Mittelmeer. Meist sitzen ein bis drei Zapfen beieinander.*

> ***Wuchsform je nach Standort unterschiedlich***
> ***größtes Verbreitungsgebiet aller Kiefernarten***
> ***benötigt ausreichend Licht***

Der Name Kiefer leitet sich von „Kien Foren“ oder „Kienföhre“ ab. Die harzreichen, brennenden Kienspäne stellten früher oft die einzige Beleuchtungsmöglichkeit dar. Aus dem Harz, das aus angeritzten Stämmen fließt, stellte man Terpentinöl und Kolophonium her. Auch Schusterpech und Teer wurden daraus gemacht. Das fossile Harz Bernstein stammt ebenfalls häufig von Kiefernarten.

Schon gewusst?

Der Baum gehört zu den wichtigsten Nutzholzarten Europas und Asiens. Sein Holz wird nicht nur zu skandinavischen Kiefernmöbeln verarbeitet. Es eignet sich außerdem auch für Fenster, Türen und für den Innenausbau.

Schwarz-Kiefer

Pinus nigra (Kieferngewächse)

H 20–30 m Mai–Juni

Die Zapfen öffnen sich bei Trockenheit und schließen sich wieder bei feuchtem Wetter. Dieser Mechanismus sorgt dafür, dass die geflügelten Samen nur dann vom Wind davongeblasen werden können, wenn günstige Flugbedingungen herrschen. Die Art erträgt Salzwasser und eignet sich deshalb auch für Anpflanzungen in Küstennähe. Der Name „Schwarz-Kiefer" bezieht sich auf die oft recht dunkle Borke.

Vorkommen *Wild von Südeuropa bis Österreich und die Karpaten. Nördlich davon als Forstbaum sowie in Gärten und Parks. Borke mit tiefen Rissen.*

> ***es gibt verschiedene Unterarten***
> ***kommt gut mit Trockenheit zurecht***
> ***widerstandsfähig gegen Sturm***

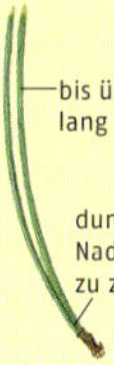

Schon gewusst?

Viele Nadelbäume bilden riesige Mengen Blütenstaub. Dies ist auch nötig, da der Wind das leichte „Pulver" ja auf die weiblichen Blüten blasen sollte. Dabei geht aber sehr viel daneben. Der „Schwefelregen" sammelt sich dann in Pfützen, auf Autos – oder löst Heuschnupfen aus.

Aleppo-Kiefer

Pinus halepensis (Kieferngewächse)
H 10–20 m   März–Mai

Vorkommen *Heimisch im Mittelmeergebiet. Einzeln oder waldbildend, oft auch aufgeforstet. Zapfen mit typischem, gekrümmtem Stiel.*

> ***Zapfen bleiben einige Jahre am Zweig***
> ***braucht viel Licht***
> ***sehr häufig von Waldbränden betroffen***

Die Aleppo-Kiefer bildet reichlich Harz. Ihr Holz eignete sich deshalb hervorragend für die Kienspäne, mit denen man früher für Licht beim Nachtfischen sorgte. Das Harz selbst war im Mittelmeerraum lange Zeit die Grundlage einer harzverarbeitenden Industrie. Heute gewinnt man nur noch geringe Mengen und braucht diese hauptsächlich, um dem griechischen Retsina-Wein seinen typischen Geschmack zu verleihen.

Schon gewusst?

Die Raupen des Kiefern-Prozessionsspinners fressen in Südeuropa häufig an verschiedenen Kiefern. Zur Futtersuche wandern sie hintereinander in typischen Prozessionen. Die Nacht verbringen sie gemeinsam in gespinstartigen Nestern, die schon von Weitem auffallen.

Dreh-Kiefer

Pinus contorta (Kieferngewächse)
H 10–15 m   Mai–Juni

Waldbrände, wie sie in den USA häufig auftreten, begünstigen die Dreh-Kiefer. Die mehrere Jahre an den Bäumen hängenden Zapfen öffnen sich bei großer Hitze und geben dann die Samen frei. Diese keimen besonders gut, wenn der Boden nach den Bränden mit fruchtbarer Asche bedeckt ist.

Vorkommen *In Nordamerika beheimatet. In Europa gelegentlich in Gärten und Parks, in Schottland im Forst. Meist stehen mehrere Zapfen beieinander.*

- ***geringe Standortansprüche***
- ***wird in Kanada und den USA zur Papierherstellung genutzt***
- ***heißt auch „Murraykiefer"***

Strand-Kiefer

Pinus pinaster (Kieferngewächse)
H 20–40 m   Mai

Die Strand-Kiefer wächst selbst noch auf nährstoffarmen Sandböden. Deshalb verwendet man sie gerne zum Aufforsten von Dünen und anderen Sandgebieten. In Mitteleuropa ist der Baum jedoch nicht ausreichend winterhart. Der andere deutsche Name „Stern-Kiefer" bezieht sich auf die oft sternartige Anordnung der Zapfen am Zweig.

Borke mit rotbraunen Schuppen

Vorkommen *Mittleres und auch westliches Mittelmeergebiet, Atlantikküsten Portugals und Frankreichs. Zapfen sehr groß, leicht unsymmetrisch.*

- ***Zapfen bleiben jahrelang am Baum***
- ***europäische Kiefer mit den längsten Nadeln***
- ***weltweit im Forst verwendet***

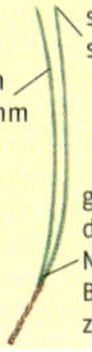

Pinie

Pinus pinea (Kieferngewächse)

H 15–30 m April–Mai

__Vorkommen__ Mittelmeergebiet, nördlich bis nach Südtirol kultiviert. Meist mehrere sitzende Zapfen an den stärkeren Zweigen.

> ***braucht viel Licht***
> ***Samen werden durch Nagetiere und Vögel verbreitet***
> ***ältere Bäume sind schon aus der Ferne zu erkennen***

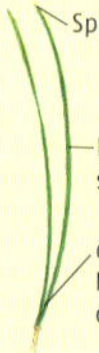

Die flache Krone hat für die Pinie wohl zwei Vorteile: Sie beschattet den Boden und schützt so die Wurzeln gegen zu starke Austrocknung. Außerdem bietet sie dem oft starken Küstenwind nur geringen Widerstand. Die Samenkerne schmecken angenehm, etwas mandelartig. Um an sie zu gelangen, muss man jedoch die meist recht harte Samenschale knacken.

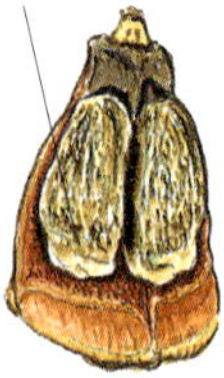

Schon gewusst?

Pinienkerne gehörten offensichtlich schon bei den alten Römern zur Marschverpflegung der Truppen. In England fand man die Samenschalen in den Abfallgruben der römischen Lager.

Gelb-Kiefer

Pinus ponderosa (Kieferngewächse)
H 15–50 m Mai–Juni

Die Gelb-Kiefer bekam ihren Namen wegen des gelblichen Holzes, das auch recht schwer ist. Da die Bäume sehr gerade wachsen und starke Stämme bilden, gehören sie zu den wirtschaftlich wichtigsten Holzlieferanten Nordamerikas. Kiefern, besonders auch die Gelb-Kiefer, reagieren empfindlich auf Ozon in der Luft.

Vorkommen *Heimisch im westlichen Nordamerika bis in Höhen um 2700 m. In Europa in Parks. Zweige oft stark verbogen.*

- > ***kann 500 Jahre alt werden***
- > ***ist in ihrer Heimat sehr häufig***
- > ***hat eine stark gefurchte, dicke Borke***

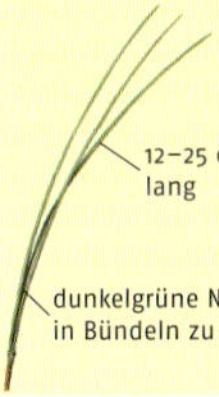

Weymouths-Kiefer

Pinus strobus (Kieferngewächse)
H 20–50 m Mai–Juni

Die Weymouths-Kiefer produziert sehr viel Holz. Sie zählt zu den ertragreichsten Nadelbäumen ihrer Heimat und wird deshalb dort gelegentlich „King of Pine“, „König der Kiefern“, genannt. Die Masten großer Segelschiffe bestanden häufig aus den geraden, sehr belastbaren Stämmen dieser Art; auch Gebäude wurden daraus errichtet.

Vorkommen *Stammt aus den östlichen USA und Kanada. In Europa als Forstbaum und auch in Parks. Die jungen Zapfen stehen am Ende der Zweige.*

- > ***liefert leichtes, sehr weiches Holz***
- > ***heißt auch „Strobe“ oder „Seidenkiefer“***
- > ***ist gut winterhart***

Zirbel-Kiefer

Pinus cembra (Kieferngewächse)

H 10–20 m Juni

***Vorkommen** In Mitteleuropa in den Alpen und Karpaten, in Nordsibirien in der Ebene. Junge Zapfen sind violett gefärbt.*

> ***heißt auch „Arve"***
> ***liefert gutes Holz für Holzbildhauer***
> ***auch in Gärten beliebt***

Als Knabbersnack oder zum Müsli kann man gelegentlich „Zedernsamen" oder „Zedernnüsse" kaufen. Dabei handelt es sich um die Samenkerne einer Unterart der Zirbel-Kiefer, die in der sibirischen Taiga wächst. Die Zapfen öffnen sich nicht am Baum, sondern fallen als Ganzes ab und werden dann meist von Nagetieren und Vögeln zerlegt, für die die Samen ebenfalls ein schmack- und nahrhafter Leckerbissen sind.

Schon gewusst?

Arven ertragen große Kälte und wachsen bis an die Baumgrenze. Einer der schönsten Arvenwälder der Alpen liegt im UNESCO-Weltnaturerbe des Aletschgebiets in der Schweiz. Im unteren Bereich wachsen dort auch Europäische Lärchen (S. 44).

Mädchen-Kiefer

Pinus parviflora (Kieferngewächse)
H 3–8 m Mai–Juni

In Japan wächst die Mädchen-Kiefer nicht nur wild, sondern sehr häufig auch in Kultur. Es gibt kaum einen japanischen Garten, in dem nicht ein oder mehrere Exemplare dieser Art stehen. Besonders beliebt sind dort niedrige, gedrungene Formen mit kürzeren Nadeln, die als Bonsai-Bäume gezogen werden. Auch bei uns sind verschiedene Sorten bekannt.

Zapfen bis 8 cm groß

Vorkommen *Heimisch in Japan. Bei uns in Gärten und Parks. Die Zapfen verbleiben mehrere Jahre am Baum.*

- ***kann in Japan bis 30 m hoch werden***
- ***liebt feuchten Boden***
- ***oft sind Bäume mit Ästen in „Treppenform" kultiviert***

Tränen-Kiefer

Pinus wallichiana (Kieferngewächse)
H 15–30 m Mai–Juni

Die Tränen-Kiefer erhielt ihren deutschen Namen wegen der großen, glänzenden Harztropfen, die besonders an jungen Zapfen oft wie Tränen hängen. Der Baum bildet im Himalaja zum Teil dichte Wälder. In Afghanistan wächst er bis auf Höhen von 4000 Metern. In Mitteleuropa ziert er mit seiner eleganten Erscheinung viele Gärten und Parks.

Vorkommen *Wächst wild vom Himalaja bis Afghanistan. In Europa als Einzelbaum in Gärten und Parks. Die Nadeln hängen schlaff von den Zweigen.*

- ***erträgt im Winter nicht allzuviel Sonne***
- ***jung empfindlich gegen Fröste***
- ***eleganter Zierbaum***

Europäische Lärche

Larix decidua (Kieferngewächse)

H 25–35 m April–Mai

***Vorkommen** Wild ursprünglich in den Alpen und Karpaten. Weit verbreitet im Forst, in Parks und Gärten. Die Bäume leuchten im Herbst goldgelb.*

> ***wächst im Hochgebirge bis zur Waldgrenze***
> ***braucht viel Licht***
> ***kann bis 600 Jahre alt werden***

Die Lärche ist der einzige heimische Nadelbaum, der seine Nadeln im Herbst abwirft. Lärchenholz ist sehr langlebig und widerstandsfähig gegen Pilze, Laugen, Säuren und Wasser. Viele Jahrhunderte lang wurde es verwendet, um daraus Wasserrohre herzustellen. Heute nutzt man es als Bauholz für Fenster und Türen, sowie der schönen Maserung wegen auch für den Innenausbau und für Möbel.

Schon gewusst?

Lärchenharz bleibt im Gegensatz zu Kiefernharz stets flüssig. Früher nannte man es auch „Venetianer Terpentin" und verwendete es gegen Rheuma und andere Beschwerden. Mit aus dem Harz hergestelltem Pech dichtete man Bierfässer ab.

Japanische Lärche

Larix kaempferi (Kieferngewächse)

H 25–30 m April–Mai

Die Japanische Lärche benötigt reichlich Wasser und dringt dazu mit ihren Wurzeln tief in den Boden ein. In niederschlagreichen, küstennahen Gebieten Europas wird sie heute regional häufiger gepflanzt als die Europäische Lärche (S. 44). Ihr Holz ähnelt dem der europäischen Art und wird ebenfalls für den Innenausbau verwendet.

***Vorkommen** Stammt aus Japan. In Europa als Forstbaum und in Gärten und Parks. Die Nadeln färben sich im Herbst goldgelb.*

> ***wächst rascher als die Europäische Lärche***
> ***leere Zapfen bleiben über Jahre am Baum***
> ***ist empfindlich gegen späte Fröste***

Himalaja-Zeder

Cedrus deodara (Kieferngewächse)

H 20–25 m Sept.

Von den drei hier beschriebenen Zedernarten ist die Himalaja-Zeder die empfindlichste. Obwohl sie in ihrer Heimat bis in Höhen über 3000 Meter wächst, schädigen sie die harten mitteleuropäischen Winter oft so stark, dass sie ihre schöne Wuchsform verliert. Zahlreiche stattliche Exemplare aller drei Arten findet man dagegen in Südeuropa.

***Vorkommen** Heimisch im Himalaja. In wintermilden Gegenden Europas schöner Park- und Gartenbaum. Alle Zedern blühen im Herbst.*

> ***braucht ausreichend Luftfeuchtigkeit***
> ***heißt auch „Deodara-Zeder"***
> ***in Gärten auch als Trauerform***

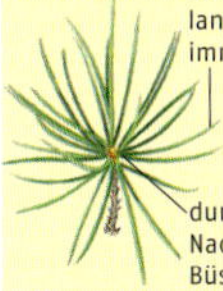

Atlas-Zeder

Cedrus atlantica (Kieferngewächse)

H 10–20 m   Sept.

Vorkommen *Stammt ursprünglich aus dem Atlas-Gebirge Nordafrikas. In Europa häufig in Parks und Gärten. Bildet oft bereits an unteren Zweigen Zapfen aus.*

- ***kann bis 900 Jahre alt werden***
- ***heißt auch „Blauzeder"***
- ***verbreitetste Zedernart in unseren Gärten***

Aus dem Holz der Zedern kann man Kienöl gewinnen. Die alten Ägypter glaubten, dass dessen Duft zur Wiedergeburt beitragen könnte und balsamierten deshalb ihre Verstorbenen damit ein. Heute verwendet man ein mit einem besonderen Verfahren aus Holz oder Nadeln gewonnenes, leicht flüchtiges Zedernöl in der Aromatherapie. Ein paar Tropfen davon in einer Duftlampe sollen mit ihrem holzigen, balsamischen Duft Kraft und Selbstvertrauen vermitteln.

Schon gewusst?

Hinter der Materialbezeichnung „Zeder" oder „Cedar" verbirgt sich nur in den seltensten Fällen das duftende Holz einer echten Zedernart. Man gebraucht den Begriff vielmehr für verschiedene aromatisch riechende Hölzer wie etwa das des Virginischen Wacholders (S. 56) oder auch des Riesen-Lebensbaums (S. 55).

Libanon-Zeder

Cedrus libani (Kieferngewächse)
H 20–35 m   Sept.

Diese eindrucksvolle Zeder galt im Altertum als der schönste Baum oder auch als „Baum Gottes". Ihr Holz nutzt man schon seit rund 5000 Jahren intensiv. Im alten Ägypten, in Griechenland und in Phoenizien baute man prächtige Tempel, aber auch Schiffe daraus. Die ursprünglichen Bestände sind durch die jahrhundertelange Abholzung aber heute starkt geschrumpft.

Vorkommen *Stammt aus Klein- und Westasien. Besonders in Westeuropa in Gärten und Parks. Die Schuppen reifer Zapfen fallen herab.*

- ***bereits im Alten Testament erwähnt***
- ***Zapfen etwas größer als bei der Atlas-Zeder***
- ***sehr attraktiver Parkbaum in wintermilden Gegenden***

Schirmtanne

Sciadopitys verticillata (Sumpfzypressengewächse)
H 10–30 m   Mai

Der Baum nimmt eine Sonderstellung ein, da sich seine Nadeln von denen anderer Nadelgehölze unterscheiden. Es ist den Botanikern noch nicht ganz klar, ob es sich hierbei um zwei zusammengewachsene Nadeln oder um einen umgebildeten Spross handelt. In Japan kultiviert man Schirmtannen häufig in Tempelanlagen und Gärten. Abbildungen der typischen Zweige zieren Porzellan, Raumteiler oder Lackwaren. Forstlich angebaute Bäume liefern ein weißes, elastisches Holz für den Schiffs- und Hochbau.

Vorkommen *Stammt aus Japan. In Mitteleuropa gelegentlich in Parks und Gärten. Fällt durch die schirmspeichenartig angeordneten Nadeln auf.*

- ***wächst in Europa oft nur strauchartig***
- ***Zapfen reifen im 2. Jahr***
- ***braucht kalkfreien Boden***

Mammutbaum

Sequoiadendron giganteum (Sumpfzypressengewächse)
H 30–100 m Mai

Vorkommen *Heimisch in der Sierra Nevada Nordamerikas. In Mitteleuropa in Gärten und Parks und gelegentlich im Forst. Borke schwammartig, weich.*

> ***junge Bäume wachsen sehr rasch***
> ***Zapfen reifen im 2. Jahr***
> ***kann über 3000 Jahre alt werden***

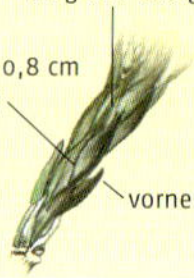

Dieser Baumriese regte die Forscher immer wieder dazu an, ihn nach verschiedenen Persönlichkeiten zu benennen: Wellingtonia geht auf den englischen Nationalhelden Sir Arthur Wellesley Wellington zurück. Präsident George Washington wurde in *Sequoia washingtonia* geehrt, ebenso wie der Indianer Se-quo-Yah (1770–1843). Der Sohn einer Irokesin und eines Deutschen entwickelte das erste indianische Alphabet und führte so bei seinem Volk die Schrift ein.

Schon gewusst?

Die Samen sind recht klein. Ein Kilo Saatgut enthält rund 200.000 davon, was man wohl nicht erwartete, als man 1864 in Württemberg ein halbes Pfund davon bestellte. So kommt es, dass man heute besonders in Baden-Württemberg ziemlich viele große, etwa gleich alte Mammutbäume antrifft.

Rauchzypresse

Calocedrus decurrens (Zypressengewächse)

H 10–30 m April–Mai

Indianer nutzten die Borke der Rauchzypresse früher zum Hüttenbau. Auch die ersten weißen Siedler schätzten die langen Streifen als schützenden Belag auf ihren Dächern. Das Holz splittert kaum und lässt sich gut spitzen. Deshalb stellt man seit einigen Jahrzehnten auch Bleistifte daraus her.

Vorkommen *Im westlichen Nordamerika beheimatet. In Europa in Parks. Die zimtfarbene Borke löst sich in dünnen Schuppenstreifen ab.*

- ***heißt auch „Weihrauchzeder"***
- ***Zweige duften beim Zerreiben aromatisch***
- ***kann 1000 Jahre alt werden***

Arizona-Zypresse

Cupressus arizonica (Zypressengewächse)

H 10–25 m Febr.–April

In Südeuropa werden Arizona-Zypressen oft in Windschutzhecken oder zum Schutz gegen Erosionen gepflanzt. Der Baum fällt schon von Weitem durch seine graublaue Farbe auf. Zur Blütezeit im Frühling wirkt er gelblich, da praktisch alle Zweige reichlich mit kleinen gelben Blüten besetzt sind. Der Blütenstaub kann Heuschnupfen auslösen.

Vorkommen *Heimisch von Arizona bis Kalifornien und Mexiko, bis auf über 2000 m. In Europa in Parks und Gärten. Zapfen erst grün, dann grau.*

- ***sehr anspruchslos und ziemlich frosthart***
- ***Zweige riechen beim Zerreiben sehr angenehm***
- ***auch als gelbliche Sorte erhältlich***

Mittelmeer-Zypresse

Cupressus sempervirens (Zypressengewächse)

H 20–30 m März–Mai

***Vorkommen** Wildform im Mittelmeerraum in den Gebirgen. Säulenform oft gepflanzt. Die Zapfen reifen im 2. Jahr.*

- ***Zweige riechen zerrieben typisch herb-harzig***
- ***bei uns mäßig winterhart***
- ***kann über 500 Jahre alt werden***

Die von den Römern verbreitete, säulenförmig wachsende Sorte der Mittelmeer-Zypresse gehört noch heute zu den Wahrzeichen des Mittelmeerraums. Die Wildform mit eher waagerecht wachsenden Ästen wird forstlich kultiviert. Im Altertum soll sie auf Kreta und Zypern ausgedehnte Wälder gebildet haben. Da die Bäume ein sehr dauerhaftes Holz liefern, fällte man Zypressen jedoch in großem Maßstab für Schiffsbau, Türen, Sarkophage und andere Zwecke.

Schon gewusst?

Zypressen galten schon im alten Griechenland als Zeichen der Trauer. Das Christentum sieht in der immergrünen Zypresse eher einen „Lebensbaum". Beide Ansichten führten dazu, dass Säulenzypressen im Mittelmeerraum typische Friedhofsbäume sind.

Lawsons Scheinzypresse

Chamaecyparis lawsoniana (Zypressengewächse)
H 2–35 m April

Das Holz besitzt ähnliche Eigenschaften wie das der folgenden Art. So verwundert es nicht, dass Japan dieses gerne aus Nordamerika importiert. Von etwa 1920 bis nach dem Zweiten Weltkrieg fertigte man daraus sogar Trennelemente in Batterien.

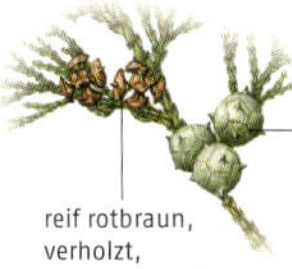

***Vorkommen** Stammt aus Nordamerika. In Europa häufig in Zuchtformen in Parks, Gärten und Friedhöfen. Bildet im Frühjahr zahlreiche rote männliche Blüten.*

- ***wächst auch im Schatten***
- ***Früchte reifen im 1. Jahr***
- ***zerriebene Zweige riechen aromatisch***

Hinoki-Scheinzypresse

Chamaecyparis obtusa (Zypressengewächse)
H 0,5–15 m April–Mai

In Japan kultiviert man die Art zur Gewinnung von edlem Holz. Bei einer Höhe von 35 Metern können die Bäume dort einen Stammdurchmesser von über einem Meter erreichen. Ihr hartes Holz besitzt eine feine Maserung, riecht leicht nach Zitrone und ist widerstandsfähig gegen Feuchtigkeit. Da es sehr teuer ist, verwendet man es nur für besondere Bauteile, Tempel und Schreine.

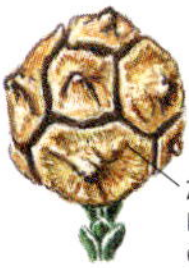

***Vorkommen** Wildform in Japan. In Europa meist niedrige Sorten in Gärten und Parks. Zweige oft typisch muschelförmig.*

- ***auch als Bonsai beliebt***
- ***zahlreiche Kulturformen***
- ***die bekannteste Sorte heißt „Muschelzypresse“***

Nutka-Scheinzypresse

Chamaecyparis nootkatensis (Zypressengewächse)
H 3–30 m April–Mai

Vorkommen *Wild im nordwestlichen Nordamerika bis nach Südalaska. In Europa in Gärten und Parks. Auffallend hängende Zweige mit oft vielen Zapfen.*

- ***zerriebene Zweige riechen nach Terpentin***
- ***ist sehr winterfest***
- ***in Baumschulen in verschiedenen Sorten erhältlich***

Die Bäume wachsen in ihrer Heimat ziemlich langsam und liefern ein festes, gleichmäßig strukturiertes Holz. Dieses verrottet auch im Freien und bei Feuchtigkeit nur langsam. Im Handel als „Yellow Cedar" oder „Alaska Cedar" bekannt, ist es als Bauholz für Möbel, Boote, Schindeln und Furniere sehr begehrt. Die Bäume werden deshalb sogar per Hubschrauber von schwer zugänglichen Standorten geholt.

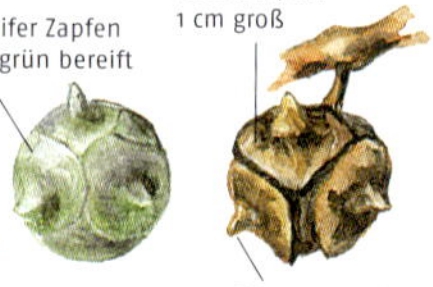

Schon gewusst?

Bei der in Gärten weit verbreiteten Sorte 'Pendula' bilden die Äste Bögen und die Zweige hängen schlaff von ihnen herab. Man nennt diese deshalb auch „Mähnen-Zypresse".

Erbsenfrüchtige Scheinzypresse

Chamaecyparis pisifera (Zypressengewächse)

H 0,5–20 m April–Mai

Wie bei den anderen Scheinzypressen gibt es auch bei dieser Art zahlreiche Kultursorten in den Gärten. Oft lassen sich diese nur schwer einer Stammart zuordnen. Viele dieser Spielarten bilden keine Zapfen mehr aus. In Japan gehört die Erbsenfrüchtige Scheinzypresse zu jenen Arten, aus denen man gerne bizarre Bonsaibäumchen zieht.

Vorkommen *Wildform in Japan beheimatet. In Europa in Gärten, Parks und auf Friedhöfen. Zapfen bleiben den Winter über am Baum.*

> ***kann 400 Jahre alt werden***
> ***in vielen Sorten in Gärten***
> ***manche Sorten bilden fast fadenförmige Zweige aus***

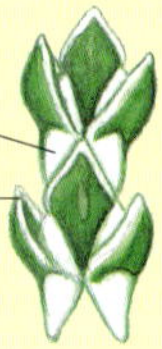

Hiba-Lebensbaum

Thujopsis dolabrata (Zypressengewächse)

H 5–10 m Mai

Der Baum ähnelt zwar im Wuchs den anderen Lebensbäumen, ein Blick auf die Zweigunterseite genügt jedoch für eine eindeutige Bestimmung, da das markante weiße Muster unverwechselbar ist. Aus Holzschnipseln destilliert man das holzig riechende „Hiba-Wood-Oil", mit dem man etwa Bretter gegen Pilze imprägnieren kann. Auszüge des Öls werden auch zum Aromatisieren von Seife verwendet.

Vorkommen *Stammt aus den Gebirgen Japans. In Europa in Parks und größeren Gärten. Zweige wirken von unten wie mit Kalk bepudert.*

> ***wächst sehr langsam, oft nur strauchförmig***
> ***braucht feuchten Boden***
> ***aufliegende Äste können Wurzeln bilden***

Abendländischer Lebensbaum

Thuja occidentalis (Zypressengewächse)

H 5–20 m April–Mai

Vorkommen *Heimisch im östlichen Nordamerika. In Europa in Parks, Gärten und Grünanlagen. Die Zapfen stehen auf der Oberseite der flachen Zweige.*

> ***zerriebene Zweige duften herb-würzig***
> ***schädigt bei Einnahme die Niere***
> ***zahlreiche Zuchtformen***

Der Abendländische Lebensbaum kam um 1536 von Nordamerika nach Europa. Er gilt damit als einer der ersten Bäume, die aus der Neuen Welt zu uns kamen. Heute gehört er zu unseren beliebtesten Gartengehölzen. In der Medizin verwendet man Auszüge gegen bestimmte Hauterkrankungen und Warzen. Früher nahm man Zubereitungen auch missbräuchlich als Abtreibungsmittel ein – eine Anwendung, die für die Schwangere tödlich enden konnte.

Schon gewusst?

Schmal säulenförmige Zuchtformen geben nicht nur Gärten einen besonderen Charakter. In Mitteleuropa pflanzt man sie auch gerne auf Friedhöfe. Sie übernehmen dort die Rolle der Mittelmeer-Zypresse (S. 50) und gelten als Symbol für Unsterblichkeit.

Riesen-Lebensbaum

Thuja plicata (Zypressengewächse)

H 15–30 m   Mai

Die Art heißt auch „Kanadische Rotzeder". Das Holz, das zu den leichtesten Nadelhölzern zählt, eignet sich besonders für Schindeln. Da es außerdem Inhaltsstoffe besitzt, die Insektenbefall und Fäulnis verhindern, wird es gerne für Stangen, Masten, Blockhäuser, Außenverschalungen oder Saunen benutzt.

Vorkommen *Im westlichen Nordamerika beheimatet. In Europa als Parkbaum und gelegentlich im Forst. Ober- und Unterseiten der Zweige sind deutlich verschieden.*

- ***Zweige riechen zerrieben aromatisch nach Ananas***
- ***giftig!***
- ***kann bis 1000 Jahre alt werden***

Morgenländischer Lebensbaum

Platycladus orientalis (Zypressengewächse)

H 5–10 m   April–Mai

Der Morgenländische Lebensbaum lässt sich ebenso wie der Abendländische Lebensbaum gut zurückschneiden und eignet sich somit für Hecken. Die Lebensbäume enthalten jedoch Giftstoffe, die schon bei Hautkontakt zu Entzündungen führen können. Innerlich eingenommen können sie zu Krämpfen, Leber- und Nierenschäden oder gar zum Tod führen.

Vorkommen *Heimisch in Ostasien, dort schon lange in Kultur. In Europa in Gärten, Parks, auf Friedhöfen. Unreife Zapfen auffallend blaugrün gefärbt.*

- ***zerriebene Zweige riechen nur schwach harzig***
- ***giftig!***
- ***im Winter oft bräunlich verfärbt***

Virginischer Wacholder

Juniperus virginiana (Zypressengewächse)

H 2–18 m März–Mai

Vorkommen *Wildform in Nordamerika. In Europa meist in Zuchtformen in Gärten und Parks. Blau bereifte Beerenzapfen reifen im 1. Jahr.*

- ***duftet intensiv würzig***
- ***größte Wacholderart, Stamm in der Heimat bis 30 m hoch***
- ***viele Sorten bekannt***

Der auch unter dem Namen „Virginische Rotzeder“ bekannte Baum lieferte lange Zeit das klassische Holz für Bleistifte. Es weist eine einheitliche Struktur auf und lässt sich leicht bearbeiten. Mit diesen Eigenschaften wäre der Baum zwar auch für die Forstwirtschaft in Europa interessant. Entsprechende Anbauversuche preußischer Forstleute brachten aber nicht den gewünschten Erfolg, da die Bäume in unserem Klima zu langsam wuchsen. Verschiedene Zierformen wurden jedoch zu beliebten Gartengehölzen.

Schon gewusst?

Der zentrale Holzteil des Stammes hat frisch gesägt eine charakteristische, rotviolette Farbe. Holzstücke liefern, in Schränke gelegt, ein gutes Mottenmittel. Insekten meiden den aromatischen Geruch.

Ginkgo

Ginkgo biloba (Ginkgogewächse)

H 10–40 m April

Verwandte des Ginkgos, die der heutigen Art recht ähnlich waren, besiedelten die Erde schon im Jura-Zeitalter. Der Ginkgo als einziger bis heute Überlebender dieser Gruppe ist somit ein „lebendes Fossil". Er ist so robust, dass er mit Luftverschmutzungen in Innenstädten gut zurecht kommt. Ein Ginkgobaum überlebte sogar den Atombombenangriff auf Hiroshima. Die Japaner sehen in dem Baum seither ein Symbol der Hoffnung.

Vorkommen *Wild nur in der chinesischen Provinz Tschekiang. In Europa in Parks und als Straßenbaum. Die typischen Blätter sind unverwechselbar.*

> ***wirkt wie ein Laubbaum, ist aber mit den Nadelbäumen vewandt***
> ***es gibt männliche und weibliche Bäume***
> ***winterhart***

Schon gewusst?

Das chinesische „Gin-kyo" bedeutet „Silberaprikose" und bezieht sich auf das Aussehen der Samen. Deren äußere, weiche Schale riecht unangenehm nach Schweißfüßen. Die innere harte Schale umgibt einen Kern, den Japaner und Chinesen rösten und wie Pistazien essen.

Strand-Keulenbaum

Casuarina equisetifolia (Kasuarinengewächse)

H 10–20 m   Jan.–März

Vorkommen *Heimisch in Südostasien, Australien, Polynesien. In Südeuropa häufig gepflanzt. Sehr dünne, nadelähnliche Zweige.*

- > ***erträgt Salz***
- > ***kann sogar in reinem Sand wachsen***
- > ***heißt auch „Känguru-baum" oder „Schachtel-halmbaum"***

Die Zweige erinnern zwar an die Ästchen von Schachtelhalmen, mit diesen besteht jedoch keinerlei Verwandtschaft. Der Strand-Keulenbaum befestigt Dünen, dient als Windschutz und eignet sich als Park- und Straßenbaum für ungünstige, trockene Standorte. Das harte rotbraune Holz liefert haltbare Schindeln.

Baum-Heide

Erica arborea (Heidekrautgewächse)

H 1–15 m   März–Mai

Vorkommen *Wild im Mittelmeerraum, auf den Kanaren, in Gebirgen Zentralafrikas. Bildet meist viele Blüten aus.*

- > ***die Blüten locken Bienen an***
- > ***nadelartige Blätter als Anpassung an Trockenheit***
- > ***größere Bäume besonders auf den Kanaren***

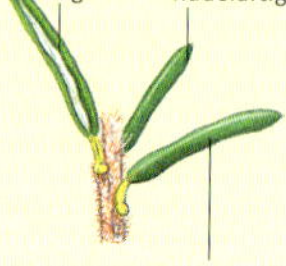

Auf Französisch heißt die Baum-Heide „bruyère", eine Bezeichnung, die sich über die Sprachgrenzen hinweg für das rotbraun gemaserte Wurzelholz eingebürgert hat. Dieses brennt sehr schlecht, weshalb man hauptsächlich Pfeifenköpfe daraus schnitzt. Es liefert aber auch sehr schöne Furniere.

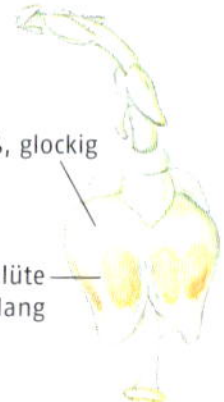

Kleinblütige Tamariske

Tamarix parviflora (Tamariskengewächse)

H 3–4 m April–Mai

Im Altertum galten Tamarisken als Symbol für Jugend und Schönheit. Der griechischen Sage nach soll Myriki, die Schwester des schönen Jünglings Adonis, in eine Tamariske verwandelt worden sein. Deshalb heißt das Holzgewächs in Griechenland „armiriki". Es wächst dort häufig als anspruchslose Heckenpflanze.

Vorkommen *Ursprünglich im östlichen Mittelmeergebiet heimisch. Heute in Süd- und Mitteleuropa kultiviert. Blüht vor dem Laubaustrieb.*

> ***erträgt viel Salz im Boden***
> ***Pioniergehölz an Ufern und auf Dünen***
> ***beliebtes Ziergehölz an Straßen, in Parks und Gärten***

Kaspische Tamariske

Tamarix ramosissima (Tamariskengewächse)

H 3–5 m Juli–Sept.

Tamarisken gehören zu den Pflanzen, die in Salzwüsten wachsen können. Sie nehmen mit dem Bodenwasser das Salz zwar auf, können es aber über besondere Drüsen an den Blättern wieder ausscheiden, so dass es sie nicht schädigt. Sie eignen sich deshalb besonders im Spritzbereich der Meeresküsten als Bodenbefestiger oder Ziergehölz.

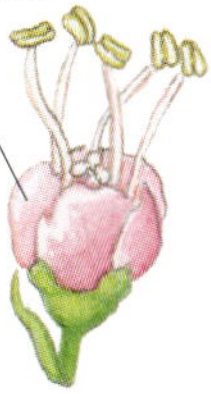

Vorkommen *Heimisch an den Küsten des Kaspischen Meeres. In Süd- und Mitteleuropa kultiviert. Die Blütenstände wirken etwas fedrig.*

> ***liebt Wärme und Sonne***
> ***kann stark zurückgeschnitten werden***
> ***im Herbst blass gelb***

Rot-Buche

Fagus sylvatica (Buchengewächse)
H 25–30 m April–Mai

Vorkommen *Heimisch in Wäldern fast ganz Europas. Als Forst- und Parkbaum häufig kultiviert. Geschlossene Früchte fallen durch die Stacheln auf.*

> ***wichtiger Holzlieferant***
> ***empfindlich gegen Staunässe***
> ***sehr schattenverträglich***

Ohne die Eingriffe des Menschen in die Natur wäre die Rot-Buche in Mitteleuropa die häufigste Baumart. Bereits in prähistorischer Zeit sammelten die Menschen Bucheckern. In Notzeiten dienten sie bis ins 20. Jahrhundert als Nahrungsmittel: Sie lieferten Öl und Mehl. Bei manchen Menschen führen jedoch schon wenige Samenkerne zu Erbrechen und Durchfall. Bauern trieben früher ihre Schweine zur Mast in die Wälder, wo sie nach den Früchten suchen konnten.

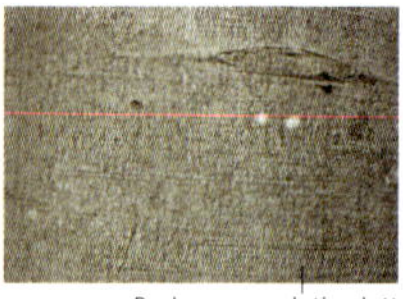
Borke grau, relativ glatt

Schon gewusst?

Ein Spruch empfiehlt bei Gewittern: „Eichen sollst du weichen, Buchen sollst du suchen!" Blitze schlagen meist in hohe Punkte wie Einzelbäume oder Türme ein. Da Rot-Buchen im Gegensatz zu Eichen kaum einzeln stehen, erwischt es sie tatsächlich seltener. Dennoch sollte man bei Gewittern nie hohe Bäume aufsuchen.

Blut-Buche

Fagus sylvatica 'Purpurea' (Buchengewächse)
H 25–30 m April–Mai

Die Blut-Buche ist eine Spielart der Rot-Buche und unterscheidet sich von dieser nur durch die Färbung. Ab dem sechsten Jahrhundert stellte man aus Rot-Buchenholz Schreibbrettchen her, von denen mehrere zusammengebunden wurden. Auf diese geht die Bezeichnung „Buch" zurück. Für das Wort „Buchstabe" standen die Buchenstäbe der alten Germanen Pate, in die diese ihre Schriftzeichen, Runen, ritzten.

Vorkommen *Ist eine gärtnerische Zierform, deshalb nur in Gärten und Parks. Unverwechselbar durch die Färbung der Blätter.*

- ***rote Farbstoffe überdecken das Blattgrün***
- ***wirkt sehr dunkel***
- ***auch als Trauerform gerne in Gärten gepflanzt***

Stein-Eiche

Quercus ilex (Buchengewächse)
H 5–25 m April–Mai

Die Borke der Stein-Eiche enthält sehr viel Gerbstoffe und wird zum Gerben von Leder verwendet. Das Holz liefert gute Holzkohle. In Spanien und Nordafrika pflanzt man eine Sorte der Stein-Eiche, bei der die Früchte süß schmecken. Die Früchte dieser „Haselnuss-Eiche" kann man geröstet oder roh essen.

Vorkommen *Heimisch in Wäldern und Gebüschen des Mittelmeergebietes. In England in Parks. Fällt durch die festen, dunkelgrünen Blätter auf.*

- ***immergrün***
- ***in Deutschland nicht winterhart***
- ***Blattform sehr variabel***

Korb-Weide

Salix viminalis (Weidengewächse)

H 2–10 m März–April

Vorkommen *Von Europa bis Sibirien wild in Auen und an Bachufern, zu Flechtzwecken oft gepflanzt. Die Zweige sind extrem biegsam.*

> **geschnittene Bäume heißen „Kopfweiden"**
> **kann zeitenweise im Wasser stehen**
> **heißt auch „Hanf-Weide"**

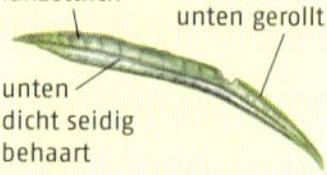

Radikal zurückgeschnittene Korb-Weiden bilden zahlreiche lange, unverzweigte Ruten – der klassische Rohstoff für den Korbflechter. Für grobe Körbe belässt er die Ruten unverändert, für Einkaufskörbe entfernt er meist die Rinde, so dass das helle Holz zu sehen ist. Die Ruten werden in Wasser eingelegt, bis sie weich und biegsam sind und sich so gut flechten lassen. Beim Trocknen erhält das Geflecht seine Festigkeit.

Schon gewusst?

Auch andere Weidenarten liefern Flechtmaterial – oft mit anders gefärbten Rinden. Farbvarianten erhalten Korbflechter auch durch Kochen oder Beizen der Ruten.

Milchorange

Maclura pomifera (Maulbeerbaumgewächse)
H 10–15 m Mai–Juni

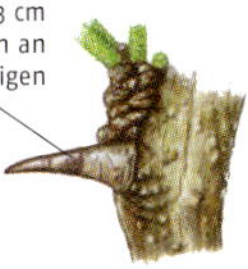

Der Baum trägt seinen weiteren Namen „Osagedorn“ nach den Osage-Indianern, die in Oklahoma lebten und aus dem harten Holz ihre Bögen schnitzten. Die Früchte des Baumes sind für den Menschen ungenießbar, auch Tiere rühren sie kaum an. Wissenschaftler vermuten, dass sie früher allerdings von heute ausgestorbenen großen Säugetieren wie Präriemammuts und Mastodons gefressen wurden.

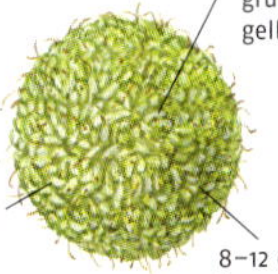

Vorkommen *Stammt aus Nordamerika. In Südeuropa zum Teil eingebürgert, in Mitteleuropa in Parks. Die Früchte erinnern an unreife Orangen.*

- > ***verletzte Blätter geben Milchsaft ab***
- > ***es gibt männliche und weibliche Bäume***
- > ***in Südeuropa auch als Hecke***

Parrotie

Parrotia persica (Zaubernussgewächse)
H 5–10 m März

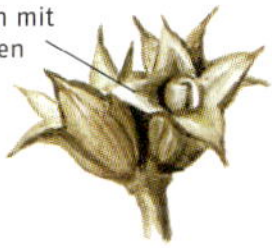

In ihrer Heimat kann die Parrotie Wälder bilden, die etwas an Buchenwälder erinnern. Ihr Holz wird schon seit Jahrhunderten intensiv genutzt. Es ist sehr hart und schwerer als Wasser, weshalb der Baum auch „Persischer Eisenholzbaum“ heißt. Der Name Parrotie ehrt den deutschen Arzt und Botaniker F. W. Parrot, der 1829 als erster Europäer den im Heimatgebiet der Parrotie liegenden Ararat bestieg.

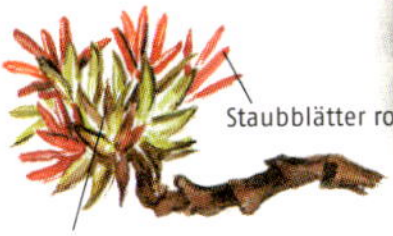

Vorkommen *Stammt aus dem nördlichen Iran und dem Kaukasus. In Europa in Gärten und Parks. Blätter im Herbst über längere Zeit lebhaft gelb und rot.*

- > ***Blätter erinnern etwas an jene der Rot-Buche (S. 60)***
- > ***Rinde blättert in großen Schuppen ab***
- > ***blüht vor dem Laubaustrieb***

Immergrüne Magnolie

Magnolia grandiflora (Magnoliengewächse)
H 5–30 m Mai–Aug.

***Vorkommen** Heimisch im südlichen Nordamerika, in Südeuropa häufig, in milden Lagen Mitteleuropas selten gepflanzt. Bis 20 cm breite Blüten.*

- > ***heißt auch „Großblütige Magnolie"***
- > ***in Deutschland kaum winterhart***
- > ***Blätter erinnern an die eines Gummibaums***

Die Stammesgeschichte der Magnoliengewächse reicht 150 Millionen Jahre zurück. Sie gehören damit zu den ursprünglichsten Samenpflanzen. Innerhalb der Magnolien gilt die Immergrüne Magnolie wegen der ausdauernden Blätter als einer der ältesten Vertreter.

Kobushi-Magnolie

Magnolia kobus (Magnoliengewächse)
H 8–10 m April–Mai

***Vorkommen** Stammt aus Japan. In Europa in milden Gegenden in Gärten und Parks. Die vielen weißen Blüten erscheinen vor den Blättern.*

- > ***Blüten duften***
- > ***braucht feuchten Boden***
- > ***besonders schön als einzeln stehender Baum***

Es braucht einige Jahre, bis die Kobushi-Magnolie nach dem Pflanzen regelmäßig blüht, doch dann entschädigt die Blütenpracht für die Wartezeit. Magnolien tragen ihren Namen nach dem von 1638 bis 1715 lebenden französichen Arzt und Botaniker Pierre Magnol, der als erster den Begriff „Familie" für die Einteilung von Pflanzen in größere Verwandtschaftsgruppen einführte.

Tulpen-Magnolie

Magnolia x *soulangiana* (Magnoliengewächse)

H 3–6 m   April–Mai

Die erste Tulpen-Magnolie entstand um 1820 auf einem Anwesen bei Paris als zufällige Kreuzung zweier aus China stammender Arten, der Purpur-Magnolie und der Yulan-Magnolie. Heute gibt es verschiedene Sorten auf dem Markt. Gelegentlich bilden die Bäume im Sommer nochmals ein paar Blüten aus. Im Volksmund heißt der Baum manchmal fälschlicherweise „Tulpenbaum" (S. 127).

Vorkommen *In den nicht zu kalten Gegenden Europas häufiger Garten- und Parkbaum, kommt wild nicht vor. Reiche Blüte vor dem Laubaustrieb.*

- > ***prächtiges Gartengehölz***
- > ***lockt Käfer als Bestäuber an***
- > ***benötigt einen geschützten Standort***

Schon gewusst?

Solange die Knospen noch von ihren haarigen Schuppen umgeben sind, kann ihnen der Frost nichts anhaben. Erwischt sie später eine Kältewelle, wird aber nichts aus der Blütenpracht.

Avocado

Persea americana (Lorbeergewächse)

H 5–15 m   März–April

Vorkommen *Ursprünglich in Mexiko, Mittelamerika, Kolumbien. Im Mittelmeerraum kultiviert. Bildet trotz vieler Blüten nur wenige Früchte.*

> ***weltweit in warmen Gebieten in vielen Sorten in Kultur***
> ***heißt auch „Butterbirne"***
> ***nur aus etwa einer von 5000 Blüten entsteht eine Frucht***

Die nahrhaften Früchte standen schon bei den Ureinwohnern Amerikas auf dem Speisezettel. In Kolumbien fanden Archäologen in rund 10.000 Jahre alten Siedlungsplätzen Überreste von Avocados. Das butterartige, leicht verdauliche Fruchtfleisch enthält je nach Sorte zwischen vier und 30 Prozent Fett, außerdem Mineralstoffe, Vitamine, Eiweiß und wenige Kohlenhydrate.

Lorbeer

Laurus nobilis (Lorbeergewächse)

H 2–20 m   März–April

Vorkommen *Wild in feuchten Wäldern des Mittelmeerraumes. In Mitteleuropa nicht winterhart. Die Blüten stehen in Büscheln zwischen den Blättern.*

> ***Blätter und Früchte riechen zerrieben stark würzig***
> ***kann Allergien auslösen***
> ***oft als schmückende Kübelpflanze verwendet***

Ein Lorbeerkranz schmückte bereits das Haupt des siegreichen Julius Cäsar und anderer römischer Feldherren. In Griechenland erhielten erfolgreiche Sportler diese Auszeichnung. Später ehrte man Studenten mit dem „Baccalaureus", einem beerentragenden Lorbeerkranz. Hiervon leitet sich der akademische Grad „Bachelor" ab.

Kampfer-Zimtbaum

Cinnamomum camphora (Lorbeergewächse)
H 5–40 m   März–Juli

Kampferbaum-Kulturen wachsen besonders auf Japan und Formosa. Alle Teile des Baumes enthalten Kampfer, aber in sehr unterschiedlichen Mengen. Lohnende Erträge liefert nur das Holz von mindestens 50 bis 60 Jahre alten Bäumen. Kampfer kann zwar ein Heilmittel sein, wirkt jedoch je nach Menge auch giftig. Kampfersalben eignen sich deshalb nicht für Säuglinge und dürfen bei Kleinkindern nur mit Vorsicht angewandt werden.

Vorkommen *Heimisch in Ostasien. Im Mittelmeerraum oft in Parks, auch in Alleen. An den charakteristisch geaderten Blättern gut zu erkennen.*

> ***zerriebene Blätter riechen typisch nach Kampfer***
> ***immergrün***
> ***frisch austreibende Blätter rötlich***

Schon gewusst?

Natürlicher Kampfer kommt als pulverartige Kristalle oder in Form farbloser bis weißer Stücke auf den Markt, die durchdringend riechen. Die Substanz wirkt gegen Motten. In Erkältungsbalsamen lindert sie Husten, in Rheumasalben die Schmerzen.

Echte Quitte

Cydonia oblonga (Rosengewächse)

H 4–6 m Mai–Juni

__Vorkommen__ Heimisch in Westasien; kam vor über 2500 Jahren nach Südeuropa, später nach Mitteleuropa. Die Früchte können auch birnenförmig sein.

- ***braucht ausreichend Wärme***
- ***ausgereifte Früchte erst im Oktober oder November***
- ***mehrere Sorten in Kultur***

Im Altertum waren Quitten der Aphrodite geweiht. Die „Kydonischen Äpfel" galten als ein Symbol für Liebe und Fruchtbarkeit. Ein Gesetz schrieb deshalb griechischen Brautleuten vor, vor der Hochzeitsnacht eine Quitte zu essen... Ausgereifte Quitten verströmen einen intensiven, fruchtig-aromatischen Duft. Roh sind die harten, herb-säuerlichen Früchte kaum genießbar. Als Saft oder Gelee schmecken sie jedoch hervorragend.

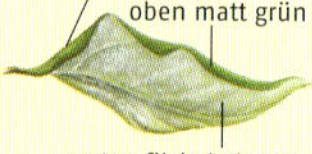

Schon gewusst?

In der griechischen Mythologie musste Herakles als eine von zwölf Aufgaben die „goldenen Äpfel der Hesperiden" beschaffen. Er löste die Aufgabe und hielt daraufhin goldgelbe Quitten in den Händen. Auch der „Apfel der Venus" war in Wahrheit eine Quitte.

Weiden-Birne

Pyrus salicifolia (Rosengewächse)
H 5–9 m April

Die Weiden-Birne stellt für Gärten eine hübsche Alternative zu anderen silberlaubigen Bäumen wie der Schmalblättrigen Ölweide (S. 72) oder der Silber-Weide (S. 82) dar. Sie wächst ziemlich langsam und benötigt nur wenig Platz. Im Frühjahr ist sie oft über und über mit Blüten bedeckt. Ihre Früchte sind für den Menschen nicht genießbar.

***Vorkommen** Stammt aus Kleinasien. In Europa in Gärten. Weiße Blüten in mehrblütigen Blütenständen.*

> ***das Laub leuchtet silbern***
> ***ähnelt von den Blättern her einer Silber-Weide (S. 82)***
> ***Früchte bleiben hart***

Lorbeer-Kirsche

Prunus laurocerasus (Rosengewächse)
H 1–6 m Mai

Die immergrünen Blätter erinnern an die des Lorbeers (S. 66), die Früchte an Kirschen (S. 100). Verwandtschaftlich steht die Art tatsächlich den Kirschen nahe. Im Gegensatz zu diesen sind jedoch alle Pflanzenteile giftig. Sie enthalten Giftstoffe, aus denen Blausäure freigesetzt wird. Beim Zerreiben der Blätter oder Schälen der Rinde entwickelt sich deshalb ein typischer „Bittermandelgeruch".

***Vorkommen** Wild auf dem Balkan und in Kleinasien. In Mittel- und Südeuropa oft als Zier- und Heckenstrauch. Oft reife und unreife Früchte gleichzeitig.*

> ***wächst in Gärten meist eher als Strauch***
> ***blüht manchmal im Herbst ein zweites Mal***
> ***heißt auch „Kirschlorbeer"***

Gewöhnlicher Judasbaum

Cercis siliquastrum (Johannisbrotgewächse)

H 3–10 m Mai

***Vorkommen** Urspünglich im östlichen Mittelmeergebiet. In Süd- und Mitteleuropa als Zierbaum. Blüten in Büscheln an Zweigen und am Stamm.*

- **_winterhart, bevorzugt aber milde Lagen_**
- **_einer der beliebtesten Zierbäume Südeuropas_**
- **_Früchte im Winter am Baum_**

Der Baum schmückte schon zu biblischen Zeiten die Gärten von Judäa. Der Legende nach soll sich Judas an diesem Baum erhängt haben. Es heißt auch, dass die Blüten ursprünglich weiß waren und sich erst nach der Kreuzigung Christi gefärbt haben. Mit den Blüten lassen sich Salate garnieren. Die Früchte sind nicht essbar.

Faulbaum

Frangula alnus (Kreuzdorngewächse)

H 1,5–5 m Mai–Juli

***Vorkommen** Wild fast in ganz Europa in Auenwäldern, Mooren, lichten Wäldern. Wird auch zur Uferbefestigung gepflanzt. Fruchtet meist reichlich.*

- **_Blätter wechselständig_**
- **_braucht feuchten oder nassen Boden_**
- **_die Borke riecht faulig_**

Faulbaumrinde ist ein altbekanntes Abführmittel, das nach einigen Stunden zuverlässig wirkt. Wegen möglicher Nebenwirkungen darf es jedoch nur in kleinen Mengen und über einen kurzen Zeitraum angewandt werden. Die Zweige lieferten früher Holzkohle für die Schießpulverbereitung, deshalb nennt man das Gehölz auch „Pulverholz".

Blaugummibaum

Eucalyptus globulus (Myrtengewächse)

H 10–45 m Dez.–Mai

Die Bäume nehmen sehr viel Wasser aus dem Untergrund auf und verdunsten dieses über die Blätter. Man pflanzt sie deshalb auch, um Sumpfgebiete trocken zu legen. In den Tropen spielt dies besonders in den Gegenden eine Rolle, in denen Malaria auftritt. Die Larven der Mücken, die die Erreger übertragen, sind auf offene Wasserflächen angewiesen. Gehen diese zurück, gibt es weniger „Sumpffieber". Das intensiv duftende Öl aus den Blättern dient als Hustenmittel.

Vorkommen *Heimisch in Australien. Im Mittelmeerraum öfters angepflanzt, auch als Straßenbaum. Blüten mit zahlreichen Staubblättern.*

> ***zerriebene Blätter riechen wie Hustenbonbons***
> ***wächst sehr rasch***
> ***immergrün***

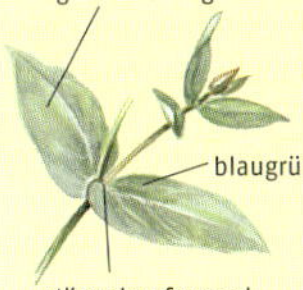

71

Schon gewusst?

In einem Eukalyptuswald ist es zwar recht hell, trotzdem herrscht kaum Leben darin. Vom Baum gebildete Hemmstoffe unterdrücken das Wachstum vieler anderer Pflanzen, die wiederum für die Ansiedlung von Tieren notwendig wären.

Schmalblättrige Ölweide

Elaeagnus angustifolia (Ölweidengewächse)

H 6–8 m   Juni

Ölweiden wachsen in vielen Gegenden nur als Zierbaum oder in Windschutzhecken. Vom östlichen Mittelmeerraum bis Mittelasien gibt es jedoch eine Varietät mit größeren Früchten, die auf den Märkten angeboten werden. Sie schmecken süß und lassen sich zu Kompott, Marmelade und Likör verarbeiten. Aus den Samen lässt sich ein fettes Öl pressen.

Vorkommen *Heimisch in West- und Zentralasien. Im Mittelmeerraum eingebürgert, in Mitteleuropa in Parks. Trägt reichlich unscheinbare Früchte.*

- ***Zweige oft mit Dornen***
- ***erinnert etwas an eine Silber-Weide (S. 82)***
- ***Früchte reifen bei uns selten aus***

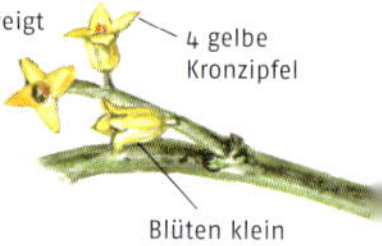

Kreppmyrte

Lagerstroemia indica (Weiderichgewächse)

H 2–8 m   Juli–Sept.

Vorkommen *Heimisch in Asien. In Südeuropa in Parks und Gärten, in Mitteleuropa als Kübelpflanze. Blüht reichlich an den Zweigenden.*

- ***Blütenblätter erinnern an Krepp-Papier***
- ***blüht rosa, rot, violett oder weiß***
- ***sehr dekoratives Ziergehölz***

Kreppmyrten benötigen für eine üppige Blüte viel Wärme. In Mitteleuropa sollte man sie im Kübel direkt vor die Südwand des Hauses stellen. Im Süden wachsen sie auch ohne besondere Maßnahmen sehr gut, sogar als Straßenbäume. Das auffällige Gehölz trägt weitere deutsche Namen wie „Kräuselmyrte", „Indische Lagerstroemie" oder „Flieder des Südens".

Granatapfelbaum

Punica granatum (Granatapfelgewächse)

H 2–7 m Mai–Sept.

Die Granatäpfel mit ihren vielen auffälligen Samen waren im Altertum den Fruchtbarkeitsgöttern geweiht. Sie standen aber auch für die Hoffnung auf Wiedergeburt – ein Symbol, das die christliche Kirche übernahm und auf Bildern und Gewändern darstellte. Aus der saftigen Außenschicht der Samen presst man Saft, aus dem man Grenadinesirup herstellt. Die Fruchtschale liefert gelbe bis rotbraune Naturfarbe für Teppiche.

Schon gewusst?

Die ersten, im Mittelalter entwickelten Hand„granaten" ähnelten vom Aussehen her Granatäpfeln. Beide Bezeichnungen gehen auf die lateinische Bezeichnung grana = Körner zurück. Die Hohlgeschosswaffen zerplatzen bei der Explosion in viele kleine Teile.

Vorkommen *In Zentralasien beheimatet. Im Mittelmeerraum in gewerblichen Kulturen und in Gärten. Auffällige, leuchtende Blüten.*

> **sehr alte Kulturpflanze**
> **die rote Hülle der Samen schmeckt säuerlich**
> **es gibt eine Zwergform mit kleineren Blättern und Blüten**

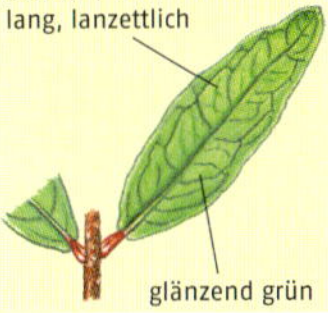

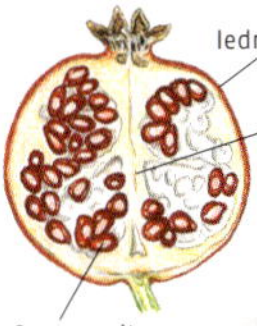

Pagoden-Hartriegel

Cornus controversa (Hartriegelgewächse)

H 8–10 m   Mai–Juni

Der etagenartige Aufbau des Baumes erinnert an die Pagoden-Bauwerke ostasiatischer Tempelanlagen. Außer der Art mit den grünen Blättern gibt es besonders in Frankreich und Italien in Parks eine Zierform, bei der die Blätter weißbunt gemustert sind. Die Früchte werden im Herbst von Vögeln gefressen, die die Samen unverdaut wieder ausscheiden.

Vorkommen *Heimisch vom östlichen Himalaja bis Korea und Japan. In Europa in Parks und an Plätzen. Auch im Herbst schön durch gelbe bis rote Blattfärbung.*

> ***Blätter im Gegensatz zu den anderen Hartriegel-Arten wechselständig***
> ***schön als Einzelbaum***
> ***Früchte locken Vögel an***

74

Japanischer Blumen-Hartriegel

Cornus kousa (Hartriegelgewächse)

H 4–6 m   Mai–Juni

Was wie eine Blüte wirkt, ist ein ganzer Blütenstand, der von vier auffälligen Blättern umgeben ist. Während sich die winzigen Blüten entwickeln, entfärben sich diese Blätter langsam von Grün nach Weiß. Der ähnliche Östliche Blumen-Hartriegel stammt aus Nordamerika. Ihn gibt es auch mit rosa Hochblättern.

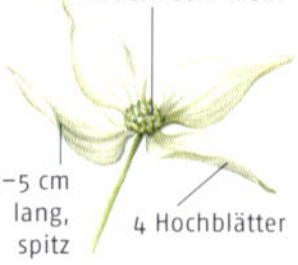

Vorkommen *Stammt aus Japan und Korea. In Europa in Gärten und Parks. Etagenförmiger Wuchs mit hängenden Blättern und Blüten.*

> ***färbt sich im Herbst scharlachrot***
> ***bevorzugt sauren Boden***
> ***sehr dekoratives Gehölz***

Kornelkirsche

Cornus mas (Hartriegelgewächse)
H 3–8 m März–April

Das Holz der Kornelkirsche ist sehr zäh und hart. Die Völker des Altertums fertigten Schäfte für Lanzen daraus. So soll die Lanze, mit der Romulus bei der Gründung von Rom die Stadtgrenze markierte, aus Kornelkirschenholz gewesen sein. Auch Radspeichen, Werkzeuge und Holznägel bestanden oft aus dem Holz. Die Fruchtsteine röstete man als Kaffee-Ersatz oder fädelte sie zu einfachen Rosenkränzen auf Fäden.

Vorkommen *In Mittel- und Südeuropa in sonnigen Gebüschen und lichten Wäldern, an Böschungen. Blüht lange vor dem Laubaustrieb.*

- > ***Blätter gegenständig***
- > ***schönes, frühblühendes Ziergehölz***
- > ***nützlich für Bienen und Vögel***

Schon gewusst?

Die Früchte heißen in Österreich „Dirndln" und sind ein echter Geheimtipp für Liebhaber von Wildobst. Marmelade aus den vollreifen, säuerlichen Früchten schmeckt vorzüglich nach Walderdbeeren und Hagebutten.

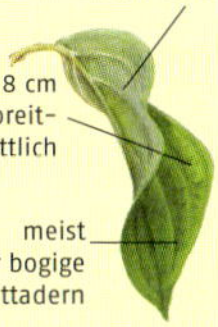

75

Kaki

Diospyros kaki (Ebenholzgewächse)

H 5–15 m   Juni

Vorkommen *Heimisch in Japan, Südkorea und China. Im Mittelmeerraum als Obstbaum kultiviert. Unreife Früchte liegen unter den Blättern verborgen.*

> ***frostempfindlich***
> ***Früchte schmecken erst überreif richtig gut***
> ***weltweit mehrere hundert Sorten bekannt***

Kakifrüchte, auch bekannt als „Kakipflaumen" oder „Japanische Aprikosen", enthalten so viel Vitamin A, dass ein Erwachsener mit ein oder zwei Früchten am Tag seinen Bedarf daran decken kann. Einige Sorten schmecken süß, etwas aprikosenähnlich, andere herb zusammenziehend, so dass sie ein pelziges Gefühl im Mund hinterlassen. Meist isst man die Früchte roh, sie eignen sich aber auch für Kompott, Marmelade und Kuchen.

Schon gewusst?

Bei den meisten Kaki-Sorten entwickeln sich die Früchte ohne Bestäubung und enthalten deshalb keine Kerne. Ob sie zusammenziehend schmecken oder nicht, sieht man den Früchten jedoch nicht an.

Lotuspflaume

Diospyros lotus (Ebenholzgewächse)
H 5–12 m   Juni

Die Früchte der Lotuspflaume, oft auch „Lotuskirschen“ genannt, sind besonders in Ostasien sehr beliebt. Chinesen und Japaner essen sie roh oder getrocknet und stellen Sirup daraus her. Unbehandelt wirken sie im Mund stark zusammenziehend. Für ein paar Minuten in heißes Wasser getaucht, verliert sich dies und sie schmecken süß.

__Vorkommen__ Von Südwestasien bis Japan beheimatet. Im Mittelmeergebiet zum Teil eingebürgert, zum Teil angepflanzt. Fruchtet meist sehr reichlich.

- > ***heißt auch „Dattelpflaume“***
- > ***in warmen Lagen in Mitteleuropa winterhart***
- > ***Früchte nur kurz haltbar***

Blauglockenbaum

Paulownia tomentosa (Braunwurzgewächse)
H 10–15 m   April–Mai

Eines der Wappen des japanischen Kaiserhauses zeigt in stilisierter Form Blätter und Blütenstände des Blauglockenbaums. Der auch „Kaiser-Paulownie“ genannte Baum ist nicht nur im blühenden Zustand dekorativ. Früher pflegte man ihn oft als reine Blattpflanze und schnitt die Austriebe regelmäßig bis zum Boden zurück. Dann bildeten sich bis vier Meter hohe Triebe mit bis 50 Zentimeter großen Blättern.

__Vorkommen__ Heimisch in China. In Süd- und Mitteleuropa in Parks. Fällt im Frühjahr durch die für Bäume ungewöhnliche Blütenfarbe auf.

- > ***junge Bäume und Blütenknospen durch starken Frost gefährdet***
- > ***erträgt Luftverschmutzung***
- > ***Früchte bleiben oft den Winter über am Baum***

Gewöhnlicher Trompetenbaum

Catalpa bignonioides (Trompetenbaumgewächse)

H 15–18 m   Juni–Juli

Bienen und Hummeln umschwärmen die üppig blühenden Bäume zur Blütezeit oft in großer Zahl. Der untere Zipfel der Blütenkrone bietet den Insekten einen guten Landeplatz. Von dort aus krabbeln die Blütenbesucher in die Blütenröhre hinein, um an den süßen, tief verborgenen Nektar zu gelangen.

***Vorkommen** Heimisch im östlichen Nordamerika. In Europa in Parks und Gärten. Auffällige, bis 20 cm lange Blütenstände.*

- ***Früchte bleiben oft monatelang am Baum***
- ***Blätter riechen zerrieben unangenehm***
- ***wächst ziemlich rasch***

Schon gewusst?

Die Früchte entlassen zahlreiche Samen. Diese tragen langgestreckte Flügel, die in Haare auslaufen. Dadurch besitzen sie recht gute Flugeigenschaften und können vom Wind über größere Strecken verblasen werden.

Ölbaum

Olea europaea (Ölbaumgewächse)

H 5–15 m Mai–Juni

Bereits die Völker des Altertums nutzten den Ölbaum. Das aus den fast vollreifen Oliven gepresste Öl bildet eine wertvolle Zutat der gesunden Mittelmeerküche. Gutes Speiseöl wird aus gemahlenen Früchten ohne Hitzeeinwirkung (kalt) ausgepresst. Warm gepresstes Öl ist von schlechterer Qualität, heiß gepresstes eignet sich nur für technische Zwecke.

Vorkommen *Im ganzen Mittelmeerraum angepflanzt. Wildform in Wäldern und Gebüschen. Die Früchte reifen von Grün nach Rotbraun oder Schwarz.*

- > ***wird über 1000 Jahre alt***
- > ***Zweig gilt symbolisch als Friedenszeichen***
- > ***liefert Öl und Speiseoliven***

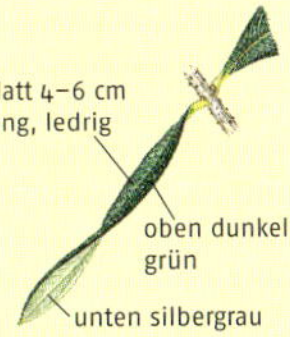

Drachenbaum

Dracaena draco (Drachenbaumgewächse)

H 3–20 m Juli–Aug.

Das Alter von Drachenbäumen zu schätzen ist sehr schwierig. Ihnen fehlen Jahresringe, die sich einfach abzählen ließen. Heute wissen die Botaniker jedoch, dass die Bäume höchstens 400 Jahre erreichen und nicht, wie frühere Wissenschaftler annahmen, mehrere tausend Jahre. Aus Verletzungen am Stamm fließt ein rotes Gummiharz, das „Drachenblut".

Vorkommen *Heimisch nur auf den Kanarischen Inseln. Besonders dort häufig angepflanzt. Rispen mit Beerenfrüchten zwischen den Blattschöpfen.*

- > ***wild nur noch sehr selten***
- > ***blüht nur alle 15 Jahre***
- > ***wächst viele Jahre, ohne sich zu verzweigen***

Sal-Weide

Salix caprea (Weidengewächse)

H 2–10 m   März–Mai

Vorkommen *Wild fast in ganz Europa auf Waldschlägen, an Waldrändern, in Kiesgruben und Steinbrüchen. Besonders die männlichen Kätzchen fallen auf.*

> ***es gibt männliche und weibliche Bäume***
> ***kommt mit nassen und trockenen Böden zurecht***
> ***auch als Hängesorte in Gärten***

Die Sal-Weide blüht früh und liefert reichlich Nektar. Für Bienen gehört sie damit zu den ersten ergiebigen Nahrungsquellen im Frühjahr. Man sollte die Zweige deshalb nicht in größerem Umfang für Zimmerschmuck schneiden. Am Palmsonntag dienen in Mitteleuropa häufig Weidenzweige als Ersatz für die im Süden verwendeten Palmzweige. Hiervon leitet sich auch die Bezeichnung „Palmkätzchen" für Weiden mit großen, auffälligen Blütenkätzchen ab.

Schon gewusst?

Die kräftigen, braunen Knospenschuppen brechen oft schon an den ersten warmen Tagen im Jahr auf. Die empfindlichen Blütenstände sind jedoch durch die dichten Haare noch gut vor Frost geschützt – sie sind „Kätzchen" mit einem weichen, silbergrauen Pelz.

Trauer-Weide

Salix babylonica (Weidengewächse)

H 8–12 m April–Mai

Trauer-Weiden schmücken in den Parks besonders die Ufer von Seen und Teichen. Manchmal handelt es sich dabei um die vor über 200 Jahren nach Europa eingeführte Babylonische Trauer-Weide, die sich durch besonders lange Zweige auszeichnet – meist jedoch um eine von zahlreichen kaum unterscheidbaren Kreuzungen.

Vorkommen *Heimisch vom Kaukasus bis China. In Europa in Gärten und Parks. Die weiblichen Kätzchen sind wie die männlichen meist typisch gekrümmt.*

> ***sehr auffälliger Zierbaum***
> ***reagiert empfindlich auf starke Fröste***
> ***in Kultur oft Kreuzungen mit ähnlicher Wuchsform***

Korkenzieher-Weide

Salix matsudana 'Tortuosa' (Weidengewächse)

H 4–8 m März–April

Die Korkenzieher-Weide gehört zu den am einfachsten zu erkennenden Weidenarten. Wer sie in den Garten pflanzt, sollte bedenken, dass sie sehr rasch wächst und deshalb ausreichend Platz braucht. Sie lässt sich sehr einfach vermehren. Es genügt, einen Zweig ins Wasser zu stellen und abzuwarten, bis dieser Wurzeln treibt.

Vorkommen *Ausschließlich in Kultur bekannte, anspruchslose Sorte einer ostasiatischen Weide. In Europa in Gärten und Parks. Typisch sind die gewundenen Zweige.*

> ***beliebt in der Blumenbinderei***
> ***wirkt durch den verdrehten Wuchs auch im Winter schön***
> ***ebenfalls gewundene Zweige hat die Korkenzieher-Hasel (S. 198)***

Silber-Weide

Salix alba (Weidengewächse)

H 8–20 m April–Mai

***Vorkommen** Wild fast in ganz Europa an Fluss-, Bach- und Seeufern und in Auenwäldern. Die Blätter glänzen auffallend silbrig.*

> ***größte und häufigste heimische Weide***
> ***wächst im Jahr bis zu 2 m***
> ***blüht gleichzeitig oder mit dem Blattaustrieb***

Silber-Weiden bilden ein dichtes, flaches Wurzelwerk, mit dem sie Ufer befestigen können. Sie eignen sich auch für Hochwassergebiete, da es ihnen nichts ausmacht, wochenlang im Wasser zu stehen. Alte Bäume sind oft innen hohl, da das Holz rasch verwittert. Die Höhlungen dienen Vögeln, Kleinsäugern und anderen Tieren als Unterschlupf oder füllen sich mit Humus und werden so zum „Blumentopf" für andere Pflanzen.

Schon gewusst?

Die biegsamen, dünnen Zweige der Silber-Weide eignen sich wie die der Korb-Weide (S. 62) für Flechtarbeiten. Regelmäßig geschnittene Bäume entwickeln sich zu eindrucksvollen Kopfweiden mit dicken Stämmen.

Bruch-Weide

Salix fragilis (Weidengewächse)
H 5–15 m April–Mai

Die Zweige der Bruch-Weide brechen im Gegensatz zu denen der Silber-Weide (S. 82) leicht und mit einem deutlich hörbaren Knacken an der Ansatzstelle ab. Die Bäume eignen sich ebenso wie die Silber-Weide für Uferbepflanzungen zum Hochwasserschutz.

Vorkommen *Wild fast in ganz Europa an Bächen, Gräben, Flussufern, in Erlenwäldern. Die Blätter haben deutlich verschiedene Ober- und Unterseiten.*

- > ***heißt auch „Knack-Weide"***
- > ***braucht feuchten bis nassen Boden***
- > ***kann sich mit der Silber-Weide kreuzen***

Balsam-Pappel

Populus balsamifera (Weidengewächse)
H 20–30 m März–April

Die Balsam-Pappel ist in Amerika der Laubbaum, der noch am weitesten im Norden vorkommt. Ihre nördlichste Grenze verläuft von Neufundland bis Alaska entlang der Baumgrenze. Als sehr lichtliebender Pionierbaum besiedelt sie auch frisch angeschwemmte Böden entlang von Flüssen oder Seen.

Vorkommen *Heimisch im nördlichen Nordamerika. In Europa in Parks und Alleen und an Flüssen gepflanzt. Blattunterseite typisch weißlich oder gelblich.*

- > ***Knospen und junge Austriebe duften nach Balsam***
- > ***Knospen klebrig***
- > ***abgeschnittene Zweige lassen sich bewurzeln***

Bastard-Schwarz-Pappel

Populus x *canadensis* (Weidengewächse)

H 20–30 m   März–April

Vorkommen *Durch Kreuzung zwischen europäischen und nordamerikanischen Schwarz-Pappeln entstandene Bäume; oft gepflanzt. Borke tief gefurcht.*

- > ***heißt auch „Kanada-Pappel"***
- > ***Blätter im Austrieb oft rötlich***
- > ***kann wie das von ihr stammende Propolis Hautallergien auslösen***

Die Bäume wachsen sehr rasch und liefern ein weiches Holz, aus dem Zellulose gewonnen wird. Bienen sammeln die klebrigen Tröpfchen von Pappelknospen und einigen anderen Bäumen und vermischen diese mit Speichel und Wachs. Das so entstandene Propolis verwenden sie als Kittharz in ihren Bienenstöcken. Die Ägypter balsamierten im Altertum ihre Mumien damit ein. Heute gibt es zahlreiche Propolis-Produkte auf dem Markt, die gegen Hautkrankheiten helfen oder die Vitalität fördern sollen.

Schon gewusst?

Die verschiedenen Sorten der Bastard-Schwarz-Pappel können nicht über Samen, sondern nur vegetativ über bewurzelte Zweige vermehrt werden. Alle gepflanzten Bäume tragen somit das gleiche Erbgut und haben – recht eintönig – den gleichen Wuchs.

Schwarz-Pappel

Populus nigra (Weidengewächse)
H 15–30 m März–April

Die Samen der Pappeln tragen einen Schopf aus weißen, dünnen Haaren. Mit diesem können sie bis zu 15 Kilometer weit fliegen. Allerdings müssen sie sehr rasch an einen geeigneten Platz gelangen, da sie nur ein bis zwei Wochen keimfähig sind. Um den Nachwuchs trotzdem zu sichern, bilden die Bäume riesige Samenmengen aus, die oft wie Wolle auf dem Boden liegen. Wissenschaftler haben ausgerechnet, dass pro Baum im Jahr über 25 Millionen Samen entstehen können.

Vorkommen *Wild in Auenwäldern und an Altwässern Nord- und Mitteleuropas. Sorten in Parks und auf Feldern. Blätter oft auffällig rautenförmig.*

> ***bereits junge Blätter grün***
> ***erträgt Überschwemmungen***
> ***abgesägte Stämme und Stümpfe treiben wieder aus***

Schon gewusst?

Bei der Pyramiden-Pappel (Populus nigra 'Italica'*) handelt es sich um eine Zuchtform der Schwarz-Pappel, die schon im frühen Mittelalter bekannt war. Seit Napoleon ist sie in Deutschland häufig, da er anordnete, sie als Alleebaum zu pflanzen. Fast alle Bäume sind männlich und werden durch bewurzelte Zweige vermehrt.*

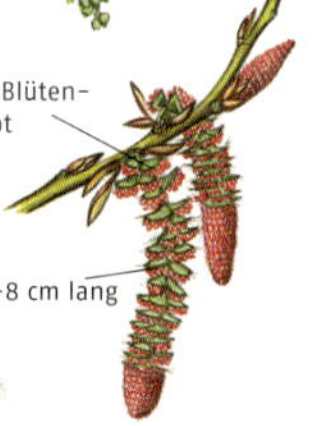

Zitter-Pappel

Populus tremula (Weidengewächse)

H 10–30 m März–April

Vorkommen *Wild in ganz Europa in lichten Wäldern, auf Waldschlägen, an Felsen und Straßenrändern. Herbstfärbung goldgelb bis orangerot.*

> ***bildet durch Austriebe aus den Wurzeln oft dichte Gruppen***
> ***braucht viel Licht***
> ***besiedelt als Pionier neu geschaffene Standorte***

Der Ausdruck „wie Espenlaub zittern“ hängt mit den langen, seitlich zusammengedrückten Blattstielen zusammen: Schon ein geringer Lufthauch führt zu einer Unruhe der Blätter. Das unablässige, raschelnde Blätterrauschen interpretierte man früher als Klagen und hielt die Zitter-Pappel oder Espe deshalb für einen Baum der Unterwelt.

Herzblättrige Erle

Alnus cordata (Birkengewächse)

H 10–15 m März–April

Vorkommen *Heimisch nur auf Korsika und in Süditalien. In Mittel- und Westeuropa angepflanzt. Blätter typisch herzförmig und auffallend glänzend*

> ***heißt auch „Italienische Erle“ oder „Neapolitanische Erle“***
> ***erträgt Trockenheit***
> ***hat die größten Fruchtzäpfchen aller Erlen***

Die Herzblättrige Erle ist ziemlich anspruchslos. Sie eignet sich sogar als Straßenbaum in den Innenstädten. Auch in Mitteleuropa beschattet sie mittlerweile manche Einkaufsstraße und manchen Platz. Die Blätter verfärben sich im Herbst kaum, bleiben aber noch lange an den Zweigen hängen.

Schwarz-Erle

Alnus glutinosa (Birkengewächse)
H 10–25 m   Jan.–April

Schwarz-Erlen haben ein weiches Holz, das jedoch sehr beständig gegen Nässe ist und daher seit langem im Wasser- und Erdbau verwendet wird. So bestanden früher zum Beispiel viele Schleusentore aus Erlenholz. Liegt die Rinde gemeinsam mit Eisen im Wasser, färbt sich das Wasser nach einigen Tagen tief schwarz. Sattler und Schuhmacher schwärzten mit der so erhaltenen Flüssigkeit früher ihr Leder. Auch abgefallene Blätter färben sich unter Wasser schwarz.

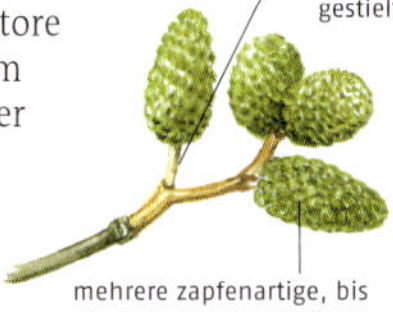

Vorkommen *Wild in fast ganz Europa in Auenwäldern, auf nassen Wiesen, an Bächen und Quellen. Das Holz ist auffallend rostrot gefärbt.*

> **blüht vor dem Laubaustrieb**
> **wurzelt bis 4 m tief**
> **zeigt einen hoch stehenden Grundwasserspiegel an**

87

Schon gewusst?

Erlen besitzen bis apfelgroße, eigenartig traubige, verholzende Wucherungen an den Wurzeln, in denen Bakterien leben. Diese binden Stickstoff aus der Luft und machen so dieses wertvolle Nährelement den Bäumen verfügbar.

Grau-Erle

Alnus incana (Birkengewächse)
H 8–20 m   März–April

Vorkommen *Wild in Nord- und Mitteleuropa in Auenwäldern und an Bachufern. Oft auch gepflanzt. Blätter im Gegensatz zur Schwarz-Erle spitz.*

> ***erträgt sowohl trockene als auch nasse Standorte***
> ***keine Herbstverfärbung***
> ***nach der Farbe der Borke benannt***

Entlang von Gebirgsbächen und Alpenflüssen bildet die Grau-Erle oft große Bestände und fällt mit ihren grauen Stämmen besonders im Winter auf. Außerhalb der Gebirge hat sie sich als unempfindliches Windschutzgehölz und zur Begrünung von Müllhalden bewährt. Sie treibt aus abgesägten Stümpfen leicht wieder aus und bildet dann große Sträucher.

Moor-Birke

Betula pubescens (Birkengewächse)
H 5–20 m   April–Mai

Vorkommen *Wild in Mooren, Moorwäldern und Sümpfen Nord- und Mitteleuropas. Unterscheidet sich von der Hänge-Birke durch die ovalen Blätter.*

> ***wurzelt nur sehr flach***
> ***sehr frosthart***
> ***wächst im Gegensatz zur Hänge-Birke auch in den wenigen Wäldern Islands***

Nach der letzten Eiszeit gehörte die Moor-Birke zu den ersten Bäumen, die Mitteleuropa wieder besiedelten. Heute liegen die für den Baum geeigneten Moorstandorte teilweise weit auseinander. Dank ihrer flugfähigen Samen kann sie sich mit dem Wind jedoch über Entfernungen von mehreren Kilometern verbreiten.

Hänge-Birke

Betula pendula (Birkengewächse)

H 8–25 m   April–Mai

Vor dem Siegeszug der verschiedenen Kunststoffe spielte die Birke als Holzlieferant eine vielseitige Rolle. Propeller, Flugzeugflügel, Skier, Schlittenkufen, Radfelgen, Sportgeräte und Nähgarnrollen bestanden aus dem leichten, aber zähen Holz. Der vor dem Laubaustrieb aus Stammverletzungen fließende Birkensaft gehört noch heute zu belebenden Frühjahrskuren und in Haarwässer. Die Blätter eignen sich als Nierentee.

Vorkommen *Heimisch in fast ganz Europa in Wäldern, auf Waldschlägen, Heiden, Ödflächen. Rinde leuchtend weiß mit dunklen Wülsten und Rissen.*

> ***heißt auch „Sand-Birke" oder „Weiß-Birke"***
> ***braucht viel Licht***
> ***Pollen löst „Heuschnupfen" aus***

Schon gewusst?

Bei Maserbirken handelt es sich um eine besondere Wuchsform der Hänge-Birken. Sie liefern ein sehr schön gemustertes, für Kleinmöbel und Drechselarbeiten geschätztes Holz.

Schwarz-Birke

Betula nigra (Birkengewächse)
H 15–20 m April–Mai

Vorkommen *Stammt aus den östlichen USA. In Europa in Gärten und Parks. Rinde rotbraun bis schwarz, kraus aufrollend.*

- > ***Borke im Gegensatz zu anderen Birken dunkel gefärbt***
- > ***Blätter im Herbst gelb***
- > ***braucht im Garten viel Platz***

Die Schwarz-Birke wächst in ihrer Heimat in den östlichen USA wild an Flüssen und Seen sowie in Sümpfen. Sie heißt deshalb auch „Fluss-Birke". Angepflanzt schützt der Baum vielerorts in den ganzen USA feuchte und nasse Böden vor Erosionen. Bei uns spielt er nur als interessanter Park- und Gartenbaum eine Rolle.

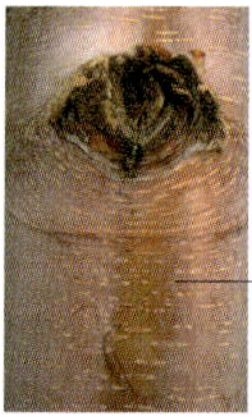

Weißrindige Himalaja-Birke

Betula utilis var. *jacquemontii* (Birkengewächse)
H 15–20 m April–Mai

Vorkommen *Heimisch im westlichen Himalaja. In Europa besonders in Parks. Fällt mit der fast glatten weißen Rinde stark auf.*

- > ***besonders als freistehender Einzelbaum sehr schön***
- > ***Blätter im Herbst goldgelb***
- > ***sehr anspruchslos***

Das Weiß der Rinde entsteht durch den Farbstoff Betulin. Es reflektiert Sonnenlicht und schützt so vor Erwärmung. Dies ist für freistehende Bäume an kalten Wintertagen wichtig: Bei dunklen Borken entstehen Temperaturunterschiede zwischen der Sonnen- und Schattenseite, die Stämme können dann aufreißen. Ein Kalkanstrich an Obstbäumen dient dem gleichen Zweck.

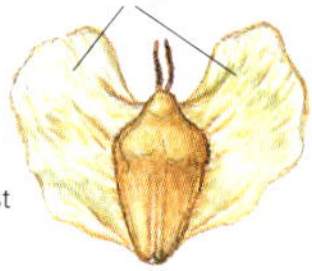

Hainbuche

Carpinus betulus (Birkengewächse)

H 5–25 m   Mai

Die Hainbuche ist nicht näher mit der Rot-Buche (S. 60) verwandt. Bei der Namensgebung spielte vielmehr die frühe Verwendung des Holzes beim Buchdruck eine Rolle. Der andere Name „Weißbuche“ stammt von der im Vergleich zur Rot-Buche weißlichen Farbe des Holzes. Das Holz ist das schwerste aller heimischen Bäume und gleichzeitig sehr hart und zäh. Es eignet sich für stark beanspruchte Geräte wie Hobel, Hackklötze, Speichen und Klavierhämmer.

***Vorkommen** Wild besonders in Mitteleuropa in Laubwäldern, an Hecken, Waldrändern. Häufig gepflanzt. Vertrocknete Blätter bleiben oft lange am Baum.*

> ***wurzelt sehr tief***
> ***Früchte werden oft erst im Winter vom Wind verblasen***
> ***heißt auch „Weißbuche“***

Schon gewusst?

Hainbuchen ertragen starke Rückschnitte und wachsen dicht nach. Sie sind deshalb als Heckengehölz sehr beliebt. Der in manchen Gegenden verwendete Name „Hagbuche“ leitet sich von „hag“ ab, der mittelhochdeutschen Bezeichnung für eine Einzäunung.

Europäische Hopfenbuche

Ostrya carpinifolia (Birkengewächse)

H 10–20 m April–Mai

Vorkommen *Wild von Südeuropa bis Kleinasien in Mischwäldern. In Mitteleuropa in Parks. Die Fruchtstände ähneln denen von Hopfen.*

> ***erinnert im Wuchs und von den Blättern her an eine Hainbuche (S. 91)***
> ***erträgt Trockenheit***
> ***braucht ausreichend Wärme***

Der wissenschaftliche Name *Ostrya* leitet sich von der griechischen Bezeichnung für Auster ab. Die sackartige Hülle um die Nussfrüchte soll etwas an die Schalen dieser Muschel erinnern. Sie dient den Früchten als Flugorgan, das allerdings nur bei starkem Wind gut funktioniert und die Samen über eine größere Strecke transportieren kann.

Baum-Hasel

Corylus colurna (Haselgewächse)

H 10–20 m Febr.–März

Vorkommen *In Südosteuropa und Kleinasien beheimatet. In Mitteleuropa häufig als Straßen- und Parkbaum. Liefert sehr hartschalige Haselnüsse.*

> ***Früchte bilden ballartige Knäuel***
> ***im Gegensatz zur Gewöhnlichen Hasel (S. 198) einstämmig***
> ***heißt auch „Türkische Hasel"***

Die Nüsse der Baum-Hasel schmecken ähnlich wie die der Gewöhnlichen Hasel (S. 198) Allerdings lassen sie sich schwer knacken und ergeben nur eine geringe Ausbeute. Das schön gemaserte Holz eignet sich für Möbel und Schnitzarbeiten, eine Verwendung, auf die auch der Artname *colurna* hinweist. Dieser bedeutet „aus Haselnussholz gemacht".

Kork-Eiche

Quercus suber (Buchengewächse)
H 6–10 m April–Mai

Besonders in Südportugal und Südspanien wächst der Baum in Kulturen zur Korkgewinnung. Nach 15 bis 20 Jahren schält man die Stämme das erste Mal. Diese Prozedur schädigt den Baum nicht, da es sich ausschließlich um totes Gewebe handelt. Etwa alle zehn Jahre hat sich der Korkmantel so weit erneuert, dass er wieder geerntet werden kann. Das Naturprodukt Kork ist in den letzten Jahren insbesondere für den ökologischen Hausbau sehr gefragt.

Vorkommen *Im mittleren und westlichen Mittelmeergebiet verbreitet. Seit langer Zeit kultiviert. Typisch ist die sehr dicke, gefurchte Korkrinde.*

- > ***immergrün***
- > ***Stämme im 1. Jahr nach dem Schälen dunkelrot gefärbt***
- > ***wächst in Mitteleuropa nur als Kübelpflanze***

Schon gewusst?

Damit der Kork den Baum nicht luftdicht umgibt, verlaufen von außen nach innen Luftkanäle, die mit lockerem Pulver gefüllt sind. Flaschenkorken werden deshalb nur längs zur Oberfläche aus dem Kork gestanzt. Sonst würde der Wein durch diese Kanäle auslaufen.

Ess-Kastanie

Castanea sativa (Buchengewächse)
H 10–30 m   Juni–Juli

***Vorkommen** In Wäldern besonders in Südeuropa, in Deutschland in Weinbaugebieten und Parks. Die geschlossenen Stachelhüllen wirken wie kleine Igel.*

> ***Blüten riechen unangenehm***
> ***nicht mit der Rosskastanie (S. 155) verwandt***
> ***nördlich der Alpen durch die Römer eingebürgert***

Noch im 19. Jahrhundert gehörten die Früchte der Ess-Kastanien in vielen Gegenden Südeuropas zu den Grundnahrungsmitteln. Die Bäume wuchsen für diesen Gebrauch in großen Hainen. Das Holz erträgt Feuchtigkeit und eignet sich für Fassdauben, Stallböden und Schiffe. Um Weinbergpfähle zu gewinnen, hackten Winzer früher oft 15 bis 20 Jahre alte Stämme ab. Die Stümpfe schlugen danach wieder aus und wuchsen zu schlanken, mehrstämmigen Bäumen.

Schon gewusst?

In vielen Gegenden bieten Marktstände im Winter, besonders um die Weihnachtszeit, geröstete Maronen an. Die Früchte enthalten viele Kohlenhydrate sowie auch etwas Fett und schmecken süß-aromatisch.

Südbuche

Nothofagus antarctica (Buchengewächse)
H 5–7 m   April–Mai

Alle Südbuchen wachsen, wie es der Name bereits vermuten lässt, wild ausschließlich auf der Südhalbkugel. Bei uns eignet sich das Gehölz für kleine Gärten, in denen es durch den oft gedrehten Wuchs und die kleinen Blätter auffällt. Kräftige Stämme bildet der Baum auch in seiner Heimat kaum aus, sein Holz wird deshalb meist als Brennstoff verwendet.

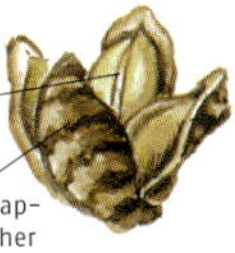

Vorkommen *Heimisch in Südamerika von Chile bis Feuerland. In Mitteleuropa in Parks und Gärten. Zweige gleichmäßig mit kleinen Blättern besetzt.*

> ***Wuchs der Zweige oft zickzackartig***
> ***oft strauchartig entwickelt***
> ***Früchte ähneln kleinen Rot-Buchenfrüchten (S. 60)***

Südlicher Zürgelbaum

Celtis australis (Ulmengewächse)
H 10–20 m   April–Mai

Das Fruchtfleisch schmeckt reif süßlich. Auf unseren Märkten werden die Früchte nicht angeboten, in Südtirol dagegen bereitet man gelegentlich Süßspeisen aus den „Zürgeln". Das Holz, als „Triester Holz" bekannt, ist sehr elastisch. Dünne Stämme und Zweige eignen sich deshalb sehr gut für Angelruten und Peitschenstöcke.

Vorkommen *Wild in Laubwäldern und Gebüschen Südeuropas. Im Mittelmeergebiet oft als Straßenbaum. Die Früchte stehen einzeln in den Blattachseln.*

> ***Blattoberseite im Gegensatz zur folgenden Art rau***
> ***in Mitteleuropa nur mäßig winterhart***
> ***Vögel fressen die Früchte***

Amerikanischer Zürgelbaum

Celtis occidentalis (Ulmengewächse)

H 10–25 m April–Mai

Vorkommen *Stammt aus dem Osten Nordamerikas. In Mitteleuropa in Parks. Die graue Borke ist unregelmäßig wulstig.*

- ***Blätter im Herbst gelb***
- ***erträgt kalte Winter besser als die vorige Art***
- ***in seiner Heimat häufig***

Die süßlichen Früchte des Amerikanischen Zürgelbaums sind ebenso essbar wie die des Südlichen Zürgelbaums (S. 95), haben jedoch noch weniger Fruchtfleisch. Sie bleiben oft den Winter über am Baum. In der Heimat das Baumes locken sie über 25 verschiedene Vogelarten und kleine Säugetiere an.

Kaukasische Zelkove

Zelkova carpinifolia (Ulmengewächse)

H 10–25 m Mai

Vorkommen *Heimisch im Kaukasus. In England und Südeuropa in Parks häufig, in Mitteleuropa seltener. Früchte sehr kurz gestielt in den Blattachseln.*

- ***Laub im Herbst gelborange***
- ***erinnert im Wuchs etwas an eine Hainbuche (S. 91)***
- ***anspruchslos, aber bei uns nur bedingt winterhart***

In ihrer Heimat wächst die Kaukasische Zelkove besonders in Auenwäldern am Kaspischen Meer. Bonsai-Liebhaber ziehen das Gehölz häufig unter der Bezeichnung „Chinesische Ulme“ als bizarr wachsendes Mini-Bäumchen. Die Zelkove erträgt starke Rückschnitte, so dass sie sich auch für Hecken eignet.

Berg-Ulme

Ulmus glabra (Ulmengewächse)
H 20–40 m   März–April

Die geflügelten Früchte reifen sehr rasch und werden als Scheibenflieger schon im Mai vom Wind verblasen. Das harte, elastische und zähe Holz der Berg-Ulme zeigt eine sehr schöne Maserung. Es ist unter der Bezeichnung „Rüster“ im Handel und liefert vor allem Furnier für Möbel und den Innenausbau. Im Altertum symbolisierten Ulmen Tod und Trauer.

Schon gewusst?

Nach dem Ersten Weltkrieg begann ein großes Ulmensterben, verursacht durch einen Pilz, der in den Leitungsbahnen des Holzes lebt und diese verstopft. Der Pilz wird vom Ulmensplintkäfer übertragen, dessen Larven typische Gänge unter der Rinde fressen.

Vorkommen *Fast in ganz Europa in Wäldern, Hecken und an Ufern. Auch in Parks und an Straßen. Früchte entwickeln sich bereits vor dem Blattaustrieb.*

> ***blüht sehr früh***
> ***bevorzugt kühle, luftfeuchte Gegenden***
> ***kann um 400 Jahre alt werden***

Feld-Ulme

Ulmus minor (Ulmengewächse)
H 20–35 m März–April

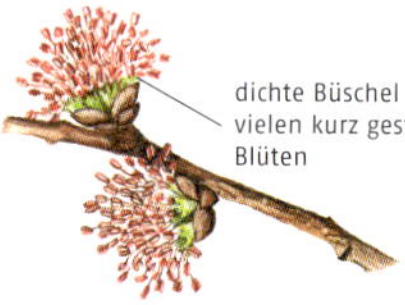

Vorkommen *Wild in Gebüschen, Auen- und Hangwäldern fast ganz Europas. Auch in Parks und an Straßenböschungen. Äste oft mit erhabenen Leisten.*

> ***im Wuchs und in der Blattform sehr variabel***
> ***licht- und wärmeliebend***
> ***zeigt nährstoffreiche Böden an***

Früher übernahmen Ulmen in manchen Gegenden die Rolle von Linden: Sie waren der zentrale Punkt auf Dorfplätzen und markierten als Gerichtsbäume die Orte, an denen verbindliche Urteile gefällt wurden. Die Feld-Ulme lässt sich gut zurückschneiden und eignet sich deshalb als Hecke. Ihre Blätter dienten früher als Schaffutter.

Flatter-Ulme

Ulmus laevis (Ulmengewächse)
H 10–35 m März–April

Vorkommen *Wild in Mittel- und Osteuropa besonders in Auenwäldern. Gepflanzt an Straßen und in Parks. Auffallend lange Stiele an den Früchten.*

> ***die Früchte flattern an ihren Stielen***
> ***weniger anfällig gegen das Ulmensterben***
> ***heißt auch „Weißrüster"***

Die Flatter-Ulme übersteht je nach Jahreszeit Überschwemmungen bis über 100 Tage ohne Schäden. So wachsen in Auenwäldern manchmal sehr mächtige Bäume. An ihrer Stammbasis fallen oft große, brettartig seitlich zusammengedrückte Wurzeln auf. Diese Stützen verleihen den Stämmen auf stark durchweichten Böden eine höhere Stabilität.

Schwarzer Maulbeerbaum

Morus nigra (Maulbeerbaumgewächse)
H 6–15 m   Mai–Juni

Reife schwarze Maulbeeren verderben sehr schnell und werden kaum auf dem Markt angeboten. Wer jedoch die Gelegenheit hat, die Früchte, Saft oder Gelee zu probieren, sollte dies unbedingt tun. Die Früchte schmecken süß-säuerlich aromatisch, gekocht entfaltet sich ihr Aroma noch stärker. Der dunkle Saft eignet sich zum Einfärben von Lebensmitteln.

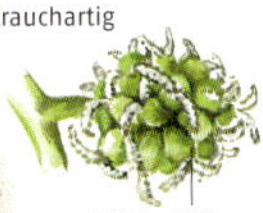

Vorkommen *Stammt aus Westasien. In Südeuropa seit der Antike in Kultur. Die Früchte färben sich über Weiß und Rot nach Schwarz.*

> ***wächst nur in warmem Klima zu einem größeren Baum***
> ***reife Früchte erinnern im Aussehen an Brombeeren***
> ***enthält Milchsaft***

Katsurabaum

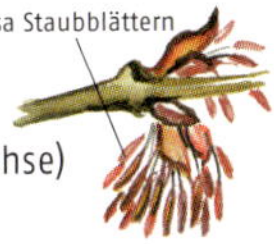

Cercidiphyllum japonicum (Kuchenbaumgewächse)
H 5–20 m   April

In Japan gehört der Katsurabaum zu den wichtigsten Laubbäumen der Forstwirtschaft. Das leichte, weiche Holz ist schön gemasert und lässt sich gut bearbeiten. Die Japaner verwenden es gerne für kleine Möbel, Innenverkleidungen, Schnitzereien und für die Bretter des Go-Spiels. Feuchtes Herbstlaub des Baumes duftet angenehm nach Lebkuchen und Gebäck.

Vorkommen *Heimisch in Japan und China. In Europa ein Zierbaum in Gärten und Parks. Das Laub verfärbt sich im Herbst auffallend hellgelb oder rötlich.*

> ***Blätter teils gegenständig, teils wechselständig***
> ***heißt auch „Kuchenbaum"***
> ***blüht vor dem Laubaustrieb***

Süß-Kirsche

Prunus avium (Rosengewächse)

H 8–20 m April–Mai

Vorkommen *Wildformen in Wäldern und an Waldrändern Mitteleuropas. Sorten in ganz Europa kultiviert. Liefern süße, wohlschmeckende Kirschen.*

> ***blüht vor dem Blattaustrieb***
> ***bei Wildformen Stamm meist bis zur Spitze gerade***
> ***in vielen Sorten in Kultur***

Süß-Kirschen reifen nicht nach – sie müssen deshalb vollreif gepflückt werden. Ihr wohlschmeckendes Fruchtfleisch enthält reichlich Zucker, Mineralstoffe und Vitamine. Mit Kirschkernen gefüllte kleine Kissen lassen sich im Backofen oder in der Mikrowelle erwärmen. Sie wirken wohltuend bei verspannten Muskeln und Rheuma. Am 4. Dezember, dem Barbaratag, geschnittene Kirschzweige blühen im warmen Zimmer meist noch vor Weihnachten auf.

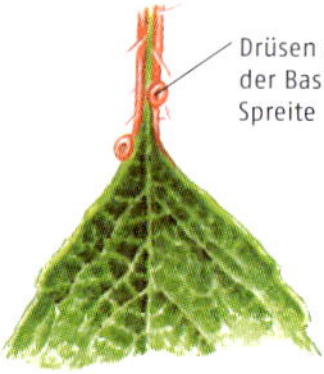

Schon gewusst?

Aus verwundeten Stämmen tritt ein Gummiharz aus, das die Wunde wieder verschließt. Mit Wasser kräftig aufgekocht kann dieser „Kirschgummi" Husten lindern.

Sauer-Kirsche

Prunus cerasus (Rosengewächse)
H 3–6 m April–Mai

Die kultivierten Bäume wachsen meist nicht auf den eigenen Wurzeln, sondern sind auf eine Unterlage, oft Steinweichseln (S. 104) oder Kirschpflaumen (S. 103), veredelt. Den meisten Leuten schmecken frische Sauerkirschen zu sauer. In Form von Konserven, Marmelade und nicht zuletzt als Schwarzwälder Kirschtorte haben die Früchte jedoch viele Liebhaber.

Vorkommen *Stammt aus Westasien. In Europa seit der Römerzeit kultiviert. Kirschen je nach Sorte hellrot bis schwarzrot.*

- > ***heißt auch „Weichsel" oder „Weichselkirsche"***
- > ***blüht etwas später als die Süß-Kirsche***
- > ***Früchte sauer***

Japanische Blüten-Kirsche

Prunus serrulata (Rosengewächse)
H 3–12 m April–Mai

Die Japaner kultivieren die Japanische Blüten-Kirsche schon seit zwei Jahrtausenden und haben zahlreiche Sorten gezüchtet. Ebenso wie ähnlich üppig blühende Zierkirschen schätzen sie sie als Künder des Frühlings und feiern ihre Blüte in einem eigenen Fest, dem Kirschblütenfest „Hanami".

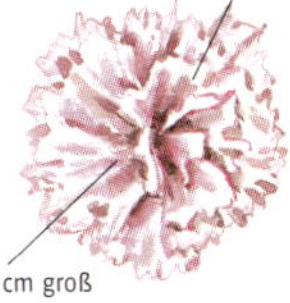

Vorkommen *Wildformen in Ostasien. Dort und in Europa in Gärten und Parks. Einige Sorten auch mit großen, ungefüllten Blüten.*

- > ***heißt auch „Grannen-Kirsche"***
- > ***zahlreiche verschiedene Sorten***
- > ***liefert keine essbaren Kirschen***

Gewöhnliche Traubenkirsche

Prunus padus (Rosengewächse)

H 3–12 m   April–Mai

Vorkommen *Wild in fast ganz Europa in Auenwäldern und an nassen Waldrändern. Bildet meist sehr viele Blütentrauben.*

- ***braucht viel Feuchtigkeit im Boden***
- ***Blüten duften angenehm***
- ***Früchte schmecken bitter zusammenziehend***

Die Borke des Baumes riecht unangenehm faulig und etwas nach Essig. Norweger verwendeten sie früher zum Färben. Im Herbst gesammelt, färbt sie Wolle je nach Vorbehandlung orange oder dunkelbraun. In Russland verwenden Korbflechter die biegsamen, olivfarbenen oder rotbraunen Zweige als Flechtmaterial.

Späte Traubenkirsche

Prunus serotina (Rosengewächse)

H 5–12 m   Mai–Juni

Vorkommen *Heimisch im östlichen Nordamerika. In Europa gepflanzt und teilweise eingebürgert. Hängende Trauben mit zahlreichen Früchten.*

- ***sehr anspruchslos***
- ***blüht etwa 2 Wochen später als die Gewöhnliche Traubenkirsche***
- ***Früchte essbar, aber bitter***

Die Späte Traubenkirsche gelangte als eine der ersten amerikanischen Baumarten bereits 1623 nach Europa, als Ziergehölz für Gärten und Parks. Forstleute schätzen sie außerdem als Wind- und Bodenschutz und sie trägt zur Verbesserung der Humusqualität bei. Naturschützer stehen dem Baum kritisch gegenüber, da er in Heiden und Feuchtgebiete eindringt und diese dadurch verändert.

Kirschpflaume

Prunus cerasifera (Rosengewächse)
H 4–8 m März–April

Vorkommen *Heimisch in Kleinasien und im Kaukasus, in Europa eingebürgert und in Gärten und Parks. Blüht kurz vor dem Laubaustrieb sehr üppig.*

- **heißt auch „Myrobalane"**
- **blüht rosa oder weiß**
- **Fruchtfarbe variiert von Gelb bis Rot**

Gärtner veredeln einige empfindliche Pflaumen- und Kirschensorten gerne auf die anspruchslose Kirschpflaume. Manchmal treibt die Unterlage allerdings später wieder aus und kann dann mächtiger als die auf ihr gezogene Sorte werden. Bekannter als das grünlaubige, weißblühende Wildgehölz sind die „Blutpflaumen". Diese beliebten Ziersorten bilden rotbraune Blätter und mehr oder weniger rosafarbene Blüten.

Schon gewusst?

Die Früchte schmecken aromatisch, meist etwas säuerlich. Ihr Fruchtfleisch löst sich im Gegensatz zu den echten Pflaumen (S. 106) nicht vom Stein. Am besten ist es deshalb, sie als ganze Früchte mit wenig Wasser zu kochen und das Mus durch ein Sieb zu drücken.

Steinweichsel

Prunus mahaleb (Rosengewächse)

H 1–10 m April–Mai

Vorkommen *Wächst wild an sonnigen, steinigen Hängen Mittel- und Südeuropas. Blütenstände doldenähnlich.*

- ***heißt auch „Felsen-Kirsche" oder „Weichselrohr"***
- ***unempfindlich gegen Hitze***
- ***Vögel finden im dichten Gehölz Schutz***

Die winzigen „Kirschen" schmecken herb und meist bitter. Trotzdem hat der anspruchslose Baum eine gewisse Bedeutung erlangt: Er dient oft als Veredelungsunterlage für verschiedene Kirschensorten. Sein Holz duftet sehr angenehm, etwa wie Heu. Es eignet sich sehr gut für Drechselarbeiten, etwa für Pfeifenrohre.

Aprikose

Prunus armeniaca (Rosengewächse)

H 4–8 m März–April

Vorkommen *Heimisch in Westasien. Im Mittelmeerraum häufig, in Mitteleuropa selten angepflanzt. Blüht vor dem Laubaustrieb weiß oder blassrosa.*

- ***heißt in Österreich „Marille"***
- ***benötigt viel Wärme***
- ***das Fruchtfleisch löst sich leicht vom Stein***

Auch wenn der Artname *armeniaca* es vermuten ließe, stammt der Baum dennoch nicht aus Armenien. Er kam allerdings nach den Armenienfeldzügen des römischen Kaisers Nero im ersten Jahrhundert n. Chr. nach Griechenland und Rom. Die Früchte sind sehr gesund, da sie reichlich Mineralstoffe und Vitamine enthalten.

Pfirsich

Prunus persica (Rosengewächse)
H 3–10 m März–April

Der Artname *persica* erinnert noch heute daran, dass der Pfirsich einst aus seiner fernen Heimat China über Persien nach Europa kam. Die Früchte schmecken erfrischend und sind sehr aromatisch. Die Samenkerne sind giftig, da sie im Magen Blausäure freisetzen. Sie liefern jedoch ein fettes Öl, das wie Mandelöl in der Kosmetik verwendet wird. Nach Entfernen der Giftstoffe kann man auch eine Persipan, eine marzipanähnliche Masse, daraus herstellen.

Schon gewusst?

Die Nektarine ist eine Varietät des Pfirsichs mit glatter, unbehaarter Fruchtschale. Sie wurde bei uns erst in den letzten Jahrzehnten beliebt. Heute gibt es eine Vielzahl verschiedener Sorten.

***Vorkommen** In China beheimatet. Im Mittelmeergebiet häufig gepflanzt, in Mitteleuropa nur in Gebieten mit Weinbauklima. Früchte sind typisch samtig behaart.*

- > ***gelb- und weißfleischige Sorten***
- > ***gut verträgliches Obst***
- > ***Blüten durch späte Fröste gefährdet***

Pflaume

Prunus domestica (Rosengewächse)

H 3–15 m   April–Mai

Archäologen fanden bereits in prähistorischen Siedlungen Europas und Westasiens Kerne verschiedener wilder Pflaumensorten. Die ersten Kulturpflaumen gelangten von Syrien nach Griechenland. Etwa 100 v. Chr. brachten die Römer sie bei ihren Feldzügen nach Mitteleuropa. Die wohlschmeckenden Früchte eignen sich als Obst, Kuchenbelag und für Alkoholika. Frisch und getrocknet fördern sie die Darmtätigkeit und wirken leicht abführend.

Vorkommen *In ganz Europa als Obstbaum kultiviert, gelegentlich verwildert. Die Früchte sind oft von einem abwischbaren Reif bedeckt.*

> ***anspruchslos***
> ***blüht kurz vor oder mit dem Blattaustrieb***
> ***über 2000 Sorten mit sehr unterschiedlichen Früchten***

106

Schon gewusst?

Auch die als Obst beliebten Mirabellen zählen zu den Pflaumen. Ihre meist 2–3 cm großen Früchte schmecken aromatisch süß, das Fruchtfleisch lässt sich gut vom Stein lösen.

Mandel

Prunus dulcis (Rosengewächse)
H 3–10 m März–April

Mandeln sind sehr nahrhaft und reich an wichtigen Mineralstoffen. Besonders die Weihnachtsbäckerei wäre ohne sie kaum denkbar. Viele Rezpete verlangen süße Mandeln oder Marzipan, eine aromatische Spezialität, die aus Mandeln, Zucker und Aromastoffen besteht. Mandelöl eignet sich zur Pflege von Babyhaut und für Naturkosmetika sowie als Schmieröl für Uhren. Bittermandeln dagegen setzen im Magen Blausäure frei. Für Kinder können fünf bis zehn dieser Samen tödlich sein.

Vorkommen *Heimisch in Westasien. Im Mittelmeerraum angepflanzt. Die Blüten erscheinen vor dem Laubaustrieb.*

> ***gedeiht in Mitteleuropa nur in sehr geschützten Lagen***
> ***empfindlich gegen Spätfrost***
> ***es gibt süße und bittere Mandeln***

Schon gewusst?

Im Mittelmeerraum gelten grüne Mandeln mit noch weicher Schale als Delikatesse. Sie schmecken roh am besten mit etwas Salz oder auch eingelegt in Salzwasser.

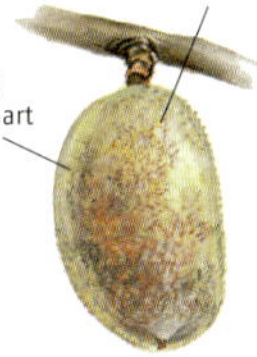

Hahnensporn-Weißdorn

Crataegus crus-galli (Rosengewächse)

H 6–10 m Mai–Juni

Der Hahnensporn-Weißdorn trägt seinen Namen nach den langen Dornen. Diese machen das Gehölz zu einem undurchdringlichen Dickicht. Als Hochstamm gezogen, fällt der Baum an Straßen im Frühjahr mit reichem Blütenschmuck und im Herbst mit schön verfärbtem, lange an den Zweigen bleibendem Laub auf.

***Vorkommen** Im Osten Nordamerikas beheimatet. In Europa besonders als Straßenbaum gepflanzt. Um 1,5 cm große Blüten stehen zu vielen beieinander.*

- ***anspruchslos***
- ***Blätter im Herbst leuchtend orange***
- ***meist mit hohem Stamm gezogen, seltener als Strauch***

Vielblütiger Apfel

Malus floribunda (Rosengewächse)

H 3–10 m Mai

Japaner kultivieren schon seit langer Zeit verschiedene Sorten dieses Baumes. Nach Europa kam das reich blühende Gehölz erst im 19. Jahrhundert, wurde dort aber rasch sehr beliebt. Der Baum gehört mit seiner üppigen Blütenpracht und gleichzeitigen Anspruchslosigkeit zu den wertvollsten Zieräpfeln.

***Vorkommen** Stammt aus Japan. In Europa als Zierbaum in Parks, Gärten und an Straßen. Zweige meist dicht mit Blüten besetzt.*

- ***verträgt verschmutzte Luft gut***
- ***Früchte sehr sauer***
- ***oft als Ausgangsart für Züchtungen verwendet***

Kultur-Apfel

Malus domestica (Rosengewächse)
H 2–15 m April–Mai

Bereits in der Antike gab es erste Kulturäpfel. Zur Zeit Karls des Großen kultivierten die Bauern dann mehrere verschiedene Apfelsorten. Heute soll es allein in Deutschland über 1000 Sorten geben, die meisten davon allerdings nur noch in wenigen Exemplaren in Hausgärten. Die sehr gesunden Früchte enthalten Säuren, Zucker, Pektin, Vitamine und Mineralstoffe. In der Schale sind wesentlich mehr Vitamine gebunden als im Fruchtfleisch.

Schon gewusst?

Auf Streuobstwiesen stehen hochstämmige Obstbäume ohne größere Ordnung auf Wiesen, meist in der Nähe der Dörfer. Diese traditionelle Anbauform bietet vielen seltenen Pflanzen und Tieren einen Lebensraum.

Vorkommen *Gezüchteter Kulturbaum, gelegentlich verwildert in Gebüschen und an Waldrändern. Die Äpfel sitzen sehr kurz gestielt an den Zweigen.*

> ***blüht mit dem Laubaustrieb***
> ***eine der wichtigsten Obstarten***
> ***weltweit sind etwa 20.000 Sorten bekannt***

Kultur-Birne

Pyrus communis (Rosengewächse)

H 1–25 m April–Mai

Vorkommen *Nur in Kultur bekannt. In ganz Europa als Obstbaum angepflanzt. Die Blätter leuchten im Herbst gelb bis rot.*

> ***wächst je nach Sorte und Schnitt sehr variabel***
> ***Früchte reifen zwischen Juli und Oktober***
> ***bereits im Altertum kultiviert***

Birnbäume lassen sich im belaubten Zustand auch ohne Früchte oft auf eine recht einfache Weise erkennen. Ihre Blätter zeigen im Sommer und Herbst häufig leuchtend orangerote Flecken auf der Oberseite und hervorstehende Pusteln auf der Unterseite. Diese Blätter sind vom Birnen-Gitterrost befallen, einem Pilz, der im Wechsel Birnen und verschiedene Wacholder-Arten (S. 160) befällt. Auf anderen Gehölzen tritt er nicht auf.

Schon gewusst?

Das rotbraune Holz ist sehr hart, schwer und dauerhaft. Es lässt sich für Möbel schön blank polieren. Schwarz gebeizt dient besonders das von der Holz-Birne (Seite gegenüber) stammende Holz als Ebenholzersatz.

Holz-Birne

Pyrus pyraster (Rosengewächse)

H 5–20 m April–Mai

Holz-Birnen gelten als die Vorfahren der Kultur-Birnen. Sie unterscheiden sich von diesen insbesondere durch die dornigen Zweige. Rotwild frisst gerne die reifen, am Boden liegenden Früchte. Im Mittelalter dienten sie zur Schweinemast. Als Obst eignen sie sich jedoch nicht, da sie herb und bitter schmecken.

***Vorkommen** Heimisch von Europa bis Westasien in Wäldern und Felsgebüschen. Die runden bis birnenförmigen Früchte werden nur 2–4 cm dick.*

> ***wurzelt tief***
> ***braucht ausreichend Wärme***
> ***heißt auch „Wild-Birne"***

Echte Mehlbeere

Sorbus aria (Rosengewächse)

H 5–12 m Mai–Juni

Der Haarfilz auf den Blättern setzt die Verdunstung herab und ermöglicht es so dem Baum, auch noch an trockenen Standorten zu wachsen. Die mehlig-weichen, fad schmeckenden Früchte sind zwar essbar, eignen sich aber nur als Notnahrung. Getrocknet und vermahlen mischte man sie früher unter das Mehl, um Brot zu backen. Auch für die Gewinnung von Essig lassen sie sich verwenden.

***Vorkommen** Wild in Mittel- und Westeuropa in Wäldern, trockenen Gebüschen, auf Felsen. Die Früchte sind oft etwas behaart.*

> ***wächst langsam***
> ***oft als Allee- oder Straßenbaum gepflanzt***
> ***es gibt auch eine gelbfrüchtige Sorte***

Echte Mispel

Mespilus germanica (Rosengewächse)

H 3–6 m Mai–Juni

Vorkommen *Ursprünglich aus Westasien. Seit der Antike im Mittelmeerraum, von den Römern nach Mitteleuropa gebracht. Früchte mit auffälligen Resten des Kelches.*

- ***heute nur noch selten kultiviert***
- ***Früchte zum rohen Verzehr kaum geeignet***
- ***schönes Ziergehölz***

Im Mittelalter war die Echte Mispel bei uns eine verbreitete Obstart, deren Pflege Karl der Große sogar ausdrücklich anordnete. Die Früchte schmecken herb-bitter und zusammenziehend und werden erst genießbar, wenn sie weich und teigig sind und nach Most riechen. Als Zusatz zu Apfel- oder Birnenmost verbessern sie dessen Haltbarkeit.

Japanische Wollmispel

Eriobotrya japonica (Rosengewächse)

H 2–10 m Okt.–Febr.

Vorkommen *Heimisch in Ostasien. Im Mittelmeergebiet und in den Südalpen als Obstbaum. Blüten in dichten, wolligen Blütenständen.*

- ***wegen des Namens oft mit der Echten Mispel verwechselt***
- ***auch in Mitteleuropa ziemlich winterhart***
- ***ungewöhnliche Blütezeit***

Wollmispeln, auch „Nespilos“ oder „Loquats“ genannt, schmecken vollreif sehr angenehm aromatisch und süß. Unreife Früchte haben dagegen einen sauren, oft etwas zusammenziehenden Geschmack. Seinen Namen trägt das Gehölz nach den wollig behaarten Neutrieben und Blütenständen.

Orange

Citrus sinensis (Rautengewächse)
H 5–8 m   April–Okt.

Die Orange kam erst wesentlich später als die schon im Altertum bekannte Zitrone in den Mittelmeerraum. Der Beginn der Kultivierung liegt im 16. Jahrhundert. Der Baum liefert Obst zum direkten Verzehr und für Saft. Aus Fruchtschalen und Blütenknospen gewinnt man duftendes Öl als Rohstoff für Parfüms. Orangenlikör und andere Spirituosen enthalten ebenfalls Auszüge aus den Schalen der Orange, teilweise aber auch solche aus der Bitterorange oder Pomeranze.

Vorkommen *Heimisch in China. In Südeuropa als Obstbaum kultiviert, in Mitteleuropa als Kübelpflanze. Blüten im Gegensatz zur Zitrone rein weiß.*

> ***Blüten duften stark süßlich***
> ***Fruchtreife je nach Sorte unterschiedlich***
> ***gelegentlich mit Dornen an den Zweigen***

Schon gewusst?
Blutorangen enthalten im Fruchtfleisch rote Farbstoffe. Die Früchte bilden diese allerdings nur, wenn die Nächte kühl sind. Wachsen die gleichen Sorten in den Tropen, bleiben die Früchte orange.

Zitrone

Citrus limon (Rautengewächse)

H 2–7 m   Jan.–Dez.

Vorkommen *Stammt aus Südostasien. Im Mittelmeerraum kultiviert, in Mitteleuropa als Kübelpflanze. Trägt meist reichlich Früchte.*

- ***blüht und fruchtet das ganze Jahr***
- ***Fruchtsaft schmeckt durch Zitronensäure sauer***
- ***Zweige mit Dornen***

Zitronensaft enthält reichlich Vitamin C. Seeleute konnten sich dank mitgeführter Zitronen wirksam gegen Skorbut schützen, eine Krankheit, die durch Mangel an Vitamin C ausgelöst wird. Lange Zeit standen Zitronen als Symbol für Lebenskraft und wurden zur Abwehr alles Bösen verwendet, unter anderem auch gegen die Pest.

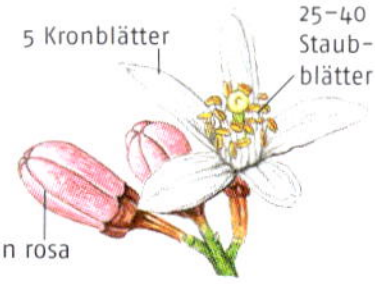

Echter Kreuzdorn

Rhamnus cathartica (Kreuzdorngewächse)

H 2–6 m   Mai–Juni

Vorkommen *In fast ganz Europa wild in sonnigen Hecken und an Waldrändern. Die Früchte stehen in dichten Büscheln.*

- ***es gibt männliche und weibliche Bäume***
- ***Blätter im Gegensatz zum Faulbaum (S. 70) gegenständig***
- ***giftig!***

Aus den fast reifen Früchten des Echten Kreuzdorns lässt sich grüne Farbe herstellen, die früher sowohl in der Malerei als auch zum Färben von Papier oder Leder verwendet wurde. Diese Farbe heißt „Saftgrün“ oder „Blasengrün“, weil sie als dicker Saft in Schweins-, Rind- oder Kalbsblasen gefüllt und in diesen eingetrocknet wurde.

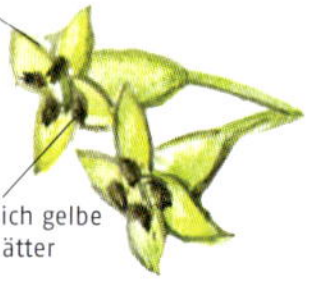

Gewöhnliche Stechpalme

Ilex aquifolium (Stechpalmengewächse)

H 2–8 m Mai–Juni

In manchen Gegenden tragen noch heute Gläubige die Zweige am Palmsonntag in die Kirche, um diese „Palme" weihen zu lassen. Um die Weihnachtszeit gehören Stechpalmenzweige besonders in England zu den beliebten immergrünen Schmuckpflanzen. Sie symbolisieren die Fortsetzung des Lebens während der Ruhezeit im Winter. Alle Teile des Gehölzes sind giftig. Bereits 20 bis 30 Früchte gelten für einen Erwachsenen als tödlich.

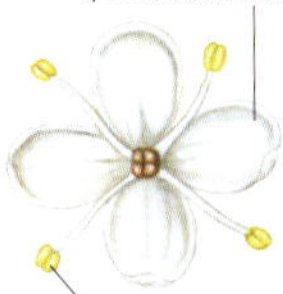

Vorkommen *Wild in Wäldern von Westeuropa bis Deutschland, im Mittelmeerraum. In Gärten und Parks. Die Früchte bleiben oft im Winter an den Zweigen.*

> ***Blätter sehr stachelig***
> ***wächst baum- oder strauchförmig***
> ***es gibt männliche und weibliche Pflanzen***

115

Schon gewusst?

Für den Garten gibt es viele verschiedene Sorten. Besonders beliebt sind die, deren Blätter nicht einheitlich grün sind, sondern helle Ränder oder Flecken haben.

Winter-Linde

Tilia cordata (Lindengewächse)

H 10–30 m Juni–Juli

***Vorkommen** In Mittel- und Osteuropa in Wäldern. In ganz Europa in Parks und an Straßen. Die Tragblätter fallen zwischen den Blättern auf.*

> ***Blüten duften sehr stark und locken Bienen an***
> ***blüht etwa 14 Tage später als die Sommer-Linde***
> ***empfindlich gegen Streusalz***

Viele Orts- und Städtenamen hängen mit der Linde zusammen, etwa Lindau und Leipzig. Lindenblüten liefern mitsamt des Tragblatts einen guten, schweißtreibenden Tee bei Erkältungskrankheiten. Das Holz ist weich und gleichmäßig strukturiert. Deshalb lässt es sich gut bearbeiten und gehört zu den beliebtesten Hölzern für Schnitzarbeiten. Zu den bekanntesten zählen die Altare von Tilman Riemenschneider.

Schon gewusst?

Lindenbast ist seit langem als Flecht- und Bindematerial bekannt. Die rund 5300 Jahre alte Gletschermumie Ötzi trug Schuhe mit einem Innengeflecht aus diesem Bast und einen Umhang, in den ebenfalls Lindenbast eingearbeitet war.

Sommer-Linde

Tilia platyphyllos (Lindengewächse)
H 15–40 m Juni

Die Linde spielte im germanischen Volksglauben eine große Rolle und war der Göttin der Ehe und des häuslichen Herdes (Frigga) geweiht. Im Mittelalter waren Dorflinden das Zentrum des öffentlichen Lebens. Unter ihnen tanzten und feierten die Leute. Gerichtslinden markierten die Plätze, an denen Urteile gefällt wurden. Mit viel Einsatz bemühen sich Denkmalschützer heute darum, das Absterben dieser alten und geschichtsträchtigen Baumindividuen möglichst lange hinauszuzögern.

Vorkommen *Wild in Mittel- und Südeuropa. Häufig gepflanzt in Parks, an Straßen und Plätzen. An den hellen Tragblättern hängen wenige Früchte.*

- ***Blätter weicher als die der Winter-Linde***
- ***braucht viel Luftfeuchtigkeit***
- ***schöner Baum, besonders wenn einzeln stehend***

Schon gewusst?

Naturbeobachter legen die Jahreszeiten nicht nach dem Kalender fest, sondern nach bestimmten Erscheinungen bei Tieren und Pflanzen. Der Blühbeginn der Sommer-Linde gilt für sie als Zeichen für den Beginn des Hochsommers.

Silber-Linde

Tilia tomentosa (Lindengewächse)

H 10–30 m   Juli

Vorkommen *Heimisch in Südosteuropa. In ganz Europa in Parks und an Straßen. Typisch sind die hellen Blattunterseiten.*

- ***wächst sogar an Straßen mit Teerdecke gut***
- ***unempfindlich gegen Abgase und Rauch***
- ***es gibt auch eine Hängeform***

Unter blühenden Silber-Linden torkeln oft Bienen auf dem Boden. Der Nektar dieser Linde enthält den Zucker Mannose, den Bienen und auch Hummeln nicht abbauen können und der deshalb tödlich für diese Insekten sein kann. Andere Erklärungen gehen jedoch eher dahin, dass die Insekten zur späten Blütezeit der Silber-Linde kaum andere Nahrung finden und das Nektarangebot der Linden nicht für alle Besucher ausreicht. Lindenfrüchte werden mitsamt des Hochblatts vom Wind abgerissen und drehen sich in der Luft wie kleine Kreisel.

Schon gewusst?

Während unter anderen Linden geparkte Autos oft mit schmutzigen, klebrigen Tröpfchen bedeckt sind, bleiben die unter Silber-Linden stehende Fahrzeuge sauberer: Auf diesem Baum saugen wegen der starken Behaarung viel weniger Blattläuse, von deren Ausscheidungen die Tröpfchen stammen.

Taubenbaum

Davidia involucrata (Tupelobaumgewächse)
H 15–20 m   Mai–Juni

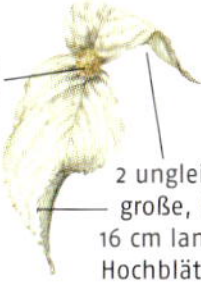

Die weißen Hochblätter bewegen sich im Wind und erinnern dann an einen flatternden weißen Taubenschwarm oder an Taschentücher, die in den Ästen hängen. Der wissenschaftliche Name *Davidia* geht auf den französischen Missionar Armand David zurück, der den Baum im 19. Jahrhundert in China „entdeckte".

Vorkommen *Heimisch in China. In Europa in Parks und botanischen Sammlungen. Die Blütenstände erscheinen gleichzeitig mit den Blättern.*

> ***braucht milde Winter***
> ***blüht etwa zwei Wochen lang***
> ***heißt auch „Taschentuchbaum"***

Westlicher Erdbeerbaum

Arbutus unedo (Heidekrautgewächse)
H 1,5–10 m   Okt.–März

Auch wenn die Früchte etwas an Erdbeeren erinnern, ist der Erdbeerbaum weder mit diesen verwandt, noch erreicht er deren Aroma. Unreife Früchte sind mehlig, auf sie passt der Artname *unedo*, d.h. *ich esse nur eine*. Reife Früchte sind saftig und süßsauer. In Portugal destilliert man aus den vergorenen Früchten „Medronho", einen Branntwein mit etwa 40 Prozent Alkohol.

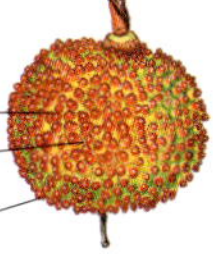

Vorkommen *Im Mittelmeerraum in immergrünen Wäldern und Strauchbeständen. Am Atlantik bis Irland. Die Blüten im Winter fallen auf.*

> ***die Früchte heißen auch „Meerkirschen"***
> ***wächst oft gemeinsam mit Baum-Heide (S. 58)***
> ***erträgt Schatten gut***

Silber-Pappel

Populus alba (Weidengewächse)

H 15–30 m   März–April

Vorkommen *Wild in Mittel- und Südeuropa in Auenwäldern. Gepflanzt in Kiesgruben, an Straßen. Borke weißlich, oft mit rautenförmigen Rissen.*

> ***leuchtet von Ferne besonders bei Wind silberweiß***
> ***erträgt auch Trockenheit***
> ***widerstandsfähig gegen Industrieabgase***

Die Silber-Pappel kommt mit wesentlich weniger Wasser aus als die Schwarz-Pappel (S. 85). Sie wächst an Straßenböschungen oder auf Abraumhalden oft nur strauchförmig und eignet sich dort zum Befestigen der Böden, da sich ihr Wurzelwerk sehr weit und flach ausbreitet. Außerdem bilden sich um das ursprüngliche Gehölz häufig ganze Gruppen mit Jungwuchs.

Schon gewusst?

Der Legende nach soll die auffallend weiße Unterseite der Blätter durch den Schweiß von Herkules entstanden sein. Dieser bekränzte sich mit einem Kranz aus der Silber-Pappel, als er den Höllenhund Zerberus aus der Unterwelt heraufschleppte.

Zerr-Eiche

Quercus cerris (Buchengewächse)

H 20–30 m April

Die Zerr-Eiche gedeiht auch an trockenen, nährstoffarmen Standorten und ist widerstandsfähig gegen Abgase. So wird sie heute nicht nur in Parks, sondern immer häufiger auch an stark befahrenen Straßen gepflanzt. Ihr hartes Holz ist ein gutes Brennholz, kann aber auch zum Bauen verwendet werden.

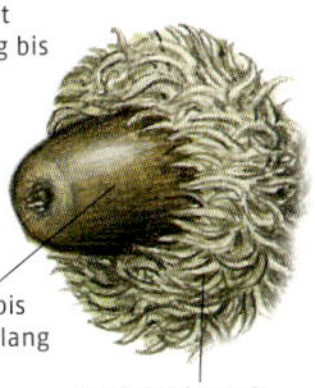

Vorkommen *Im Süden Mitteleuropas und in Südeuropa wild. In Parks und an Straßen gepflanzt. Die stark schuppigen Fruchtbecher sind unverwechselbar.*

- ***Blattunterseite filzig behaart***
- ***erinnert im Wuchs oft etwas an eine Stiel-Eiche (S. 122)***
- ***Eicheln reifen erst im 2. Jahr***

Rot-Eiche

Quercus rubra (Buchengewächse)

H 10–25 m Mai

Für Pilzsucher gelten Eichenwälder allgemein als sehr ergiebig. Angelegte Rot-Eichenforste dagegen lohnen kaum einen Besuch. In Gemeinschaft mit dieser Eiche leben bei uns nur wenige Pilze. Der Baum wurzelt sehr tief und sorgt so, an Waldränder gepflanzt, für eine gewisse Sturmsicherheit.

Vorkommen *Stammt aus dem östlichen Nordamerika. In Mitteleuropa im Forst und in Parks. Scharlachrote bis hellorange Herbstfärbung.*

- ***braucht viel Licht***
- ***wächst in der Jugend sehr rasch***
- ***Eicheln reifen erst im 2. Jahr***

Stiel-Eiche

Quercus robur (Buchengewächse)

H 20–35 m April–Mai

***Vorkommen** In Wäldern fast ganz Europas. Gehört in Mitteleuropa zu den wichtigsten Forstbäumen. Der äußere Holzbereich ist hell, der innere dunkler.*

- ***bekanntester Baum Deutschlands***
- ***kann bis 1000 Jahre alt werden***
- ***frisches Eichenholz riecht säuerlich***

Die Eiche wurde schon früher hoch verehrt. Die Germanen weihten sie dem Gott Donar, bei den Kelten war sie der heiligste Baum überhaupt. Auch im Christentum galt sie als heilig und wurde gerne an Wallfahrtsstätten gepflanzt. Der Baum symbolisiert Kraft, Macht, Frieden und Wachstum. In neuerer Zeit schmückt das Blatt des „klassichen deutschen Baumes" nicht nur Wappen, sondern auch die alten Pfennigmünzen sowie die neuen, in Deutschland geprägten Centmünzen.

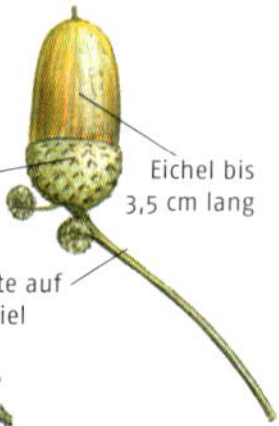

Schon gewusst?

Eichenblätter weisen häufig merkwürdige Bildungen auf. Verschiedene Insekten verursachen diese Gallen, in denen meist eine oder mehrere Larven leben. Wissenschaftler kennen bei der Eiche über 100 verschiedene Gallbildungen.

Trauben-Eiche

Quercus petraea (Buchengewächse)
H 20–30 m April–Mai

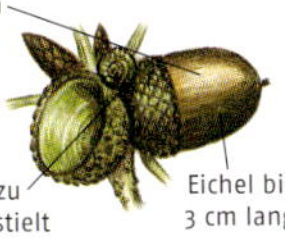

Das gegen Feuchtigkeit nahezu unempfindliche, feste, harte Holz der Trauben-Eiche (sowie der Stiel-Eiche) lieferte über Jahrhunderte dauerhafte Pfähle für Fundamente. So steht manches historische Bauwerk und manche Altstadt wie die von Venedig oder Amsterdam zu großen Teilen auf Eichenstämmen. Auch wurden aus dem Holz lange Zeit Bahnschwellen hergestellt.

Vorkommen *Wild von Mitteleuropa bis Kleinasien, vor allem in der Ebene und im Hügelland. Häufig als Forstbaum. Blätter färben sich im Herbst gelbbraun.*

> ***blüht etwa zwei Wochen später als die Stiel-Eiche***
> ***das trockene Herbstlaub bleibt oft lange am Baum***
> ***empfindlich gegen Staunässe***

Flaum-Eiche

Quercus pubescens (Buchengewächse)
H 5–10 m April–Mai

Nach der letzten Eiszeit war die Flaum-Eiche auch in Mitteleuropa weit verbreitet und waldbildend. Im Lauf der Zeit wurde sie aber von anderen Bäumen, vor allem der Rot-Buche (S. 60), verdrängt. An einigen wenigen sehr warmen Standorten wie etwa dem Kaiserstuhl, dem südlichen Baden oder dem Saaletal bei Jena konnten sich allerdings bis heute Restvorkommen halten.

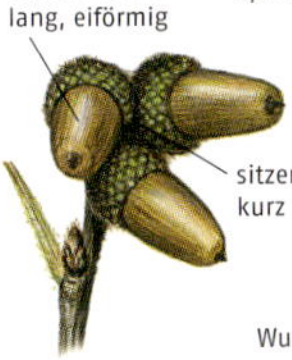

Vorkommen *Besonders in Südeuropa in trockenen, warmen Wäldern. Blätter auf der Unterseite deutlich filzig.*

> ***wächst manchmal auch strauchartig***
> ***bildet besonders in Südfrankreich größere Wälder***
> ***braucht Wärme***

Feigenbaum

Ficus carica (Maulbeerbaumgewächse)

H 3–10 m Juni–Sept.

Vorkommen *In ganz Südeuropa angepflanzt, zum Teil auch wild vorkommend. Die Feigen sitzen auf kurzen Stielen in den Blattachseln.*

- > ***treibt im Frühjahr spät aus***
- > ***enthält Milchsaft***
- > ***oft im Schutz von Mauern und Häusern kultiviert***

Bereits vor etwa 5000 Jahren pflanzten die Assyrer Feigenbäume. Damit gehört der Baum neben der Weinrebe (S. 240) und dem Ölbaum (S. 79) zu den ältesten Kulturpflanzen. Im Altertum verbreitete sich der Anbau über den ganzen Mittelmeerraum. Feigen sind keine echten Früchte, sondern so genannte Scheinfrüchte: Die eigentlichen Früchte sind die winzigen harten Nüsschen, die im Inneren eingeschlossen sind und beim Zerkauen knirschen.

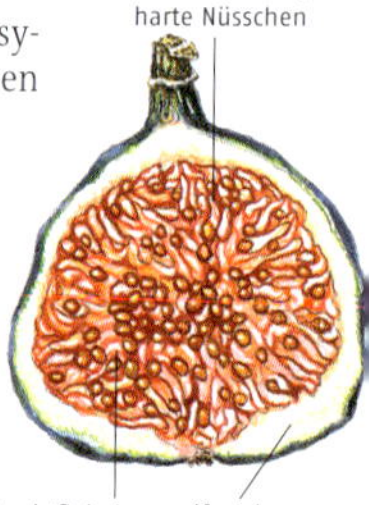

Schon gewusst?

Getrocknete Feigen schmecken nicht nur gut, sondern sind auch gesund. Sie enthalten neben Zucker reichlich Kalzium, Kalium und Eisen und unterstützen somit die Blutbildung. Bei Verstopfung wirken sie als mildes Abführmittel.

Weißer Maulbeerbaum

Morus alba (Maulbeerbaumgewächse)

H 6–15 m Mai–Juni

Die Blätter sind die Hauptnahrung der Raupen des Seidenspinners. Diese verpuppen sich in einem Kokon, der aus einem einzigen Seidenfaden besteht und bis 3500 Meter lang sein kann. Die Chinesen züchten die Seidenraupen schon seit über 3000 Jahren auf den Maulbeerbäumen und brachten das Produkt früher über die Seidenstraße nach Europa. Im 6. Jahrhundert kamen Seidenspinner-Eier nach Europa und ermöglichten so eine europäische Seidenproduktion, die jedoch erst ab dem 16. Jahrhundert intensiver betrieben wurde.

Schon gewusst?

In vielen Dörfern Frankreichs gibt es sehr alte Maulbeerbäume. Mindestens einige davon wurden früher gepflanzt, um mit der wertvollen Seide eine zusätzliche Einnahmequelle zu haben.

Vorkommen *Stammt aus China. In warmen Ländern Europas kultiviert und teils verwildert. In Mitteleuropa in Parks. Die Früchte reifen im Juni.*

> ***Früchte schmecken fad***
> ***eignet sich auch für Hecken***
> ***auch als Hängesorte mit reif schwarzen Früchten***

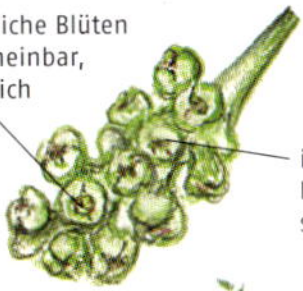

Papiermaulbeerbaum

Broussonetia papyrifera (Maulbeerbaumgewächse)
H 3–6 m   Mai

***Vorkommen** Heimisch in China und Japan. In Südeuropa als Zierbaum, teilweise auch verwildert. Weibliche Blüten bilden kugelige Köpfe.*

> ***enthält Milchsaft***
> ***es gibt männliche und weibliche Bäume***
> ***braucht warme Sommer und milde Winter***

Aus der Rinde stellten die Chinesen im ersten Jahrhundert n. Chr. das erste Papier her. Sie zerstampften sie zu einem fasrigen Brei und gossen diesen über ein Bambussieb. Getrocknet, geglättet und mit Leim behandelt erhielten sie auf diese Weise dünne, haltbare Bögen. Heute bieten nur noch Künstler- und Bastelgeschäfte gelegentlich echtes Maulbeerpapier an.

Sassafras

Sassafras albidum (Lorbeergewächse)
H 10–18 m   April–Mai

***Vorkommen** Heimisch im nordöstlichen Nordamerika. In Europa in Parks. Die unscheinbaren Blüten erscheinen gleichzeitig mit den Blättern.*

> ***heißt auch „Fenchelholzbaum"***
> ***zerriebene Teile duften würzig***
> ***Herbstlaub gelb oder rot***

Bei den Indianern Nordamerikas dienten das Holz und die Rinde der duftenden Wurzeln als Tabakersatz und zum Aromatisieren von Getränken. In Europa galten die Wurzeln und das daraus gewonnene Öl als gut wirksames harntreibendes Mittel. Heute weiß man, dass Bestandteile davon Krebs auslösen können, und warnt deshalb vor der Anwendung.

Tulpenbaum

Liriodendron tulipifera (Magnoliengewächse)
H 20–30 m Mai–Juni

In der Forstwirtschaft Nordamerikas zählt der Tulpenbaum zu den wichtigsten Bäumen. Er liefert ein helles, leicht zu bearbeitendes Holz, das sich auch glänzend polieren lässt. Die Holzindustrie verwendet es unter dem Namen „Whitewood", „Yellow Poplar" und „Gelbpappel" für Boote, Möbel und den Innenausbau. Vor 200 Jahren bestand in den Gegenden, in denen der Baum heimisch ist, fast jedes Blockhaus aus Tulpenbaumholz.

Vorkommen *Stammt aus dem östlichen Nordamerika. In Europa in Parks. Auffällige, an Tulpen erinnernde Blüten.*

> ***Herbstfärbung intensiv goldgelb***
> ***unverwechselbare Blätter***
> ***kann bis 700 Jahre alt werden***

Schon gewusst?
Liriodendron *heißt übersetzt* Lilienbaum *oder* Narzissenbaum: *Der Botaniker Carl von Linné, der den Baum im 18. Jahrhundert so benannte, verglich dabei die großen, einzeln stehenden Blüten mit denen dieser Blumen.*

Ahornblättrige Platane

Platanus x *hispanica* (Platanengewächse)

H 10–35 m Mai

Vorkommen Wild nicht bekannt, ist wohl eine in Europa entstandene Kreuzung aus der Amerikanischen und der Morgenländischen Platane. Häufig an Straßen und in Parks. Von der Borke lösen sich große dünne Platten ab.

- ***Blätter im Gegensatz zum Ahorn wechselständig***
- ***widerstandsfähig gegenüber Luftverschmutzung***
- ***wächst sehr schnell***

Auf ausreichend feuchten Böden können die Bäume bis 400 Jahre alt werden. Platanen ertragen jedoch auch Trockenheit im Boden und Stadtklima. Stadtbäume fallen allerdings häufig einem Pilz zum Opfer, der über Astwunden eindringt und Teile der Kronen oder den ganzen Baum zum Absterben bringt. Viele Platanen in den Städten werden aus Sicherheitsgründen gefällt, wenn ihre dicken Äste brüchig werden.

Schon gewusst?

Platanen lassen sich kräftig und häufig zurückschneiden und damit als Allee- und Straßenbaum beliebig stutzen. Besonders in südlichen Städten sieht man so oft stark krüppelige Bäume.

Amerikanischer Amberbaum

Liquidambar styraciflua (Zaubernussgewächse)

H 10–25 m   Mai

Die Möbelindustrie interessiert sich erst seit etwa 100 Jahren stark für das harte, schwere, rotbraune Amberbaumholz. Das „Nuss-Satinholz" kann echtes Nussbaumholz durchaus ersetzen und gehört heute zu den wichtigsten Möbelhölzern. Nach Verletzung der Rinde tritt wohlriechendes „Styrax" aus, eine harzige Flüssigkeit, die früher für Kaugummis verwendet wurde.

Vorkommen *Heimisch im Südosten der USA. In Europa in Parks, Gärten und an Straßen. Blätter färben sich im Herbst tiefrot, orange oder gelb.*

> ***Blätter wechselständig***
> ***duften zerrieben angenehm***
> ***Früchte bleiben oft den Winter über am Baum***

Rotdorn

Crataegus laevigata 'Pauls Scarlett' (Rosengewächse)

H 2–8 m   Mai–Juni

Der Rotdorn entstand im 19. Jahrhundert als Züchtung aus dem Weißdorn (S. 221). Dank seiner kleinen Krone und seiner überreichen Blüten entwickelte er sich bald zu einem beliebten Straßenbaum. Allerdings bildet er am Stamm viele wilde Austriebe, die regelmäßig entfernt werden müssen. Auch für Blattläuse ist er anfällig.

Vorkommen *Nur in Kultur bekannt. Besonders als Straßenbaum, seltener in Parks oder Gärten. Fällt besonders durch die Blüten auf.*

> ***heißt auch „Weißdorn 'Pauls Scarlett'"***
> ***entwickelt meist keine Früchte***
> ***Zweige mit Dornen***

Elsbeere

Sorbus torminalis (Rosengewächse)

H 5–20 m Mai–Juni

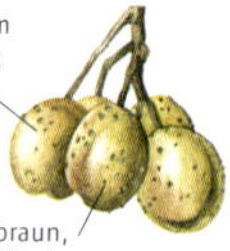

Vorkommen *Wild an warmen Hängen Süd- und Mitteleuropas. An Waldrändern gepflanzt. Das Laub leuchtet im Herbst gelb, braunrot oder leuchtend rot.*

> **auf Felsen Wuchs nur strauchförmig**
> **wurzelt tief**
> **braucht viel Wärme**

Das harte Holz gehört zu den teuersten heimischen Hölzern. Unter dem Namen „Schweizer Birnbaum" liefert es edle rotbraune Furniere, Lineale und Maßstäbe. Die Früchte enthalten viel Gerbstoff und schmecken zusammenziehend. Früher dienten sie als Mittel gegen blutigen Durchfall. *Torminalis* leitet sich von „tormina" ab, dem lateinischen Begriff für diese Krankheit.

Vogesen-Mehlbeere

Sorbus mougeotii (Rosengewächse)

H 8–20 m Juni

Vorkommen *Wild in Gebirgen Süd-, Mittel- und Westeuropas. Im Herbst leuchten die roten, 1 cm großen Früchte aus dem Laub.*

> **Blattunterseite weißfilzig**
> **ähnelt im Wuchs der Echten Mehlbeere (S. 111)**
> **braucht viel Sonne**

In den Vogesen wächst dieser besonders im Herbst auffallende Baum recht häufig. Er gilt als eine natürlich entstandene Kreuzung zwischen der Echten Mehlbeere (S. 111) und der Eberesche (S. 141). Die Früchte sind wie bei der Schwedischen Mehlbeere gekocht essbar, schmecken aber nicht besonders gut.

Schwedische Mehlbeere

Sorbus intermedia (Rosengewächse)

H 12–15 m Mai

Ähnlich wie die Vogesen-Mehlbeere gilt auch die Schwedische Mehlbeere als eine natürliche Kreuzung. Sie entstand nach der letzten Eiszeit im skandinavischen Raum, vermutlich aus der Echten Mehlbeere (S. 111), der Eberesche (S. 141) und der Elsbeere (S. 130). Ihre Samen entwickeln sich ohne Befruchtung und behalten so die Merkmale des „Mutterbaumes" bei.

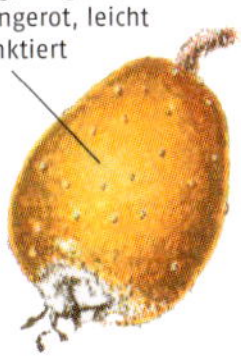

Vorkommen *Heimisch in Skandinavien und um die Ostsee. In Mitteleuropa in Parks und an Straßen. Die Blätter erinnern etwas an die einer Eiche.*

> ***Blattunterseite stark grau-filzig***
> ***sehr anspruchslos und widerstandsfähig***
> ***wird häufig angepflanzt***

Berg-Ahorn

Acer pseudoplatanus (Ahorngewächse)

H 25–30 m Mai

Das Holz zählt zu den wertvollsten heimischen Laubhölzern. Es ist sehr hell, besitzt eine gleichmäßige Struktur und lässt sich leicht polieren, beizen oder färben. Es dient für Möbel und Parkett oder für Küchengeräte wie etwa Fleischklopfer und Holzlöffel. Musikbauer schätzen es für Flöten und Fagotte sowie als Resonanzholz für Streichinstrumente.

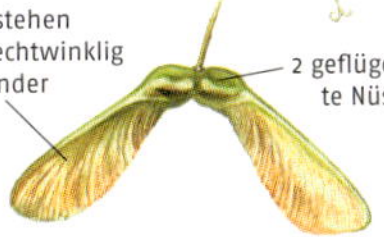

Vorkommen *Heimisch in Schlucht- und Gebirgswäldern Mittel- und Südosteuropas. In Parks und an Straßen häufig. Reife Früchte hängen oft lange am Baum.*

> ***Blätter gegenständig***
> ***Blüten erscheinen gleichzeitig mit den Blättern***
> ***braucht Feuchtigkeit und Halbschatten***

Spitz-Ahorn

Acer platanoides (Ahorngewächse)

H 15–25 m   April–Mai

Vorkommen *Wild in Wäldern Europas, Kleinasiens und im Kaukasus. Gepflanzt in Parks, Gärten und an Straßen. Blätter im Herbst goldgelb bis rot.*

- ***Blätter gegenständig***
- ***blüht vor dem Laubaustrieb, Bäume leuchten dann gelbgrün***
- ***für Gärten gibt es auch eine dunkelrote Sorte***

Die Blätter des Spitz-Ahorns standen wohl Pate, als er und seine Verwandten die Namen *Acer* bzw. „Ahorn" erhielten. Beides leitet sich vom indogermanischen *ak* ab, das „scharf, spitz" bedeutet. Als Ende des 18. Jahrhunderts Zucker aus Zuckerrohr in Deutschland sehr teuer wurde, zapfte man Spitz-Ahorne an, deren Blutungssaft drei bis vier Prozent Zucker enthält. Die Versuche versprachen zwar Erfolg, letztendlich setzte sich aber die Zuckergewinnung aus der Zuckerrübe durch.

Schon gewusst?

Heimische Ahorne zeigen auf den Blättern oft schwarze Flecken. Hier wächst ein Pilz und löst die „Teerfleckenkrankheit" oder den „Ahornrunzelschorf" aus. Die Blätter sehen zwar nicht mehr so schön aus, der Baum wird aber nicht geschädigt.

Feld-Ahorn

Acer campestre (Ahorngewächse)
H 5–15 m Mai–Juni

Ahornfrüchte heißen bei Kindern „Nasenzwicker", „Große Nasen" oder „Nasenstiefel". Wer hat sich nicht selbst schon als Kind die unreifen Flügelfrüchte auf die Nase geklebt, nachdem er das samenhaltige Ende etwas gespalten hatte? Ausgereifte Früchte drehen sich im freien Fall wie Hubschrauberrotoren und erhöhen so ihre Flugweite.

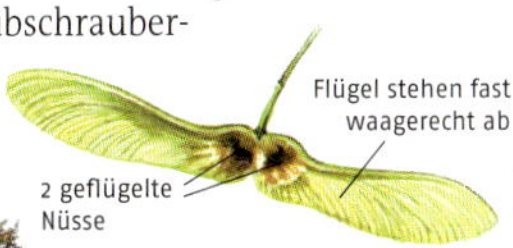

Vorkommen *Besonders in Mitteleuropa wild in Wäldern und Feldgehölzen. Gepflanzt in Gärten und Parks. Stämme und Zweige oft mit auffälligen Leisten.*

> ***Blätter gegenständig***
> ***wächst in Gebüschen oft als dichter Strauch***
> ***heißt auch „Maßholder"***

Französischer Ahorn

Acer monspessulanum (Ahorngewächse)
H 5–11 m April–Mai

Nach Homers „Ilias" zimmerten die Griechen das Trojanische Pferd aus Ahornholz. Vielleicht handelte es sich dabei um den Französischen Ahorn oder den Spitz-Ahorn. Beide kommen bis Kleinasien vor. Heutige Wuchsorte des Baumes in der Nähe von Burgen an Rhein, Mosel und Main lassen darauf schließen, dass das Gehölz einst in Burggärten angepflanzt wurde.

Vorkommen *Heimisch in Südeuropa und Westasien. Gepflanzt besonders für Hecken. Die Flügel an den kugeligen Früchten sind bei sonnigem Standort rot.*

> ***Blätter gegenständig***
> ***wächst oft nur als Strauch***
> ***heißt auch „Burgen-Ahorn"***

Schneeballblättriger Ahorn

Acer opalus (Ahorngewächse)

H 8–15 m März–April

Vorkommen *Heimisch in Bergwäldern Südwesteuropas. In Mitteleuropa in Parks und Gärten. Die Früchte tragen rechtwinklig bis spitz abstehende Flügel.*

- ***Blätter gegenständig***
- ***stellt nur geringe Ansprüche an den Boden***
- ***heißt auch „Italienischer Ahorn"***

Der Schneeballblättrige Ahorn erreicht am Rheinknie im äußersten Südwesten Deutschlands die nördlichste Grenze seiner natürlichen Verbreitung. Er braucht ausreichend Wärme, ist jedoch gegenüber den Bodenverhältnissen sehr anspruchslos. In günstigen Klimalagen wächst er zu einem schönen Zierbaum heran.

Japanischer Fächer-Ahorn

Acer palmatum (Ahorngewächse)

H 2–4 m Mai

Vorkommen *Stammt aus Japan und Korea. Beliebtes Ziergehölz in Gärten und Parks. Die Blätter vieler Sorten sind rot gefärbt.*

- ***Blätter gegenständig***
- ***Blattform sehr variabel***
- ***in vielen Sorten in Kultur, auch strauchförmig***

Die Sorten des Japanischen Fächer-Ahorns zählen bei uns zu den beliebtesten Gartengehölzen. Gärtner pflanzen besonders gerne die verschiedenen kleinwüchsigen Formen mit geschlitzten Blättern und bizarrem Wuchs in Vorgärten und Anlagen. Bei freiem Stand entwickeln sich die zierlichen Gehölze zu schönen Blickfängen.

Silber-Ahorn

Acer saccharinum (Ahorngewächse)
H 15–20 m   März

Der Silber-Ahorn wächst sehr rasch und wirkt schon wenige Jahre nach dem Pflanzen recht schön. Gärtner schätzen ihn deshalb als Zierbaum. Allerdings wird er höchstens 125 Jahre alt und mit zunehmendem Alter sehr brüchig, weshalb eine regelmäßige Kontrolle der Bäume in den öffentlichen Anlagen erfolgt. Das Holz des Baumes ist im Vergleich zu dem anderer Ahorne von schlechterer Qualität, da es leicht und ziemlich weich ist.

Vorkommen *Stammt aus den östlichen USA. In Europa oft in Grünanlagen, Parks, Gärten. Zur Zeit des Laubaustriebs sind bereits junge Früchte vorhanden.*

> ***Blätter gegenständig***
> ***Früchte reifen im Juni***
> ***erträgt Luftverschmutzung***

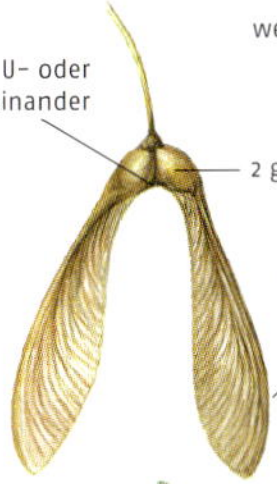

Schon gewusst?

Saccharinum *leitet sich vom lateinischen* saccharum *ab und bedeutet „Zucker". Aus dem im Frühjahr gezapften Saft kann Zucker gewonnen werden, allerdings ist der Silber-Ahorn weniger ergiebig als der Zucker-Ahorn (S. 136).*

Zucker-Ahorn

Acer saccharum (Ahorngewächse)
H 10–15 m April–Mai

Vorkommen *Heimisch im östlichen Nordamerika. In Europa gelegentlich als Zierbaum. Die Blätter färben sich im Herbst gelb bis scharlachrot.*

- > ***Blätter gegenständig***
- > ***Unterseite der Blätter hellgrün oder weißlich***
- > ***Blatt auf der Flagge Kanadas abgebildet***

Die Nordamerikaner bohren im Frühjahr die Stämme des Zucker-Ahorns etwa 5 cm tief an und fangen den ausfließenden Blutungssaft auf, der 5–7 Prozent Zucker enthält. Anschließend kochen sie ihn über Holzfeuer zu Ahornsirup oder -zucker ein. Diese gehören zu den gesündesten Süßungsmitteln, da sie wertvolle Mineralstoffe enthalten.

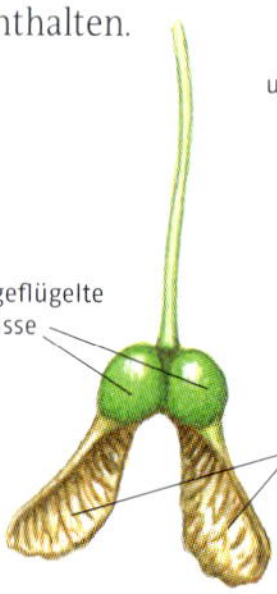

Gelber Trompetenbaum

Catalpa ovata (Trompetenbaumgewächse)
H 3–15 m Juli

Vorkommen *Stammt aus Westchina. In Mittel- und Südeuropa in Gärten und Parks. Fällt im Herbst durch die vielen langen Früchte auf.*

- > ***leidet unter starkem Frost***
- > ***Früchte bis 40 cm lang und 8 mm dick, erinnern an Zigarillos***
- > ***Blätter gelegentlich auch ungelappt***

Die Japaner pflanzen den Gelben Trompetenbaum häufig als Zierbaum. Bei uns wächst er seltener als der Gewöhnliche Trompetenbaum (S. 78). Trompetenbäume kommen heute wild nur noch in Nordamerika und in Asien vor. Während des Tertiärs (bis vor zwei Millionen Jahren) lebten auch mehrere Arten in Europa. Während den Eiszeiten wurde es ihnen jedoch zu kalt und sie starben aus.

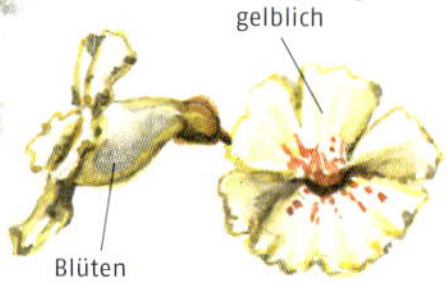

Echte Walnuss

Juglans regia (Walnussgewächse)

H 15–25 m Mai

Die Echte Walnuss kam mit den Römern als Nutzbaum nach Mitteleuropa. Bauern pflanzen sie heute in erster Linie wegen der schmackhaften, ölreichen Samen. Alte Bäume wachsen oft direkt am Gehöft, da die Bewohner früher glaubten, damit Fliegen und Mücken zu vertreiben. Unter Walnussbäumen gedeiht nur wenig. Dies hängt nicht nur mit der Beschattung zusammen. Vielmehr enthält der Baum Stoffe, die Keimung und Wachstum vieler anderer Pflanzen unterdrücken.

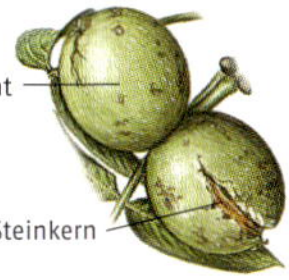

Vorkommen *Ursprünglich aus Asien und dem östlichen Mittelmeerraum. In wärmeren Gegenden Europas gepflanzt. Die grüne Schale der Früchte reißt noch am Baum auf.*

> ***wächst oft als Einzelbaum***
> ***liefert schönes Holz für Möbel***
> ***zahlreiche Sorten mit verschieden großen Früchten***

Schon gewusst?

Kommt der Saft frischer Walnussblätter oder grüner Fruchtschalen auf die Haut, färbt sich diese haltbar und intensiv gelbbraun. Manche bräunende Sonnenschutzmittel enthalten deshalb entsprechende Auszüge.

Schwarze Walnuss

Juglans nigra (Walnussgewächse)
H 15–30 m Mai

***Vorkommen** Heimisch in den östlichen USA. In Europa Zierbaum in Parks und Anlagen. Die Steinkerne in den grünen Fruchtschalen lassen sich schwer knacken.*

> **grüne Schale platzt nicht von selbst auf**
> **heißt auch „Schwarznuss"**
> **nur für große Parks geeignet**

Schwarze Walnüsse enthalten wie Echte Walnüsse (S. 137) schmackhafte, ölreiche Kerne. Sie haben jedoch zwei Nachteile: Sie sind von einer knochenharten Schale umgeben und sie werden schnell ranzig. Die Holzindustrie Nordamerikas schätzt das harte, schwere, schwarzbraune Holz für hochwertige Furniere und Möbel.

Kaukasische Flügelnuss

Pterocarya fraxinifolia (Walnussgewächse)
H 10–20 m April–Mai

***Vorkommen** Wild vom Kaukasus bis zum Nordiran. In Mitteleuropa in Parks. Der Baum fällt besonders wegen seiner Früchte auf.*

> **wirkt bei freiem Stand oft recht malerisch**
> **treibt häufig junge Bäume aus den Wurzeln**
> **Laub im Herbst gelb**

In seiner Heimat wächst der Baum in Auenwäldern entlang von Flüssen. Auch bei uns fühlt er sich auf einem feuchten Boden in der Nähe von Teichen oder Bächen am wohlsten, erträgt jedoch auch Stadtklima und Hitze. Das Holz zeigt eine schöne Maserung und ist unter der Bezeichnung „Kaukasischer Nussbaum" im Handel.

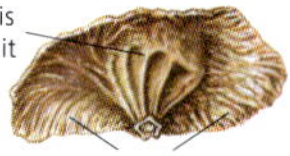

Schuppenrinden-Hickorynuss

Carya ovata (Walnussgewächse)

H 20–25 m Mai

Der Baum liefert süß schmeckende „Hickory-Nüsse“, die in den USA beliebt sind, jedoch bei weitem nicht das Interesse der nah verwandten Pekannuss (s. Kasten) erreichen. Die dünne, bei manchen Zuchtsorten fast pergamentartige Schale um die Kerne lässt sich sehr leicht knacken. Auch für die Forstwirtschaft ist der Baum interessant: Hickory-Holz ist sehr hart und gleichzeitig elastisch. Es eignet sich deshalb z. B. für Radspeichen und Sportgeräte.

***Vorkommen** Heimisch im östlichen Nordamerika. In Mittel- und Südeuropa in Parks. Borke rissig, blättert in schindelartigen Schuppen ab.*

- ***Blätter duften beim Zerreiben aromatisch***
- ***Laub im Herbst goldgelb***
- ***braucht das warme Klima von Weinbauregionen***

Schon gewusst?

Die Samenkerne der nah verwandten Pekannuss (Carya illinoinensis) gelten als besonders leckere und gesunde Spezialität. Früher waren sie ein wichtiges Winternahrungsmittel der Indianer. Die Astronauten der Apolloflüge durften sie als die einzige frische Nahrung genießen.

Bastard-Mehlbeere

Sorbus x *hybrida* (Rosengewächse)

H 7–10 m Mai–Juni

Vorkommen *Heimisch im Süden Skandinaviens. In Mitteleuropa in Parks und an Straßen. Die Blüten bilden bis 10 cm breite Blütenstände.*

- ***Blätter unterseits graufilzig***
- ***Früchte gekocht essbar, mehlig, etwas säuerlich***
- ***oft als Hochstamm kultiviert***

Die Merkmale der Bastard-Mehlbeere stehen zwischen denen der Echten Mehlbeere (S. 111) und der Eberesche (S. 141). Besonders deutlich lässt sich dies am Blatt erkennen. Der Baum wurde 1762 erstmals beschrieben und gilt als Kreuzung der beiden genannten Arten. Sein Blütenstaub ist unfruchtbar. Es entstehen jedoch auch ohne Befruchtung keimfähige Samen.

Speierling

Sorbus domestica (Rosengewächse)

H 10–20 m Mai–Juni

Vorkommen *Wild im Süden Mitteleuropas und in Südeuropa. In Weinbaugebieten angepflanzt und verwildert. Die Früchte ähneln kleinen Äpfeln oder Birnen.*

- ***dient als Zusatz zu Apfel- oder Birnenmost***
- ***gilt als einer der ältesten Obstbäume***
- ***heute selten geworden***

Wer einmal in eine scheinbar reife, jedoch noch feste Speierlingsfrucht gebissen hat, wird nie mehr vergessen, woher dieser Baum seinen Namen hat: Seine Gerbstoffe wirken so stark zusammenziehend, dass man den Bissen meist sofort ausspuckt, noch lange danach ein pelziges, fast betäubtes Gefühl im Mund hat und der Hals sich etwas zugeschnürt anfühlt.

Eberesche

Sorbus aucuparia (Rosengewächse)
H 5–15 m Mai–Juni

Der Baum heißt auch „Vogelbeere“: Vögel fressen die Früchte im Winter, scheiden die unverdauten Samen wieder aus und sorgen so für ihre Verbreitung. Schon in alter Zeit lockten Vogelfänger ihre Beute mit den Früchten an. Wegen des Reichtums an Vitamin C bezeichnete man die Eberesche im Zweiten Weltkrieg als die „Zitrone des Nordens“. Der Name „Eberesche“ geht auf die frühere Verwendung zur Schweinemast zurück.

Vorkommen *Wild fast in ganz Europa in Wäldern, auf Felsen. Oft gepflanzt in Parks und Gärten. Die auffallenden Früchte locken Vögel an.*

> ***besonders schöne Bäume stehen meist im Gebirge***
> ***Blüten riechen unangenehm***
> ***Früchte gekocht essbar***

Früchte bis 1 cm groß, orange-rot

Blatt unpaarig gefiedert mit 9–17 Blättchen

Rand gesägt

unten grau- bis blaugrün

Krone rund bis eiförmig, meist etwas sparrig

ein oder mehrere Stämme

bis 15 cm breite, auffallende Blütenstände

Blüten um 1 cm groß

Schon gewusst?

Als Obst für Kompott und Spirituosen lohnt es sich, die sehr ähnliche Mährische Eberesche (Sorbus aucuparia 'Edulis') zu pflanzen. Ihre weniger bitter schmeckenden, zuckerreichen Früchte können ungekocht genossen werden.

Silber-Akazie

Acacia dealbata (Mimosengewächse)

H 4–15 m   Jan.–April

***Vorkommen** Wild in Südostaustralien und Tasmanien. Im Mittelmeerraum häufig kultiviert. Die kleinen Blütenköpfchen bilden üppige Blütenstände.*

> ***immergrün***
> ***erträgt Trockenheit***
> ***blühende Zweige im Spätwinter als „Mimosen" in Blumengeschäften***

Die Silber-Akazie und einige andere Akazien wachsen im Mittelmeergebiet als Zierbaum, Windschutz und gegen Erosion. Die Bäume können auf sehr nährstoffarmen Böden gedeihen. An ihren Wurzeln sitzen kleine Knöllchen, in denen Bakterien leben, die für die Pflanze wichtigen Stickstoff aus der Luft binden. Mehr als die Hälfte der über 700 Akazienarten sind in Australien beheimatet – das Land hat deshalb die Akazie als Nationalemblem gewählt.

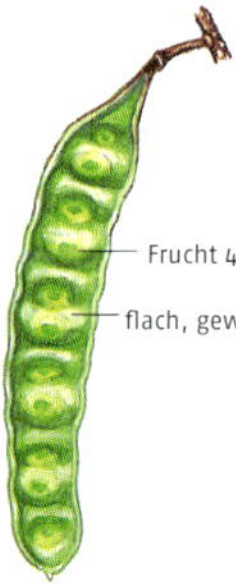

Schon gewusst?

Auf diesem Baum können Lack-Schildläuse saugen. Die Tiere geben eine harzige Substanz ab, aus der Schellack hergestellt wird. Dieser spielte früher für Schellackplatten eine Rolle. Heute wird er in der Möbelrestaurierung und als Zusatzstoff mit der Bezeichnung E 904 zum Beispiel für Drageeüberzüge verwendet.

Seidenakazie

Albizia julibrissin (Mimosengewächse)

H 5–15 m   Mai–Sept.

Die zarten, attraktiven Blütenbüschel der Seidenakazie wirken tatsächlich so, als seien sie aus Seide hergestellt. Unzählige dünne Staubblätter bilden zusammen die weithin auffälligen Pinsel. Die kleinen Fiederblättchen können sich an eigenen „Gelenken“ bewegen und stellen sich nachts alle senkrecht.

Vorkommen *Von Persien bis Zentralchina beheimatet. Im Mittelmeergebiet als Zierbaum weit verbreitet. Die Blütenstände ragen nach oben.*

> ***Samen sehr lange keimfähig***
> ***heißt auch „Seidenrosenbaum“***
> ***gut geeignet für trockene, warme Standorte im Süden***

Gleditschie

Gleditsia triacanthos (Johannisbrotgewächse)

H 15–20 m   Juni–Juli

Die im reifen Zustand rotbraunen Früchte bleiben oft bis weit in den Winter an den Bäumen hängen. Ihre gerösteten Samen lieferten den amerikanischen Siedlern in Notzeiten einen Kaffee-Ersatz, und aus dem Fruchtbrei brauten sie ein bierartiges Getränk. Heute wächst die anspruchslose, gegen Abgase unempfindliche Gleditschie als Zierbaum oft mitten in Großstädten.

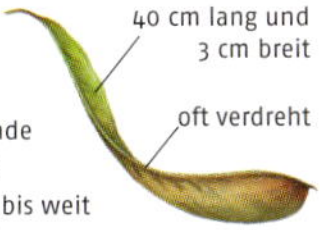

Vorkommen *Stammt aus Nordamerika. In Europa in Gärten, Parks und an Straßen. Am Stamm und an den Zweigen sitzen verzweigte Dornen.*

> ***Blätter einfach oder doppelt gefiedert***
> ***gelbe, frühe Herbstfärbung***
> ***es gibt auch eine Sorte ohne Dornen***

Johannisbrotbaum

Ceratonia siliqua (Johannisbrotgewächse)
H 4–10 m   Aug.–Okt.

***Vorkommen** Im Mittelmeerraum in immergrünen Laubwäldern und Strauchbeständen, an Felsen oder in Kulturen. Die Blüten entspringen direkt am Stamm.*

- ***stammt ursprünglich aus Südasien***
- ***alte Bäume wirken oft bizarr***
- ***es gibt männliche und weibliche Bäume***

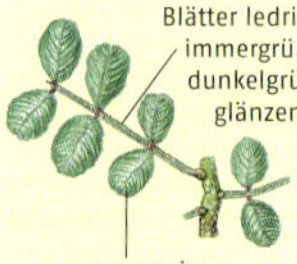

Seinen Namen führt der Baum nach Johannes dem Täufer. Dieser soll sich in der Wüste von dem Fruchtmark (und außerdem von Heuschrecken) ernährt haben. Das Fuchtmark („Carob") enthält 30-50 Prozent Zucker und kann wie Kakao verwendet werden. Eine besondere Rolle spielen die Samen: Sie liefern Verdickungs- und Bindemittel, das sich als „Johannisbrotkernmehl" oder „Zusatzstoff E 410" in vielen Lebensmitteln wie Eiscreme, Suppen, Joghurt und Backwaren befindet.

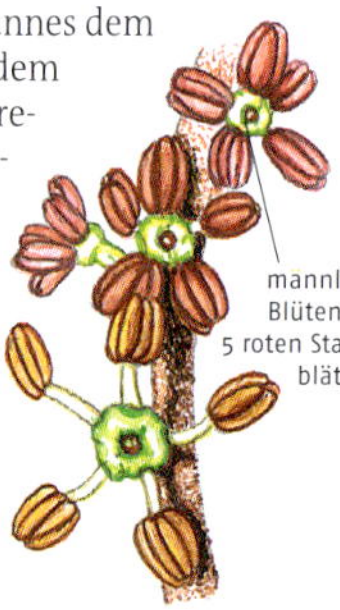

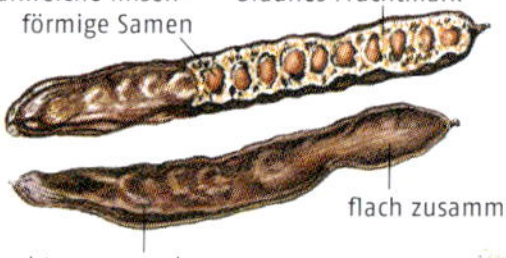

Schon gewusst?

Die reifen Samen wiegen fast immer 0,2 g. Wegen dieser Konstanz dienten sie früher zur Gewichtsbestimmung für Gold und Edelsteine und wurden „Karat" genannt. Auch heute ist das Karat mit 0,2 g die Gewichtseinheit für Edelsteine – bei Gold dagegen gibt es den Reinheitsgrad an.

Japanischer Schnurbaum

Sophora japonica (Schmetterlingsblütengewächse)

H 12–20 m Aug.–Sept.

Vorkommen *Stammt aus Nordchina und Korea. In Europa in Parks, an Straßen und Plätzen. Die Früchte hängen wie Perlschnüre an den Ästen.*

Aus den Blüten des Japanischen Schnurbaums lassen sich Stoffe gewinnen, die als Arzneimittel für eine bessere Durchblutung bei Venenleiden sorgen. Die Traditionelle Chinesische Medizin verwendet außer den Blüten auch die Rinde und die Samen für besondere Zubereitungen. Die sehr giftigen Früchte sollen sauer schmecken, weshalb der Baum auch „Sauerschotenbaum“ heißt.

> ***fällt durch die späte Blütezeit und üppige Blüte auf***
> ***erinnert an eine Robinie (S. 147), hat aber keine Dornen***
> ***giftig!***

Amerikanisches Gelbholz

Cladrastis lutea (Schmetterlingsblütengewächse)

H 8–15 m Mai–Juni

Vorkommen *Stammt aus dem östlichen Nordamerika. In Europa in Parks. Die Hülsenfrüchte hängen zwischen den auffallend großen Blättern.*

Amerikanische Siedler kochten früher das Holz, um dessen gelben Farbstoff zu gewinnen. Mit diesem färbten sie Stoffe. Die Zweige sind sehr brüchig, worauf der Name *Cladrastis* bezug nimmt: Griechisch klados = Zweig, rhaio = zerbrechen. Der Baum entwickelt sich deshalb nur an windgeschützten Standorten optimal.

> ***Blätter ähneln einer Esche (S. 154), stehen aber wechselständig***
> ***Blüten duften angenehm***
> ***blüht nicht jedes Jahr***

Gewöhnlicher Goldregen

Laburnum anagyroides (Schmetterlingsblütengewächse)

H 5–7 m Mai–Juni

Vorkommen *Heimisch in Südeuropa. In Mitteleuropa in Parks und Gärten, gelegentlich verwildert. Viele gelbe Blüten in hängenden Trauben.*

- > ***wächst als Baum oder Strauch***
- > ***braucht ausreichend Licht und Wärme***
- > ***hieß früher auch „Bohnenbaum“***

An heißen Sommertagen knackt es oft in dem Gehölz. Dies ist das Geräusch der Früchte, die sich durch Austrocknung öffnen. Der ganze Baum ist stark giftig. Da die abgezogene Rinde und die Früchte etwas nach Erbsen riechen, werden besonders Kinder immer wieder dazu verführt, darauf herumzukauen. Bei Vergiftungen kommt es zu blutigem Erbrechen, Schwindel, Krämpfen, Lähmung und sogar Tod durch Atemlähmung.

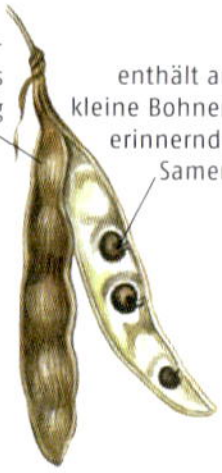

Schon gewusst?

Das sehr harte, gelb- bis dunkelbraune Holz zeigt eine schöne Maserung. Besonders früher stellte man daraus Musikinstrumente, Armbrustbögen und Drechselwaren her.

Gewöhnliche Robinie

Robinia pseudoacacia (Schmetterlingsblütengewächse)

H 10–25 m Mai–Juni

An den Wurzeln der Robinie sitzen kleine Knöllchen mit Bakterien, die Stickstoff aus der Luft binden. Diese Nährstoffversorgung ermöglicht es ihr, sehr arme Böden zu besiedeln. Oft heißt der Baum „Falsche Akazie" oder „Scheinakazie", was zu Verwechslungen mit echten Akazien (S. 142) führt. Die Blüten enthalten sehr viel Nektar und locken Bienen an. Für ein Kilo „Akazienhonig" müssen diese rund 1.600.000 Blüten besuchen.

Vorkommen *Stammt aus Nordamerika. Häufig angepflanzt, an Straßen, in Parks, an Hängen. Blüten bilden auffallende, weiße Trauben.*

> **sehr giftig!**
> **Blüten duften angenehm, süßlich**
> **Blättchen nachts nach unten geneigt**

Schon gewusst?

In Parks und Gärten wächst gelegentlich die Klebrige Robinie (Robinia viscosa) mit rosa Blüten und klebrigen Trieben, Blattstielen und Früchten. Auch sie stammt aus Nordamerika.

Amur-Korkbaum

Phellodendron amurense (Rautengewächse)
H 10–15 m Juni

Vorkommen *In Ostasien, besonders im Amurgebiet, beheimatet. In Europa gelegentlich in Parks. Rispen mit bis 1 cm großen Früchten.*

- > ***Blätter gegenständig***
- > ***braucht leicht feuchten Boden***
- > ***Früchte riechen zerrieben nach Terpentin***

Der Amur-Korkbaum ist neben der Kork-Eiche (S. 93) der wichtigste Lieferant für Kork, der besonders als Isoliermaterial verwendet wird. In der Chinesischen Medizin gehören spezielle Zubereitungen daraus zu den wichtigsten traditionellen Heilmitteln. Sie werden von erfahrenen Therapeuten bei einer Vielzahl von Krankheiten eingesetzt.

Götterbaum

Ailanthus altissima (Bittereschengewächse)
H 20–25 m Juni–Juli

Vorkommen *Heimisch in China. In Mitteleuropa oft in Parks und Gärten, auch verwildert. Meist werden sehr viele Früchte ausgebildet.*

- > ***Blätter riechen unangenehm scharf, etwas gummiartig***
- > ***oft mehrstämmig oder mit Jungtrieben aus den Wurzeln***
- > ***wird nur 50–60 Jahre alt***

Der Baum erträgt Trockenheit, Rauch und Abgase. Er eignet sich deshalb für Aufforstungen in Steppengebieten. In Deutschland erlangte er eine traurige Berühmtheit, als er sich nach dem Zweiten Weltkrieg in den Trümmern zerstörter Städte stark ausbreitete. Auch heute wachsen häufig wilde Exemplare auf Abbruchgeländen, Bahn- oder Hafenanlagen.

Essigbaum

Rhus typhina (Sumachgewächse)
H 4–8 m Juni–Juli

Die Indianer Nordamerikas benutzten den Essigbaum zum Gerben von Leder und zum Färben. Aus den Zweigen, die sich leicht aushöhlen lassen, stellten sie Pfeifen her. Die weißen Siedler zapften mit diesen Röhren die Stämme des Zucker-Ahorns (S. 136) an. Mit den Früchten lässt sich der saure Geschmack von Essig verstärken und ein limonadenartiges Getränk herstellen. Von dem Gehölz gibt es auch Zuchtsorten mit geschlitzten Fiederblättern.

Vorkommen *Im östlichen Nordamerika beheimatet. In Europa in Parks und Gärten, verwildert auf Ödflächen. Blätter im Herbst orange bis rot.*

- > ***heißt auch „Kolben-Sumach"***
- > ***es gibt männliche und weibliche Sträucher***
- > ***Fruchtstände bleiben den Winter über erhalten***

männliche Blüten in dichten Rispen

Fruchtstand rot, aufrecht, kolbenartig

Blatt unpaarig gefiedert mit bis zu 31 Blättchen

lang zugespitzt

auf beiden Seiten jung stark, später schwächer behaart

Wuchs breit, baum- oder strauchförmig

ein oder mehrere Stämme

wenig, aber sparrig verzweigt mit dicken Ästen

junge Zweige dicht samtig behaart

Schon gewusst?

Aus Stammverletzungen fließt ein zäher Milchsaft. Der des nah verwandten, in Asien beheimateten Lack-Sumachs (Rhus verniciflua), wird in China schon seit über 3000 Jahren zu einem emailleartigen Lack für Möbel und Schmuckkästchen verarbeitet.

Pfefferbaum

Schinus molle (Sumachgewächse)
H 5–10 m April– Aug.

Vorkommen *Stammt aus den Trockengebieten Mittel- und Südamerikas. Im Mittelmeerraum als Zierbaum. Getrocknete Früchte ergeben „Roten Pfeffer".*

> **immergrün**
> **Blätter und Früchte duften zerrieben sehr aromatisch**
> **erträgt Hitze und Trockenheit**

Mischungen mit bunten Pfefferkörnern, wie sie für Pfeffermühlen aus Glas verwendet werden, enthalten neben den vom Echten Pfeffer (*Piper nigrum*) stammenden schwarzen, weißen und grünen Körnern meist die roten Früchte des Pfefferbaumes. Er ist nicht näher mit dem Echten Pfeffer verwandt. Seine Früchte schmecken scharf, jedoch mit einer aromatischen Note, die nicht jeder mag.

Blasenesche

Koelreuteria paniculata (Seifenbaumgewächse)
H 5–8 m Juli–Aug.

Vorkommen *Heimisch in Japan, Korea und China. In Mitteleuropa in Parks und Gärten. Die auffallenden Fruchtstände ragen aus dem Laub heraus.*

> **Fruchtkapseln entwickeln sich sehr rasch**
> **fällt sowohl zur Blüte- als auch zur Fruchtzeit auf**
> **Laub im Herbst gelb**

Der Name Koelreuteria ehrt den Karlsruher Botaniker Joseph Gottlieb Koelreuter, der im 18. Jahrhundert lebte. Er erkannte, wie wichtig Insekten für die Bestäubung von Pflanzen sind und wies endgültig nach, dass sich Pflanzen auch sexuell vermehren.

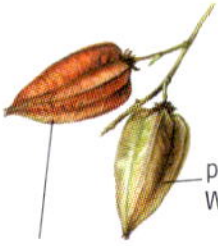

Indischer Zederachbaum

Melia azedarach (Rosenkranzbaumgewächse)

H 5–15 m April–Juni

Die Blüten des auch „Persischer Flieder“ genannten Baumes duften besonders abends stark nach Flieder und locken Nachtschmetterlinge an. Die interessant geformten, kantigen Fruchtkerne fädelte man früher zu Rosenkränzen, weshalb der Baum die weiteren Namen „Paternosterbaum“ oder „Rosenkranzbaum“ erhielt. Das Holz eignet sich für Möbel und Schnitzarbeiten.

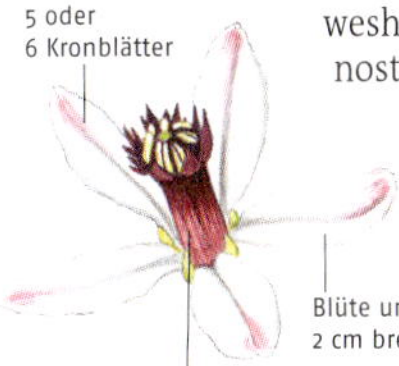

Vorkommen *Im Himalaja beheimatet. Im Mittelmeergebiet als Zierbaum in Anlagen und an Straßen. Die Früchte bleiben sehr lange am Baum hängen.*

> ***Blätter können auch einfach gefiedert sein***
> ***Früchte giftig!***
> ***ziemlich winterhart***

Schon gewusst?

Der nah verwandte Neembaum (Antelaea azadirachta) hat glatte, längliche Fruchtkerne: Sowohl die Kerne als auch die Rinde und Zubereitungen daraus sind seit einigen Jahren als wirksame Alternative zu chemischen Pflanzenschutzmitteln auf dem Markt.

Zimt-Ahorn

Acer griseum (Ahorngewächse)
H 5–12 m April–Mai

Der Zimt-Ahorn ist nach der typischen Borke benannt. Bereits bei recht dünnen Ästen rollt sie sich ab, bei dickeren Stämmen oft in mehreren Schichten gleichzeitig. Es entsteht dann der Eindruck, der Stamm sei mit dünnem Packpapier umwickelt. Da das Gehölz anspruchslos und schon in jungen Jahren recht schön ist, eignet es sich auch gut für Hausgärten.

Vorkommen *Heimisch in China. In Europa in Parks und Sammlungen. Die typische zimtbraune Borke löst sich papierdünn ab.*

- > ***heißt auch „Papierrinden-Ahorn"***
- > ***Blätter im Herbst rotorange***
- > ***sollte einzeln stehen***

Eschen-Ahorn

Acer negundo (Ahorngewächse)
H 10–20 m März–April

Besonders die Blätter, aber auch die männlichen Blütenstände und die Fruchtstände erinnern auf den ersten Blick etwas an eine Esche (S. 154). Die Bäume blühen vor dem Laubaustrieb, besonders die männlichen fallen dann durch ihren Blütenreichtum auf. Der Blütenstaub wird vom Wind auf die weiblichen Blüten geblasen.

Vorkommen *Stammt aus dem östlichen Nordamerika. In Europa in Parks, Anlagen und Gärten, auch verwildert. Die Früchte bilden hängende Trauben.*

- > ***es gibt männliche und weibliche Bäume***
- > ***erträgt Trockenheit***
- > ***viele Sorten in den Gärten***

Blumen-Esche

Fraxinus ornus (Ölbaumgewächse)

H 5–15 m   Mai–Juni

Im Altertum stellten die Griechen aus dem Holz Lanzen und Speere her. Nemesis, die griechische Göttin der Gerechtigkeit, trug einen Zweig des Baumes als Symbol für ihre gerechten Entscheidungen in der Hand. Auch wenn der Baum „Manna" liefert (s. Kasten), stammt das in der Bibel beschriebene „Manna" nicht von der Blumen-Esche, sondern von einer in der Wüste wachsenden Flechte.

***Vorkommen** In Südeuropa wild, besonders in Bergregionen auf Kalk. In Mitteleuropa in Parks. Die duftenden Blüten bilden lockere, federartige Büschel.*

- ***heißt auch „Manna-Esche"***
- ***blühende Bäume wirken von der Ferne weiß***
- ***Früchte bleiben oft den Winter über am Baum***

Schon gewusst?

Aus Wunden am Stamm und an den Zweigen tritt ein Saft aus, der an der Luft erhärtet. Dieses gelblich-weiße „Manna" schmeckt süßlich, enthält aber wenig Zucker. Außer zum Süßen dient es als Heilmittel gegen Husten und Verstopfung.

Gewöhnliche Esche

Fraxinus excelsior (Ölbaumgewächse)

H 15–35 m April–Mai

Vorkommen *Wild in Auen- und Schluchtwäldern, an Bächen, Flüssen, Felsen. Mit auffallenden, schwarzen Winterknospen.*

- ***Blätter gegenständig***
- ***blüht vor dem Laubaustrieb***
- ***wächst an sehr feuchten und an trockenen Standorten***

Die Früchte lösen sich erst im Winter bei starkem Wind und fliegen drehend davon. Aufgrund der hochwachsenden Form des Baumes verglichen die alten Wikinger die Welt mit einer riesigen Esche – der Weltenesche „Yggdrasil". Eschenrinde ist eines der ältesten Ersatzmittel für Chinarinde und diente früher zur Behandlung von Malaria.

Rote Pavie

Aesculus pavia (Rosskastaniengewächse)

H 6–10 m Mai–Juni

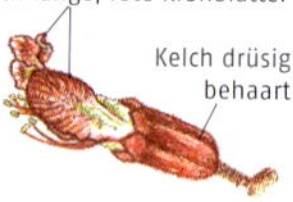

Vorkommen *Heimisch in Nordamerika. In Europa gelegentlich in Parks. Wenigblütige Rispen an den Enden der Zweige.*

- ***wächst oft nur strauchförmig***
- ***gibt es auch veredelt als Hochstammbaum***
- ***Knospen nicht klebrig***

Die Rote Pavie ist einer der Elternteile der Rotblühenden Rosskastanie (S. 156). Ihr Name ehrt den holländischen Botaniker Peter Paaw, der Ende des 16. Jahrhunderts lebte und sich auch Peter Pavius nannte. Der Baum ist anfällig gegen die Kastanienminiermotte (s. folgende Art), wird aber meist nicht so stark befallen wie die Gewöhnliche Rosskastanie.

Gewöhnliche Rosskastanie

Aesculus hippocastanum (Rosskastaniengewächse)

H 15–25 m April–Mai

In Deutschland pflanzen Gärtner den Baum seit 1646. Anfangs wuchs er nur in höfischen Parks und Alleen. Heute ist er mit seiner Schatten spendenden Krone der typische „Biergartenbaum“. In Notzeiten entbitterte man die Samen und gewann Bratöl und Mehl daraus. Bereits die Türken verfütterten die Samen an ihre Pferde (Name!). Heute dienen sie für die Wildfütterung. Auch Arzneimittel gegen Venenschwäche und „schwere Beine“ enthalten Auszüge daraus.

Vorkommen *Wild auf dem Balkan. In Mittel- und Westeuropa gepflanzt an Straßen, Plätzen, in Parks. Die Samen fallen im September und Oktober.*

> ***austreibende Blätter dicht wollig behaart***
> ***Knospen besonders am Ende des Winters stark klebrig***
> ***beliebter „Biergartenbaum“***

Schon gewusst?

Die Blätter zeigen oft braune Flecken, in denen im Gegenlicht kleine Larven zu sehen sind. In der Folge fallen die Blätter ab. Bei den Larven handelt es sich um die Kastanienminiermotte, einen Kleinschmetterling, der in Europa erstmals 1984 auftrat und sich seitdem stark ausbreitet.

Rotblühende Rosskastanie

Aesculus x *carnea* (Rosskastaniengewächse)

H 10–15 m Mai

Vorkommen *Nur in Kultur bekannt. In Europa in Parks, an Straßen, in Anlagen. Die roten Blüten bilden auffallende Rispen.*

- ***blüht später als die Gewöhnliche Rosskastanie***
- ***bildet nur wenige Früchte aus***
- ***wird oft als Hochstamm veredelt***

Diese Kastanie ist eine Anfang des 19. Jahrhunderts entstandene Kreuzung zwischen der Gewöhnlichen Rosskastanie (S. 155) und der Roten Pavie (S. 154). Einige Sorten sind kaum anfällig gegenüber der Kastanienminiermotte (s. S. 155) und stellen damit gute Alternativen dar. Der Schmetterling legt zwar seine Eier auf die Blätter, die jungen Larven sterben jedoch meist ab.

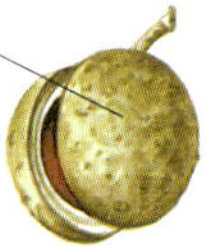

Jacarandabaum

Jacaranda mimosifolia (Trompetenbaumgewächse)

H 10–16 m Juli

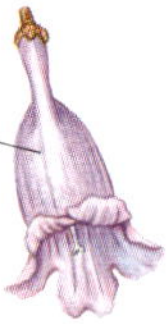

Vorkommen *Heimisch in den Tropen Südamerikas. In Südeuropa als Zier- und Straßenbaum. Die Blüten bilden bis 30 cm lange Blütenstände.*

- ***Früchte bleiben lange am Baum hängen***
- ***blüht vor dem Laubaustrieb***
- ***braucht Wärme***

Der Jacarandabaum gehört zur Blütezeit zu den auffälligsten und schönsten Straßenbäumen Südeuropas. Auch seine Früchte sind sehr dekorativ und werden gerne für Gestecke gesammelt. Nahe Verwandte des Baumes wie der Brasilianische Palisanderbaum *(J. brasiliana)* und der Stumpfblättrige Palisanderbaum *(J. obtusifolia)* liefern Palisanderholz, ein sehr teures Tropenholz für Klaviere und wertvolle Möbel.

Schwarzer Holunder

Sambucus nigra (Geißblattgewächse)

H 2–7 m Juni

Ein Tee aus den Blüten wirkt schweißtreibend bei fieberhaften Erkältungen und lindert Reizhusten. Die Früchte liefern vitamin- und mineralstoffreichen Saft. Frische Früchte können jedoch besonders bei Kindern Erbrechen und Durchfall auslösen. Bei den Germanen war der Holunder als heiliger Baum der Frau Holle (Freya), der Göttin des Hauses, geweiht. Die Iren dagegen glaubten, dass Hexen auf Holunderästen durch die Lüfte reiten.

Vorkommen *Wild fast in ganz Europa an feuchten Waldrändern, in Hecken, auf Schuttplätzen. Die bis 15 cm breiten Blütenstände duften stark.*

> ***Blätter gegenständig, riechen zerrieben unangenehm***
> ***zeigt Stickstoff im Boden an***
> ***blüht nur an hellen Standorten***

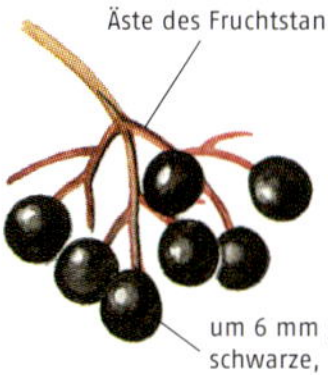

Schon gewusst?

Auf geschwächten Stämmen wächst häufig das Judasohr (Hirneola auricula-judae), ein Pilz, der bei Trockenheit hart und bei Nässe zäh und gallertartig ist. Er ist essbar. Auf Speisekarten chinesischer Restaurants heisst er „Mu Err" oder „Chinesische Morchel".

Zwergpalme

Chamaerops humulis (Palmengewächse)

H 1–10 m März–April

__Vorkommen__ Wild auf Sizilien und in Südostspanien. Im Süden in Parks gepflanzt, in Mitteleuropa Kübelpflanze. Typisch ist der dornige Blattstiel.

- > ***Früchte nicht essbar***
- > ***wächst auf stark beweideten Flächen nur strauchig***
- > ***besiedelt offene, trockene Standorte***

Diese Palme stellt eine Besonderheit dar, da sie in Europa nicht nur angepflanzt, sondern beheimatet ist. Die Blätter liefern Fasern, die sich als Stopfmaterial für Matratzen und Polstermöbel eignen. Bis vor zwei Millionen Jahren gab es in Europa einige Palmen, denen es jedoch während den Eiszeiten zu kalt wurde.

Hanfpalme

Trachycarpus fortunei (Palmengewächse)

H 4–10 m Juni–Juli

__Vorkommen__ Stammt aus Nordchina und Japan. Im Mittelmeerraum und in warmen Lagen Mitteleuropas häufig gepflanzt. Leuchtende Blütenstände.

- > ***Spreiten der Blätter zerreißen im Wind zu Streifen***
- > ***in Europa die am häufigsten kultivierte Palme***
- > ***Früchte nicht essbar***

Die recht robuste Hanfpalme wächst nicht nur in fast jedem Park im Süden. Sie kann sogar in Deutschland in warmen Lagen im Freien überwintern. Die Stämme sind dicht mit einem Fasernetz überzogen, das aus verrotteten Blattstielen entstand und den eigentlichen Stamm schützt. Aus den zähen Fasern stellte man früher Matten und haltbare Taue her.

Kanarische Dattelpalme

Phoenix canariensis (Palmengewächse)

H 8–20 m   Febr.–Juni

Die Kanarische Dattelpalme wächst schneller als die Echte Dattelpalme und ist viel weniger empfindlich gegen Kälte. Sie konnte sich deshalb als Zierbaum gegen diese durchsetzen. Die Palmwedel der Dattelpalmen liefern den typischen Schmuck für den christlichen Palmsonntag und das jüdische Laubhüttenfest.

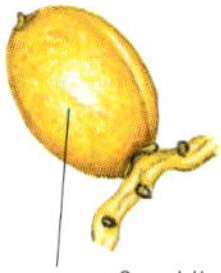

***Vorkommen** Heimisch auf den Kanarischen Inseln. Zierbaum im ganzen Mittelmeerraum. In den hellen Blütenständen stehen unzählige Blüten.*

- ***Krone in der Regel dichter als bei der Echten Dattelpalme***
- ***wurzelt sehr tief***
- ***Früchte fast ohne Fruchtfleisch, als Nahrung bedeutungslos***

Echte Dattelpalme

Phoenix dactylifera (Palmengewächse)

H 10–30 m   Febr.–Juni

In den afrikanischen Oasen stellt diese Palme das „Brot der Wüste" dar. Sie liefert nahrhafte Früchte, die je nach Qualität eher süss oder mehlig schmecken. Kamele können sogar die harten, fasrigen Kerne verwerten. Das Holz der Stämme dient als Bauholz, mit den Blättern werden Häuser gedeckt.

***Vorkommen** Ursprünglich wohl aus dem arabischen Raum. Im europäischen Mittelmeerraum nur selten kultiviert. Typischer Baum in den Oasen der Sahara.*

- ***es gibt männliche und weibliche Bäume***
- ***erträgt etwas Salz***
- ***braucht Hitze und erträgt keine feuchte Luft***

Sadebaum

Juniperus sabina (Zypressengewächse)

H 0,5–2 m   April–Mai

Vorkommen *Wild in den Hochgebirgen Europas bis Mittelasiens. Zierstrauch in Gärten, Grünanlagen, auf Friedhöfen. Die Früchte sind auffällig blau bereift.*

- > ***erträgt Sonne und Trockenheit***
- > ***zerriebene Zweige riechen widerlich***
- > ***es gibt für Gärten auch aufrecht wachsende Sorten***

Im Mittelalter galt der Sadebaum als Heilpflanze gegen Asthma, Lungenkrankheiten und Würmer. Auch als Abtreibungsmittel war er bekannt, führte aber des Öfteren zum Tod von Mutter und Kind. Vergiftungen führen zu Krämpfen, Nieren- und Leberschäden. Kommt der Pflanzensaft auf die Haut, kann er Entzündungen auslösen.

Phönizischer Wacholder

Juniperus phoenicea (Zypressengewächse)

H 0,5–8 m   März–April

Vorkommen *Wild im Mittelmeerraum in Wäldern und Buschland, besonders in Küstennähe. Die Früchte reifen im zweiten Jahr.*

- > ***kann bis 1000 Jahre alt werden***
- > ***kann sehr unterschiedliche Wuchsformen zeigen***
- > ***sehr anspruchslos***

Nur noch ganz selten gibt es bis acht Meter hohe Bäume mit kurzen, sehr kräftigen Stämmen. Diese wurden früher als Bauholz und für Tischlerarbeiten geschätzt, aber auch als Brennholz geschlagen und durch intensive Beweidung und Feuer vernichtet. In Spanien gehört der Phönizische Wacholder zu den wichtigsten Futterpflanzen der Wildziegen in den Gebirgen.

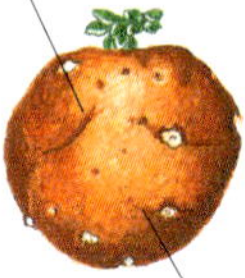

Gewöhnliches Meerträubel

Ephedra distachya (Meerträubelgewächse)
H 0,4–1 m   Mai–Juni

Eine aus Meerträubel isolierte Substanz, das Ephedrin, hilft Asthmakranken. Die Pflanze ist jedoch nicht ungefährlich: Als „Mormonentee" oder unter Namen wie „Herbal Exstasy" oder „Cloud 9" ist das Kraut in der Drogenszene verbreitet. In den USA starben bereits mehrere Menschen daran. Auch zum Muskelaufbau oder als Appetitzügler wird es angeboten.

***Vorkommen** Wild in Südeuropa und an der Atlantikküste Frankreichs im Sand der Küsten und Flussufer. Typisch sind die graugrünen, dünnen Zweige.*

- ***Zweige zerbrechen leicht***
- ***erinnert an einen Schachtelhalm***
- ***Pflanze männlich oder weiblich***

Gewöhnlicher Stechginster

Ulex europaeus (Schmetterlingsblütengewächse)
H 0,6–2 m   April–Juni

Besonders auf den Britischen Inseln hat sich der Gewöhnliche Stechginster zu einem lästigen „Unkraut" auf Rinderweiden entwickelt, als die Engländer die Kaninchenplage in ihrem Land bekämpften: Sie dezimierten damit den wichtigsten Fressfeind des Strauchs. Wiederkäuer meiden die dornige Pflanze. Für den Menschen ist das Gehölz sehr stark giftig.

***Vorkommen** Wild in Westeuropa von Portugal bis Großbritannien. In Mitteleuropa selten gepflanzt. Blüten einzeln zwischen und an den Dornen.*

- ***die Dornen dienen als Fraßschutz***
- ***braucht milde Winter***
- ***friert in Mitteleuropa in strengen Wintern weit zurück***

Rosmarin

Rosmarinus officinalis (Lippenblütengewächse)
H 0,3–1,5 m März–Juli

***Vorkommen** Wild im Mittelmeerraum. In Mitteleuropa in Gärten und als Kübelpflanze. Dank der schönen Blüten nicht nur Nutz-, sondern auch Zierstrauch.*

> ***die ganze Pflanze duftet stark***
> ***fördert als Gewürz die Verdauung***
> ***verschiedene Sorten in Kultur***

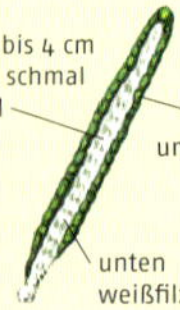

Rosmarin würzt Fleisch- und Kartoffelgerichte sowie Kräuterliköre und liefert einen durchblutungsfördernden Badezusatz. Im Volksbrauch spielte der Strauch früher eine große Rolle. Zum einen galt er als Symbol für die Liebe und schmückte Hochzeitstafeln und Brautpaare. Zum anderen gehörte er zum Totenkult: Die Hinterbliebenen streuten Zweige als Andenken und die Hoffnung auf Wiedergeburt in die Gräber. Noch heute schmücken sich in manchen Gegenden die Sargträger mit einem Rosmarinzweig.

Schon gewusst?

Früher meinte man, Rosmarin würde das Gedächtnis stärken und die Jugend erhalten. Vielleicht kam dies daher, dass getrocknete Blätter jahrelang duften. Um einen persönlich wichtigen Tag in Erinnerung zu behalten, pflückte man an ihm Rosmarinblätter und bewahrte sie auf.

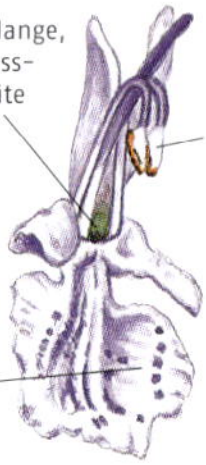

Rosmarinheide

Andromeda polifolia (Heidekrautgewächse)
H 0,1–0,3 m   Mai–Aug.

Andromeda ist in der griechischen Mythologie die Tochter von Kassiopeia. Beide wurden der Legende nach als Gestirne an den Nordhimmel versetzt, also den Himmel, der sich über das Verbreitungsgebiet der Rosmarinheide wölbt. Die Pflanze enthält Giftstoffe, die den Blutdruck senken und zu Atemlähmung führen können.

***Vorkommen** Wild in Hochmooren Nord- und Mitteleuropas. Auf nährstoffarmen Böden, oft in Torfmoospolstern. Die Blüten sitzen an den Enden der Äste.*

> ***Blätter immergrün***
> ***wirkt wie in den Boden gesteckte Äste des Rosmarins (S. 162)***
> ***Hauptachse kriecht im Boden***

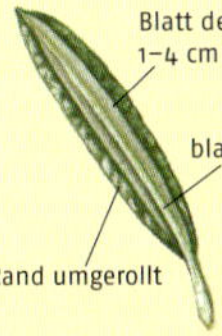

Schnee-Heide

Erica carnea (Heidekrautgewächse)
H 0,1–0,4 m   Jan.–April

Die Schnee-Heide bildet ihre Blütenknospen bereits im Herbst. Als Winterblüher und immergrüner Bodendecker wird sie gerne und in vielen Sorten in Gärten kultiviert. Es gibt Formen mit gelblichen Blättern und Blütenfarben von Weiß bis Dunkelviolett. Während die meisten Heidekrautgewächse saure Böden benötigen, kommt die Schnee-Heide gut mit Kalk zurecht.

***Vorkommen** Wild in den Gebirgen Mittel- und Südeuropas. Häufig in Gärten gepflanzt. Fällt durch die ungewöhnliche Blütezeit auf.*

> ***heißt auch „Erika-Heide"***
> ***bevorzugt sonnige Standorte***
> ***manche Sorten blühen schon im Oktober***

Heidekraut

Calluna vulgaris (Heidekrautgewächse)

H 0,2–0,8 m Juli–Sept.

***Vorkommen** Wild in ganz Europa auf Heiden, mageren, sauren Weiden, in Mooren und hellen Kiefernwäldern. Die Blüten sind meist nach einer Seite gerichtet.*

> ***Blätter immergrün***
> ***eignet sich für Trockensträuße***
> ***heißt auch „Besenheide"***

Das Heidekraut kann ganze Landstriche in rosafarbene Blütenmeere verwandeln. Es lockt deshalb zu seiner Blütezeit Scharen von Menschen an, etwa in der Lüneburger Heide. Auf seinen Standorten wird der Boden mit der Zeit immer schlechter, Bäume können sich erst spät oder gar nicht mehr ansiedeln. Bienen sammeln den Nektar der Blüten für „Heidehonig". Die Zweige dienten früher zur Herstellung von recht haltbaren Besen.

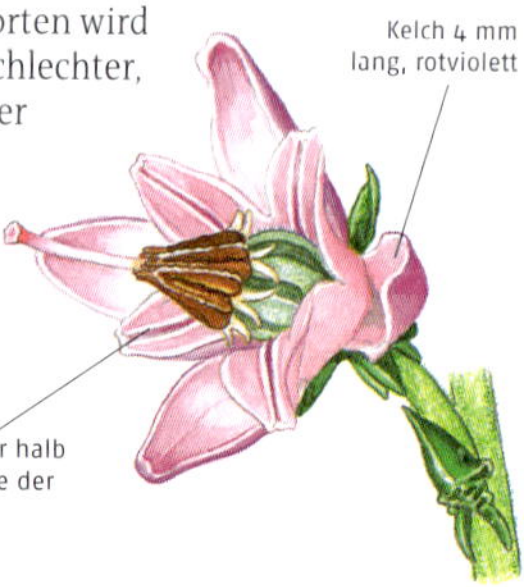

Schon gewusst?

Für Gärten gibt es eine Vielzahl von Heidekraut-Sorten. Sie unterscheiden sich in der Wuchsform sowie der Blatt- und Blütenfarbe. Bei ihrer Kultur ist zu beachten, dass sie allesamt kalkfreien Boden benötigen.

Echter Feigenkaktus

Opuntia ficus-indica (Kakteengewächse)

H 2–5 m April–Juli

Bereits kurz nach der Entdeckung Amerikas brachten die Spanier den Echten Feigenkaktus ans Mittelmeer. Die Früchte schmecken – nach Entfernen der Borstenpolster – süßlich aromatisch. Sie werden auch bei uns als Obst angeboten. Die saftigen Sprosse eignen sich als Viehfutter. Selbst dornige Sprosse sind dazu geeignet, wenn sie kurz abgeflammt worden sind. Auch schützen die Pflanzen als „lebender Zaun" landwirtschaftliche Kulturen in Trockengebieten.

Vorkommen *Heimisch im tropischen Amerika. Im Mittelmeerraum kultiviert und eingebürgert. Auch von Ferne durch die Sprosse unverwechselbar.*

- ***braucht Sonne und erträgt große Trockenheit***
- ***Samen sind lange keimfähig***
- ***kleine Stücke wachsen zu neuen Pflanzen aus***

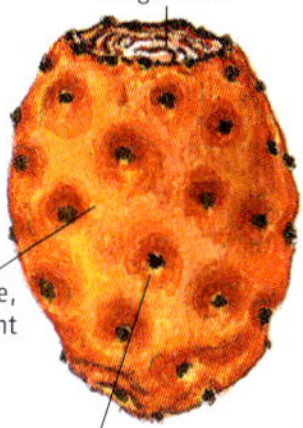

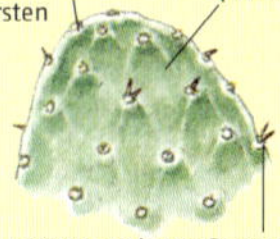

Schon gewusst?

Auf den Kakteen gezüchtete Schildläuse liefern den roten Karmin-Farbstoff. Dieses „Cochenille" ist als Lebensmittelfarbstoff unter dem Kürzel E 120 zum Beispiel in Campari enthalten. Auch Lippenstifte können mit Cochenille gefärbt sein.

Stumpfblättrige Weide

Salix retusa (Weidengewächse)

H 0,05–0,25 m   Juni–Juli

***Vorkommen** Wild in den Gebirgen Mittel- und Südosteuropas. Auf Steinböden bis auf 2500 m. Die Pflanze ist zur Fruchtzeit mit haarigen Samen bedeckt.*

> ***Rand gelegentlich auch schwach gesägt***
> ***überzieht oft Steine***
> ***meist auf lange vom Schnee bedeckten Standorten***

Im Herbst färben sich die Blätter leuchtend gelb und stinken dann recht eigenartig, etwas baldrianähnlich. Die oberirdisch kriechenden Zweige treiben immer dann Wurzeln, wenn ein geeigneter Untergrund wie eine Felsspalte oder eine Geröllritze vorhanden ist. Wo das Gehölz über Schutt kriecht, trägt es damit sehr wirkungsvoll dazu bei, dass dieser befestigt wird.

Schon gewusst?

Bei der verwandten Kraut-Weide (Salix herbacea) wachsen alle verholzten Zweige unterirdisch. Die kurzen, oberirdischen Triebe mit dem fein gekerbten Rand bleiben krautig. Der Botaniker Carl von Linné bezeichnete dieses Gehölz als „Kleinsten Baum der Welt".

Netz-Weide

Salix reticulata (Weidengewächse)

H 0,1–0,3 m   Juli–Aug.

Die Netz-Weide gehört wie die Stumpfblättrige Weide und die Kraut-Weide (Seite gegenüber) zu den „Gletscher-Weiden" oder „Teppich-Weiden". Sie wachsen so hoch in den Gebirgen oder im Norden, dass sie lange vom Schnee bedeckt sind. Trotzdem schaffen sie es, in der kurzen Wachstumszeit zu blühen und Samen auszubilden.

Vorkommen *Wild in Nordeuropa und den Gebirgen Mittel- und Südeuropas. Meist oberhalb der Waldgrenze bis auf 3000 m. Die Blätter wirken runzelig.*

- ***kann große Matten bilden***
- ***Äste treiben Wurzeln in den Boden***
- ***wächst auf offenem, steinigem Boden und Schutt***

Stern-Magnolie

Magnolia stellata (Magnoliengewächse)

H 1,5–3 m   März–April

Während die meisten Magnolien zu mehr oder weniger großen Bäumen heranwachsen (S. 64, 65), bleibt die Stern-Magnolie klein und eignet sich deshalb auch für geschützte Standorte in kleinen Gärten. In Japan wird sie schon seit Jahrhunderten kultiviert, nach Europa kam sie erst in der zweiten Hälfte des 19. Jahrhunderts.

Vorkommen *Stammt aus Japan. In Europa in nicht zu rauen Gegenden in Gärten und Parks. Blüht weiß oder rosa.*

- ***wächst ziemlich langsam***
- ***Blüten leiden unter Nachtfrösten***
- ***nach der Form der Blüten benannt***

Westlicher Gewürzstrauch

Calycanthus occidentalis (Gewürzstrauchgewächse)

H 1–4 m Juni–Juli

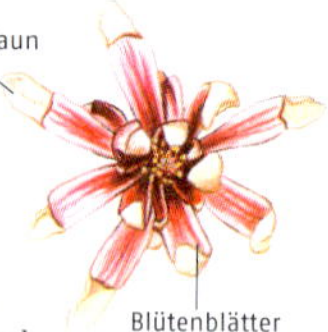

Die Blüten duften intensiv nach Most und Lebkuchen, die getrocknete Rinde riecht nach Gewürznelken. Die Cherokee-Indianer verwendeten früher Rindenauszüge des verwandten Echten Gewürzstrauches (*Calycanthus floridus*) als Gewürz und als Heil- und Brechmittel. Hierbei ist jedoch Vorsicht geboten, das Gehölz enthält Giftstoffe, besonders reichlich in den Samen.

***Vorkommen** Heimisch in Kalifornien. In Europa als winterhartes Gehölz in Parks und Gärten. Typisch sind die sternförmigen, braunroten Blüten.*

- > **die Blüten halten viele Tage**
- > **auch schön für Einzelpflanzung**
- > **der ähnliche Echte Gewürzstrauch blüht dunkel rotbraun**

Chinesische Winterblüte

Chimonanthus praecox (Gewürzstrauchgewächse)

H 2–4 m Febr.–März

Der angenehme, starke Geruch der Blüten lockt schon an den ersten warmen Tagen des Frühjahrs Bienen und Fliegen als Bestäuber an. Sie finden in den wachsig wirkenden Blüten süßen Nektar. Abgeschnittene Zweige oder Blüten bringen den etwas an Jasmin erinnernden Duft auch ins Haus.

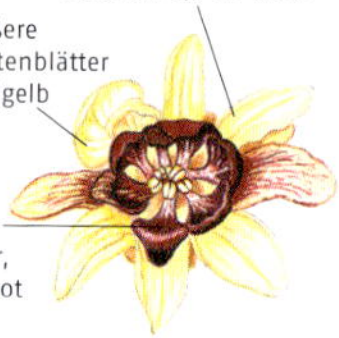

***Vorkommen** Stammt aus China. In Europa in Gegenden mit milden Wintern in Parks und Gärten. Auffallend sind die vielen nickenden Blüten.*

- > **Blätter gegenständig**
- > **die duftenden Blüten ertragen keine große Kälte**
- > **als junges Gehölz etwas frostempfindlich**

Mistel

Viscum album (Mistelgewächse)

H 0,2–0,8 m April–Mai

Die Mistel lebt als Halbschmarotzer. Sie bohrt ein Saugorgan in den Zweig des Wirtsbaumes und entzieht diesem damit Wasser und Nährsalze. Kohlenhydrate kann sie jedoch selbst bilden, da sie Blattgrün besitzt. Von den keltischen Völkern wurde sie als Dämonen abwehrend verehrt. Als Zeichen der Fortsetzung des Lebens im Winter ist es in England schon lange üblich, an Weihnachten Mistelzweige aufzuhängen – ein Brauch, der auch bei uns immer beliebter wird.

Vorkommen *Wild fast in ganz Europa auf Laubbäumen, Weiß-Tannen und Kiefern. Fruchtet oft sehr reichlich.*

> ***es gibt männliche und weibliche Pflanzen***
> ***giftig!***
> ***die Samen werden von Vögeln wie der Mistel-Drossel verbreitet***

Schon gewusst?

Der lateinische Name Viscum bedeutet „Vogelleim". Die Früchte enthalten ein klebriges, lange Fäden ziehendes Fruchtfleisch, aus dem früher Leim zum Vogelfang hergestellt wurde. Dank dieser Klebmasse bleiben die Samen an Zweigen haften und können dort auskeimen.

Thunbergs Berberitze

Berberis thunbergii (Berberitzengewächse)

H 1,5–2 m   Mai

Vorkommen *In Japan beheimatet. In Europa in Gärten, Parks und städtischen Anlagen. Die Früchte bleiben oft bis zum Frühjahr am Strauch.*

- ***Blattform sehr variabel***
- ***durch die vielen Dornen undurchdringlich***
- ***ideal als Heckenstrauch***

Thunbergs Berberitze ist wohl die am häufigsten gepflanzte Berberitze. Von ihr gibt es sehr viele Sorten mit Blattfarben von hellgelb bis tief schwarzrot. Die Beeren enthalten Giftstoffe, die die Niere schädigen können. Die ungiftigen getrockneten Berberitzenfrüchte aus dem Gewürzladen stammen von der Gewöhnlichen Berberitze (S. 200).

Chinesischer Klebsame

Pittosporum tobira (Klebsamengewächse)

H 0,5–3 m   März–Mai

Vorkommen *Stammt aus China und Japan. In Südeuropa als Hecke. In Mitteleuropa als Kübelpflanze. Weißliche Blüten in endständigen Gruppen.*

- ***immergrün***
- ***Blüten duften sehr süß, etwas nach Orangenblüten***
- ***erträgt Trockenheit gut***

Der Name „Klebsame" bezieht sich auf die klebrig-schleimige Flüssigkeit, in die die Samen eingebettet sind. Diese können damit am Schnabel von Vögeln, an vorbeistreifenden Tieren und auch am Menschen hängen bleiben und so über weite Strecken verbreitet werden.

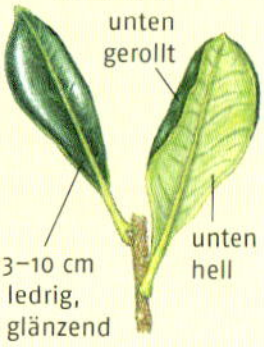

Dorniger Kapernstrauch

Capparis spinosa (Kapergewächse)
H 0,3–1,5 m April–Okt.

Die Heilkundigen der Antike verwendeten Kapernknospen und Früchte als Mittel gegen Ischias und Krämpfe sowie als Gewürz. Auch die Wurzelrinde galt als heilkräfig. Heute pflanzen Bauern besonders in Südfrankreich und Spanien die Sträucher, um den Lebensmittelmarkt mit den beliebten Kapern zu versorgen. Die Sträucher können 30 bis 40 Jahre lang regelmäßig abgeerntet werden.

***Vorkommen** Wild an Felsen, auf Ödland, an Straßenrändern im Mittelmeerraum. Die reifen Früchte platzen auf und geben zahlreiche schwarze Samen frei.*

> ***Zweige des Strauchs oft niederliegend oder hängend***
> ***kann etwas klettern***
> ***Blüten nur wenige Stunden geöffnet***

Schon gewusst?

Sowohl geschlossene Blütenknospen als auch unreife Kapernfrüchte können als Gewürz in Salz, Essig oder Öl eingelegt werden. Sie haben ein würzig-pikantes, etwas eigenartiges Aroma. Die eingelegten Früchte, auch Kapernäpfel genannt, schmecken intensiver als die Blütenknospen.

Fächer-Zwergmispel

Cotoneaster horizontalis (Rosengewächse)
H 0,7–1,5 m   Mai–Juni

Vorkommen *Heimisch in Mittelchina. In Europa häufig in Gärten und Parks. Fällt im Herbst durch rote Blätter und viele Früchte auf.*

> ***an den typischen Verzweigungen gut zu erkennen***
> ***Blätter fallen spät im Jahr ab***
> ***beliebtes und robustes Gartengehölz***

Die Früchte locken im Herbst und Winter Amseln und andere Vögel an, für die sie eine wertvolle Nahrung darstellen. Die Vögel verdauen das mehlige Fruchtfleisch und scheiden die Kerne mit dem Kot unverdaut wieder aus. Diese keimen leicht aus, so dass die Fächer-Zwergmispel bei uns heute auch verwildert vorkommt.

Weidenblättrige Zwergmispel

Cotoneaster salicifolius (Rosengewächse)
H 2–3 m   Juni

Vorkommen *Stammt aus China. In Europa häufig in Parks, Gärten und Anlagen gepflanzt. Fruchtet meist reichlich.*

> ***immergrün, Blätter jedoch oft rot überlaufen***
> ***Blüten duften***
> ***Früchte bleiben lange am Strauch***

Die Blätter ähneln etwas denen der Echten Mispel (S. 112). Die sehr zahlreichen Blüten enthalten, obwohl sie ziemlich klein sind, viel zuckerhaltigen Nektar und eiweißreichen Blütenstaub. Sie locken deshalb zahlreiche Insekten, darunter auch Honigbienen, als Bestäuber an.

Buchsbaum

Buxus sempervirens (Buchsbaumgewächse)

H 0,3–4 m April–Mai

Im Volksglauben galt der Buchsbaum als Schutz- und Zauberpflanze, die vor Blitz und Krankheiten schützen sollte. Aus dem sehr harten, schweren Holz stellte man Pfeifenköpfe, Musikinstrumente und Büchsen her. „Büchse" sowie die englische Bezeichnung „box" und das französiche „boite" leiten sich vom lateinischen *buxus* ab. Auch die ersten Rechenschieber, die Vorläufer des Taschenrechners aus dem 19. Jahrhundert, waren aus Buchsbaumholz gefertigt.

Schon gewusst?

Buchsbäume lassen sich gut zu Ornamenten und Figuren stutzen und waren deshalb besonders in der Renaissance und im Barock beliebt. Eine Verwendung als Umrandung von Gartenbeeten geht auf die Römer zurück, die diesen Brauch nach West- und Mitteleuropa brachten.

Vorkommen *Wild in Südeuropa in Wäldern und Gebüschen. In ganz Europa in Gärten und Parks angepflanzt. Die geöffneten Früchte haben sechs Spitzen.*

> ***wächst extrem langsam („Schnecke der Laubgehölze")***
> ***kann 600 Jahre alt werden***
> ***erträgt Trockenheit und Frost***

Besenginster

Cytisus scoparius (Schmetterlingsblütengewächse)
H 1–2 m Mai–Juni

***Vorkommen** Wild fast in ganz Europa auf Heiden, Waldschlägen, an Weg- und Straßenrändern. Die Blüten stehen einzeln oder zu zweit beieinander.*

> ***bildet zweierlei Blätter, die meist früh abfallen***
> ***junge Zweige 5-kantig***
> ***tödlich giftig!***

Die reifen Früchte heizen sich in der Sonne stark auf und platzen dann mit einem lauten Knacken. Dabei schleudern die Samen mehrere Meter weit fort. Aus den struppigen, zähen Zweigen stellte man früher haltbare Kehrbesen her. Medizinisch hilft das Kraut in genau dosierten Mengen bei Herz- und Kreislaufbeschwerden.

Pfriemenginster

Spartium junceum (Schmetterlingsblütengewächse)
H 2–3 m April–Juni

***Vorkommen** Wild im Buschland und in lichten Wäldern im Mittelmeerraum. Auch als Ziergehölz. Die gelben Blüten sitzen an den binsenartigen Zweigen.*

> ***die wenigen Blätter fallen früh ab***
> ***Zweige im Querschnitt rund***
> ***heißt auch „Binsenginster" oder „Spanischer Ginster"***

Die biegsamen Zweige eignen sich für haltbare Körbe. Aus ihnen lässt sich auch zäher Bast gewinnen, den die Seiler früher zu Seilen für die Schifffahrt und die Fischerei verarbeiteten. Die Blüten wurden früher gegen Verstopfung, zur Einleitung der Geburt und bei Gicht verwendet. Überdosierungen können jedoch tödlich sein, bereits kleine Mengen das Erbgut schädigen.

Färber-Ginster

Genista tinctoria (Schmetterlingsblütengewächse)
H 0,3–0,7 m Juni–Aug.

Die Blüten klappen beim ersten Besuch eines Insekts weit auf und bleiben dann geöffnet. In der frühen englischen Färbeindustrie war der Färber-Ginster eine der bedeutendsten Quellen für gelbe Farbstoffe. Färbende Substanzen kommen sowohl in Blüten und Blättern als auch in dünnen Zweigen vor. Je nach Zusatzbehandlung variiert die Farbe von Zitronengelb bis Dunkelbraun oder Grünoliv.

***Vorkommen** Wild fast in ganz Europa auf mageren Wiesen, Moorwiesen und an Waldrändern. Die Stängel sind im oberen Teil hellgrün und unverholzt.*

- ***obere Abschnitte der Stängel sterben im Winter ab***
- ***zeigt nährstoffarme Standorte an***
- ***giftig!***

Schon gewusst?

Der ähnliche Deutsche Ginster (Genista germanica) trägt an seinen älteren Zweigen Dornen. Er wächst in Mittel- und Osteuropa in Heiden und an warmen Waldrändern.

Japanische Skimmie

Skimmia japonica (Rautengewächse)

H 0,5–2 m April–Mai

***Vorkommen** Heimisch in Japan und China. In Europa in Gärten, auf Friedhöfen, in Kübeln und Töpfen. Bildet meist viele erbsengroße, rote Früchte.*

> ***es gibt männliche und weibliche Pflanzen***
> ***Blüten duften süß***
> ***Pflanzensaft kann zu Hautreizungen führen***

Die Japanische Skimmie wächst recht langsam und bevorzugt einen halbschattigen, feuchten Standort. Um viele Früchte zu erhalten, sollte zu weiblichen Pflanzen auch eine männliche gepflanzt werden. Die Früchte reifen ab Oktober und können bis zu einem Jahr an den Sträuchern haften bleiben – eine echte Zierde auch in kleinen Gärten.

Europäischer Perückenstrauch

Cotinus coggygria (Sumachgewächse)

H 2–5 m Juni–Juli

***Vorkommen** Wild in Südeuropa in warmen Wäldern und Gebüschen. In Mitteleuropa in Parks und Gärten. Die Blätter färben sich im Herbst leuchtend rot.*

> ***Blätter duften zerrieben angenehm***
> ***braucht warme Standorte***
> ***Blätter je nach Sorte bläulich graugrün bis schwarzrot***

Die meisten Blüten sind unfruchtbar und fallen ab. Ihre Stiele wachsen jedoch weiter und bilden viele abstehende Haare aus. Hierdurch entstehen ausladende, perückenartig wirkende Fruchtstände, die vom Wind verweht werden können. Das gelbe Holz, „Fisettholz" genannt, enthält einen Farbstoff, der sich zum Färben von Seide und Leder eignet.

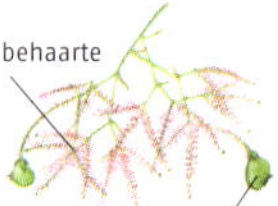

Gewöhnlicher Sanddorn

Hippophae rhamnoides (Ölweidengewächse)
H 1–5 m   April–Mai

Der griechische Name *Hippophae* leitet sich von Pferd (= hippos) und Licht (= phaos) ab. Er bezog sich in der Antike auf einen als Augenheilmittel für Pferde verwendeten Strauch. Carl von Linné übertrug diesen Namen im 18. Jahrhundert auf den Sanddorn. Sanddornfrüchte enthalten ein fettes Öl, viele Vitamine und Mineralstoffe. Als Saft steigern sie die Abwehrkräfte und helfen bei Abgeschlagenheit. Ihr Öl ist in einigen Naturkosmetika enthalten. Es schützt die Haut vor belastenden Umwelteinflüssen.

Schon gewusst?

Die Früchte werden besonders von Fasanen, aber auch von anderen Vögeln gefressen. Diese scheiden die harten Kerne unverdaut wieder aus und sorgen so für die Verbreitung. Oft bleiben die Früchte jedoch auch unbeachtet den ganzen Winter über an den Sträuchern.

Vorkommen *Wild in Gebirgen Mittel- und Südeuropas, an der Nord- und Ostsee. Gepflanzt an Straßen und Dämmen. Weibliche Sträucher fruchten reichlich.*

> ***es gibt männliche und weibliche Sträucher***
> ***Früchte reifen von September bis Dezember***
> ***erträgt Salz im Boden***

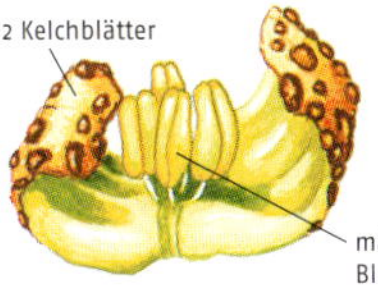

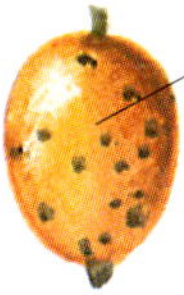

Weißliche Zistrose

Cistus albidus (Zistrosengewächse)
H 0,4–1,5 m April–Juni

Vorkommen *Wild im westlichen Mittelmeergebiet. Auf Buschland und in offenen Wäldern. Nur bei Sonnenschein sind die rosa Blüten weit ausgebreitet.*

> ***Blätter gegenständig***
> ***erinnert aus der Ferne an eine Rose***
> ***blüht nur vom Morgen bis zum frühen Nachmittag***

„Weißlich" bezieht sich nicht auf die Blütenfarbe, sondern auf den weißen Filz der Blätter. Dieser dient als Sonnenschutz und verhindert starke Verdunstung. Damit stellt er eine gute Anpassung an den trockenen, sonnigen Standort dar. Andere Zistrosen wie die Lack-Zistrose (s. unten) bilden zum gleichen Zweck ledrige Blätter mit Harz.

Lack-Zistrose

Cistus ladanifer (Zistrosengewächse)
H 0,5–2,5 m April–Juni

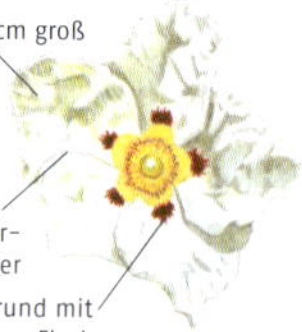

Vorkommen *In Südfrankreich und Spanien heimisch. In Südeuropa häufig gepflanzt. Die Blütenblätter der auffälligen Blüten wirken zerknittert.*

> ***Blätter gegenständig***
> ***Pflanze fühlt sich klebrig an und duftet angenehm aromatisch***
> ***erträgt Trockenheit gut***

Wenn Ziegen zwischen den Sträuchern weiden, bleibt das klebrige Harz der Pflanze an ihren Beinen und Bärten hängen. Im Altertum sammelte man es direkt von den Ziegen ab und verwendete es zum Räuchern und für Salben. Die Parfümindustrie schätzt das Harz noch immer, gewinnt es mittlerweile aber durch Auskochen der Blätter. Auch Süßigkeiten lassen sich damit aromatisieren.

Gewöhnlicher Seidelbast

Daphne mezereum (Seidelbastgewächse)

H 0,5–1,2 m   Febr.–April

Der Gewöhnliche Seidelbast ist ein zwar schöner, aber stark giftiger Strauch. Sein weiterer Name „Kellerhals" stammt von „Quälerhals" und bezieht sich auf das Würgegefühl und die starken Entzündungen, die die Inhaltsstoffe im Hals auslösen. Vergiftungen enden mit Nierenschäden, Schock und Kreislaufkollaps. Gelangt Saft auf die Haut, entstehen Rötungen und Blasen.

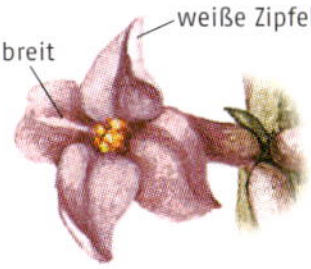

***Vorkommen** Wild fast in ganz Europa in lichten Wäldern und auf Felsschutt. Ziergehölz in kleinen Gärten. Die Früchte leuchten zwischen den Blättern.*

- > ***braucht leicht feuchten Boden***
- > ***Blüten duften angenehm***
- > ***in Gärten auch als weißblühende Form***

Zylinderputzer

Callistemon sp. (Myrtengewächse)

H 1–4 m   April–Okt.

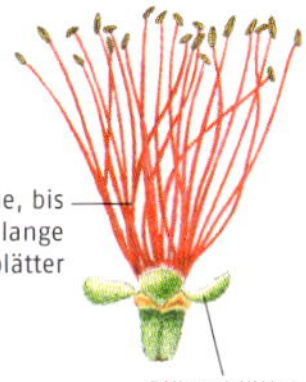

Oberhalb der flaschenbürstenartigen Blütenstände wächst der Zweig weiter und kann im nächsten Jahr einen neuen Blütenstand ausbilden. Die Früchte fallen nicht ab. Sie bleiben meist über viele Jahre geschlossen und öffnen sich erst in der Hitze von Buschbränden. Die Samen finden auf den Brandflächen einen durch Asche gut gedüngten Keimplatz.

***Vorkommen** Heimisch in Australien. Im Mittelmeerraum in Gärten, in Mitteleuropa als Kübelpflanze. Die verholzten Früchte sitzen direkt an den Zweigen.*

- > ***braucht viel Wärme***
- > ***heißt wegen der auffälligen Staubblätter auch „Schönfaden"***
- > ***auch Sorten mit roten, rosanen, weißen oder gelben Blüten***

Braut-Myrte

Myrtus communis (Myrtengewächse)
H 1–5 m Juni–Aug.

Vorkommen *Wild in strauchigen Gebieten des Mittelmeerraums. In Mitteleuropa als Kübelpflanze. Die Blüten sitzen einzeln in den Blattachseln.*

- ***Blätter und Blüten duften sehr angenehm***
- ***für Töpfe gibt es eine kleinblütige Form***
- ***alte Kultpflanze***

Nach einer alten arabischen Legende nahmen Adam und Eva einen Myrtenzweig mit, als sie aus dem Paradies vertrieben wurden. Myrten waren schon im Altertum ein Zeichen der Liebe und noch heute sind Brautkränze aus Myrte ein Symbol der Liebe. Einem Strauch im Blumentopf haftet jedoch auch ein weniger schöner Aberglaube an: Geht er ein, steht ein Todesfall bevor.

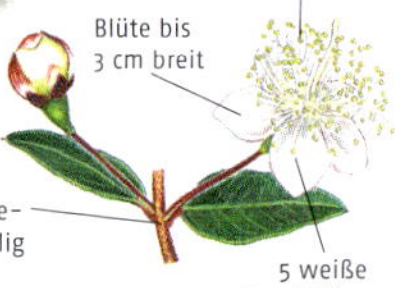

Blutroter Hartriegel

Cornus sanguinea (Hartriegelgewächse)
H 2–5 m Mai–Juni

Vorkommen *Fast in ganz Europa wild in Hecken, lichten Wäldern, an Waldrändern. Auch gepflanzt. Blüten bilden flache, bis 5 cm breite Blütenstände.*

- ***Blätter gegenständig***
- ***Zweige besonders auf der Sonnenseite dunkelrot***
- ***Blüten riechen unangenehm***

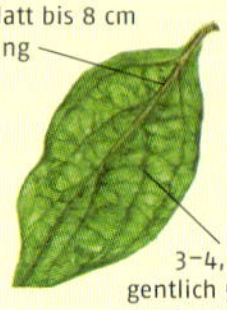

Das sehr harte, zähe Holz des Strauches fand früher verschiedene Verwendungen: Es eignete sich für Holznägel, Zeigestöcke, Ladestöcke für Gewehre und nicht zuletzt für stabile Querhölzer zum Verriegeln von Toren. Hiervon leitet sich der Name „Hartriegel" ab. Die Zweige lieferten kräftige Ruten zum Flechten von Zäunen.

Tatarischer Hartriegel

Cornus alba (Hartriegelgewächse)

H 2–4 m   Mai–Juni

Sobald die Zweige den Boden berühren, können sie Wurzeln ausbilden. So entsteht aus einem einzigen Strauch ein dichtes Gebüsch, das sich gut zur Bodenbefestigung eignet. In Gärten hilft ein regelmäßiger Rückschnitt, um das Gehölz im Zaum zu halten. Reißt man ein Blatt auseinander, so hängen an den Nerven dünne Fäden heraus. Es handelt sich dabei um Bänder, mit denen die Wasserleitungsgefäße verstärkt sind und die sich leicht herausziehen lassen.

Früchte bis 7 mm dick, kugelig, schmutzig weiß bis bläulich

Vorkommen *Heimisch in Nordasien. In Nordeuropa eingebürgert, in Mitteleuropa Zierstrauch. Zweige besonders im Winter und Frühjahr leuchtend rot.*

> ***Blätter gegenständig***
> ***Wuchs im Alter breit, auch niederliegend***
> ***in vielen Sorten kultiviert***

Blatt 4–10 cm lang, vorne spitz

unten graugrün

4–8 Paar bogige Nerven

bis 8 cm breite Blütenstände mit gelblich weißen Blüten

Blätter können einen weißen Rand haben

Schon gewusst?

Sorten des aus dem östlichen Nordamerika stammenden ähnlichen Weißen Hartriegels (Cornus sericea) fallen im Winter durch leuchtend gelbgrüne Zweige auf.

Breitblättrige Lorbeerrose

Kalmia latifolia (Heidekrautgewächse)

H 0,6–3 m   Mai–Juli

***Vorkommen** Wild in Eichen- und Kiefernwäldern der östlichen USA. Viele Sorten in Gärten. Zahlreiche Blüten bilden dichte Blütenstände.*

- ***Blätter immergrün, erinnern an die des Lorbeers (S. 66)***
- ***Blüten weiß bis purpurrot***
- ***stark giftig!***

Die Breitblättrige Lorbeerrose ist die Staatsblume der US-Bundesstaaten Pennsylvania und Connecticut. An ihren Wildstandorten kann sie bis 10 m hoch werden. Im Garten bleibt sie viel kleiner und entwickelt ihre Blütenpracht nur auf sauren Böden im Halbschatten. In homöopathischen Verdünnungen kann die Pflanze Herzbeschwerden und Nervenschmerzen lindern.

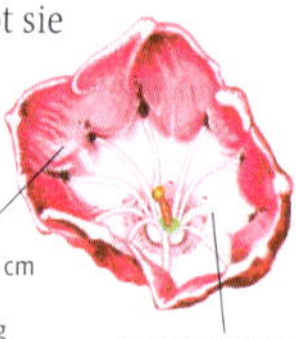

Rhododendron-Hybriden

Rhododendron-Hybriden (Heidekrautgewächse)

H 0,5–4 m   Mai–Juni

***Vorkommen** Aus verschiedenen amerikanischen und ostasiatischen Arten entstanden. In Europa beliebt in Parks und Gärten. Blühen meist sehr üppig.*

- ***brauchen Halbschatten***
- ***heißen auch „Japanische Azalee"***
- ***Sorten mit weißen, rosanen, violetten oder roten Blüten***

Die immergrünen Rhododendren, die in verschiedenen Farben und Formen unsere Gärten schmücken, sind das Ergebnis vieler Züchtungen. Sie benötigen lockere, kalkfreie Böden und ausreichend Luft- und Bodenfeuchtigkeit. Besonders gut wachsen sie in Mitteleuropa deshalb in den küstennahen Gebieten mit sandigen oder moorigen Böden.

Rostblättrige Alpenrose

Rhododendron ferrugineum (Heidekrautgewächse)
H 0,3–1,5 m   Juni–Juli

In manchen Gegenden der Alpen heißen die Sträucher „Almrausch". „Rausch" gilt hierbei als allgemeine Bezeichnung für niedriges Gestrüpp und bezieht sich wohl nicht auf ein hörbares Rauschen durch den Wind oder eine berauschende Wirkung. Tee aus Blättern führt zu Übelkeit, Abfall des Blutdrucks, Krämpfen und Herzstillstand.

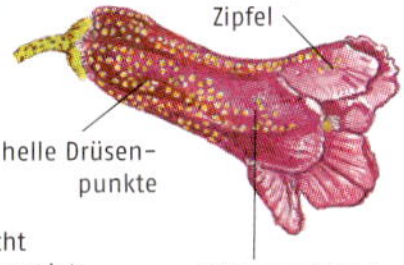

Vorkommen *Wild in den Gebirgen Mittel- und Südeuropas auf sauren Böden bis über 2000 m. Die Blüten bilden kurze, endständige Blütenstände.*

> **Blätter immergrün**
> **giftig!**
> **kann bis über 100 Jahre alt werden**

Bewimperte Alpenrose

Rhododendron hirsutum (Heidekrautgewächse)
H 0,3–1 m   Juni–Aug.

Die Alpenrosen sind zwar an die rauen, kalten Winter des Gebirges gut angepasst, benötigen aber für eine gute Entwicklung eine ausreichende Schneebedeckung. Ins Flachland gepflanzt sind sie weniger kältetolerant und erfrieren oft. Die Sträucher wachsen nur sehr langsam, können jedoch bis 60 Jahre alt werden.

Vorkommen *Heimisch in den Alpen in Zwergstrauchheiden und Wäldern an der Waldgrenze. Meist auf Kalk. Je drei bis zehn Blüten stehen dicht beieinander.*

> **Blätter bleiben über den Winter grün**
> **viel seltener als die Rostblättrige Alpenrose (s.o.)**
> **schützenswert**

Echte Bärentraube

Arctostaphylos uva-ursi (Heidekrautgewächse)
H 0,2–0,3 m April–Mai

Vorkommen *Wild in fast ganz Europa in Kiefernwäldern und Heiden bis in Höhen um 2500 m. Die Früchte bleiben bis weit in den Winter am Strauch.*

- ***Blätter immergrün***
- ***bildet oft große Bestände***
- ***kann bis 100 Jahre alt werden***

Die Echte Bärentraube wächst in Europa, Sibirien und Nordamerika in Regionen, in denen das Sternbild des Großen Bären zu sehen ist (Name!). Die Blätter liefern einen wichtigen Bestandteil von Blasentee. Sie desinfizieren den Harn und helfen so bei Blasenentzündung und Harnwegsinfektionen. Der Tee sollte jedoch nicht länger als eine Woche getrunken werden.

Gewöhnliche Rauschbeere

Vaccinium uliginosum (Heidekrautgewächse)
H 0,2–0,8 m Mai–Juli

Vorkommen *Heimisch in Europa in Mooren auf nassen, sauren Böden. Im Süden nur im Gebirge. Fällt durch die bläulichen Blätter auf.*

- ***Blätter auf der Unterseite deutlich graugrün***
- ***Früchte im Gegensatz zur Heidelbeere (S. 212) mit hellem Fleisch und hellem Saft***
- ***wächst oft in Gruppen***

Die Beeren können zu einem rauschartigen Zustand mit Erbrechen führen. Verantwortlich dafür ist ein Pilz, der Rauschbeeren-Fruchtbecherling (*Monilinia megalospora*). Früchte unbefallener Pflanzen zeigen keine Wirkung. Da die Fruchtbecher des Pilzes erst auf mumifizierten Früchten erscheinen, lässt sich äußerlich nicht feststellen, ob eine frische Beere infiziert ist.

Preiselbeere

Vaccinium vitis-idaea (Heidekrautgewächse)
H 0,1–0,3 m   Mai–Aug.

Die Schweden bezeichnen die Preiselbeeren als „Rotes Gold des Landes". Die Früchte enthalten verschiedene Säuren, viele Mineralstoffe, Vitamin A und C sowie Vitamine der B-Gruppe. Sie lassen sich ziemlich lange lagern. Roh schmecken sie nicht besonders gut, umso schmackhafter sind sie als Kompott oder als Saft. Am bekanntesten sind sie als Beilage zu Wildbraten.

Vorkommen *Wild fast in ganz Europa in Kiefern- und Fichtenwäldern und Mooren. Auf sauren Böden. Wächst in Mooren oft zwischen dem Moos.*

> ***Blätter immergrün***
> ***Früchte reifen meist nicht gleichzeitig***
> ***heißt auch „Kronsbeere"***

Schon gewusst?

In Nordamerika wächst die ähnlich verwendete Großfrüchtige Moosbeere oder Cranberry (Vaccinium macrocarpon). Cranberry-Saft ist seit einigen Jahren auch bei uns ein beliebtes Erfrischungsgetränk. Er soll auch Harnwegsinfekten vorbeugen.

Sumpf-Porst

Ledum palustre (Heidekrautgewächse)
H 0,5–1,5 m   Mai–Juni

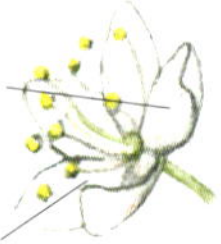

In Sibirien legte man früher Zweige zwischen die Kleidung und in Getreidelager, um Ungeziefer abzuhalten. Größere Mengen der duftenden Inhaltsstoffe wirken berauschend. Bereits die Germanen gaben die Pflanze als Bitterwürze ins Bier und verstärkten damit die Rauschwirkung. Bis ins 18. Jahrhundert gab es trotz der Giftigkeit noch mit Porst aromatisiertes Bier.

Vorkommen *Wild in Kiefernmooren Norddeutschlands und Nordeuropas. Auf nassen, sauren Böden. Die Blüten bilden auffällige, endständige Büschel.*

- ***Blätter immergrün***
- ***riecht zerrieben ähnlich wie Kampfer (S. 67)***
- ***kann bei Einnahme zu Nierenschäden führen***

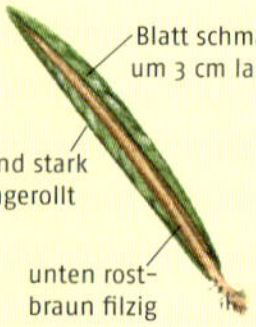

Kap-Bleiwurz

Plumbago auriculata (Bleiwurzgewächse)
H 0,5–6 m   Juni–Sept.

Die Blüten locken langrüsselige Insekten, besonders Schwärmer wie das an einen kleinen Kolibri erinnernde Taubenschwänzchen (*Macroglossum stellatarum*) an. Aus der verwandten, als Staude an Wegrändern im Mittelmeerraum wachsenden Europäischen Bleiwurz (*Plumbago europaea*) lässt sich ein bleigrau färbender Saft gewinnen, der den Pflanzen den Namen gab.

Vorkommen *Stammt aus Südafrika. In Südeuropa in Gärten und Anlagen, in Mitteleuropa als Kübelpflanze. Auffällige, bis 15 cm breite Blütenstände.*

- ***Blütenkelche stark klebrig***
- ***eignet sich zum Begrünen von Pergolen***
- ***kann auch weiß blühen***

Gewöhnlicher Liguster

Ligustrum vulgare (Ölbaumgewächse)

H 2–7 m Juni–Juli

Der Gewöhnliche Liguster erträgt starkes Beschneiden und eignet sich deshalb gut für Hecken. Meist pflanzen Gärtner hierfür die Sorte 'Atrovirens', deren Blätter bis in den Winter an den Zweigen bleiben oder gar nicht abfallen. Die Früchte werden oft erst im Spätwinter von Vögeln gefressen, die mit den unverdaut ausgeschiedenen Samen für die Verbreitung des Strauches sorgen. Früher gewann man aus den Früchten einen violetten Farbstoff für Tinte.

Vorkommen *Wild fast in ganz Europa in Gebüschen, an Waldrändern. Kultiviert an Böschungen und in Hecken. Die Früchte hängen lange am Strauch.*

- > ***Blüten riechen unangenehm***
- > ***erträgt Sonne und Halbschatten***
- > ***alle Pflanzenteile sind für den Menschen giftig!***

Schon gewusst?

An den Sträuchern fressen gelegentlich die auffällig gefärbten Raupen des Ligusterschwärmers (Sphinx ligustri), das ist ein nachtaktiver Schmetterling.

Gewöhnlicher Flieder

Syringa vulgaris (Ölbaumgewächse)

H 2–6 m   April–Mai

Vorkommen *Heimisch in Südosteuropa an Felshängen und in Wäldern. In Mitteleuropa in Gärten und Parks. Die Blüten bilden dichte Blütenstände.*

> ***wächst fast in jedem Bauerngarten***
> ***Blüten duften sehr intensiv***
> ***es gibt Blütenfarben von Weiß bis Dunkelviolett***

Im 16. Jahrhundert kam der erste Fliederstrauch von Konstantinopel nach Wien und von dort nach ganz Mitteleuropa. Obwohl eine intensive Züchtung erst im 19. Jahrhundert begann, gibt es heute rund 900 Sorten. In einigen Ländern nutzt man die duftenden ätherischen Öle aus den Blüten für Parfüms. Bei unseren Großeltern war Fliederseife äußerst beliebt und etwas ganz Besonderes für das Bad.

Schon gewusst?

Das sehr harte Holz des Gewöhnlichen Flieders ist zumindest im frischen Zustand im Zentrum häufig etwas violett überlaufen. Es eignet sich zum Drechseln und lässt sich gut auf Hochglanz polieren.

Gewöhnlicher Bocksdorn

Lycium barbarum (Nachtschattengewächse)
H 2–3 m   Mai–Sept.

Der Gewöhnliche Bocksdorn erträgt Stadtklima, Salz, Trockenheit, Wind und Hitze. Deshalb eignet er sich sehr gut zur Begrünung entlang von Straßen. Seine dünnen Zweige wachsen oft in andere Sträucher hinein und bilden dann ein undurchdringliches Gewirr. Selbst bis auf den Boden abgeschnitten treibt der Strauch meist rasch wieder aus.

***Vorkommen** Heimisch in China. In Süd- und Mitteleuropa eingebürgert. An Straßen und Mauern gepflanzt. Fruchtet meist reichlich.*

- > **Blattform sehr variabel**
- > **erträgt salzhaltigen Boden**
- > **giftig!**

Engelstrompete

Brugmansia-Sorten (Nachtschattengewächse)
H 1–3 m   Juni–Okt.

Schon der Kontakt mit dem Pflanzensaft kann Vergiftungen auslösen. Größere Mengen führen zu starkem Rausch und Veränderung des Bewusstseins. Der Gebrauch der Pflanze als Rauschdroge endet häufig tödlich. Die Indianer Südamerikas verwendeten Engelstrompeten, um mit den Geistern ihrer Ahnen Kontakt aufzunehmen.

***Vorkommen** Stammt aus Südamerika. In Südeuropa in Gärten, in Mitteleuropa als Kübelpflanze. Typisch sind die großen, faltigen Trompetenblüten.*

- > **Blätter ganzrandig oder rau gezähnt**
- > **Blüten duften nachts**
- > **Sorten mit verschiedenen Blütenfarben**

Oleander

Nerium oleander (Hundsgiftgewächse)
H 1–4 m Juli–Sept.

Vorkommen *Wild im Mittelmeerraum an Fluss- und Bachufern und an Autobahnen gepflanzt. In Mitteleuropa Kübelpflanze. Blüten von Weiß bis Tiefrot.*

> **erinnert ohne Blüten etwas an eine Weide**
> **widerstandsfähig gegenüber Autoabgasen**
> **stark giftig!**

Die Blüten duften besonders abends und locken Nachtschmetterlinge an. Im Süden schwirrt vor allem der Oleanderschwärmer (*Daphnis nerii*) vor den Blüten und streckt seinen langen Rüssel hinein, um Nektar zu saugen. Der Strauch enthält herzwirksame Stoffe, die je nach Dosierung heilsam oder tödlich sein können. Die Blätter gelten als wirksames Gift gegen Mäuse und Ratten.

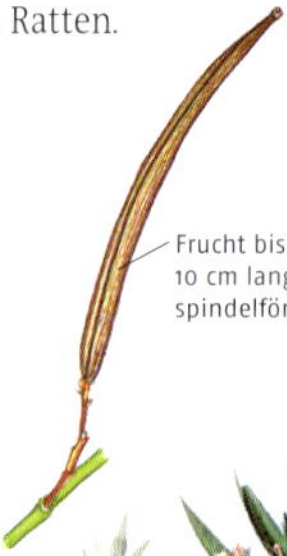

Schon gewusst?

Die reifen Früchte platzen auf und entlassen auffällige, lang behaarte Samen. Bei trockenem Wetter fliegen sie mit dem Wind davon, bei Nässe können sie an vorbeistreifenden Tieren hängenbleiben.

Schmalblättriger Sommerflieder

Buddleja alternifolia (Sommerfliedergewächse)

H 2–4 m Juni

Im Gegensatz zum Gewöhnlichen Sommerflieder (S. 214) stehen die Blätter bei diesem Strauch wechselständig. Das üppig blühende Gehölz ist auch in Mitteleuropa winterhart und eignet sich besonders als Einzelpflanze an sonnigen Terrassen oder auf Rasenflächen.

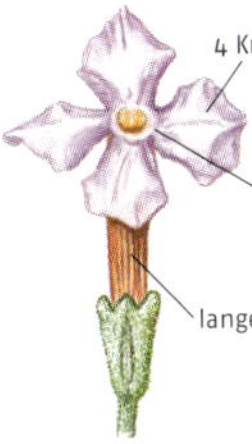

***Vorkommen** Stammt aus China. In Europa als Zierstrauch in Gärten. Blüten bilden dichte, üppige Büschel entlang der Zweige.*

> ***wächst rasch***
> ***Blüten duften herb***
> ***Blätter unterseits filzig***

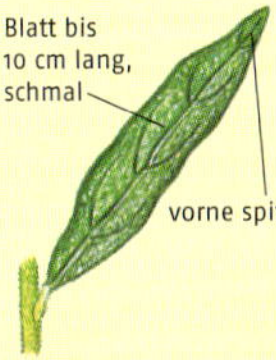

Gewürz-Thymian

Thymus vulgaris (Lippenblütengewächse)

H 0,1–0,3 m April–Juli

Die Griechen der Antike verbrannten Thymian in Opferfeuern. Hieraus leitet sich der Name ab (griechisch thyein = rauchen, räuchern). Die Pflanze enthält ein desinfizierend wirkendes ätherisches Öl. Schon die alten Ägypter kannten dessen Wirkung: Sie behandelten Wunden mit Thymian und setzten die Pflanze auch beim Mumifizieren ein.

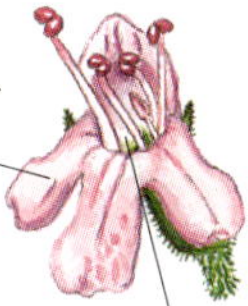

***Vorkommen** Wild im westlichen Mittelmeergebiet. An sonnigen, trockenen Standorten. Als Gewürz gepflanzt. Dank der schönen Blüten auch Zierpflanze.*

> ***duftet typisch aromatisch***
> ***häufig als Heil- und Gewürzpflanze kultiviert***
> ***auch in Mitteleuropa winterhart***

Rote Heckenkirsche

Lonicera xylosteum (Geißblattgewächse)

H 1–3 m   Mai–Juni

Vorkommen *In Mitteleuropa wild in Gebüschen und an Waldrändern. In Gärten und Parks gepflanzt. Typisch sind die paarig angeordneten roten Früchte.*

> ***wächst im Schatten oder Halbschatten***
> ***Blätter treiben früh aus***
> ***Früchte giftig!, führen zu Übelkeit und Herzklopfen***

Früher pflanzten Gärtner den Strauch gelegentlich als Hecken um Gärten und Anlagen. Besonders für Spielplätze ist er jedoch ungeeignet, da die giftigen roten Beeren das Interesse von Kindern wecken. Der Name *xylosteum* bedeutet „Beinholz" oder „Knochenholz" und bezieht sich auf das sehr harte Holz, das beim Zerbrechen der Zweige laut knackt.

Alpen-Heckenkirsche

Lonicera alpigena (Geißblattgewächse)

H 1–2 m   Mai–Juni

Vorkommen *Wild auf Kalkböden in den Gebirgen Mittel- und Südeuropas. Je zwei Früchte sind zu einer etwa 1 cm großen Doppelfrucht verwachsen.*

> ***Blätter gegenständig***
> ***Zweige innen hohl***
> ***wächst gelegentlich auch als Zierstrauch in Gärten***

Die Alpen-Heckenkirsche wächst nicht nur in den Alpen, sondern auch in Bergwäldern anderer Gebirge. Die Heckenkirschen tragen ihren wissenschaftlichen Namen *Lonicera* zu Ehren des deutschen Arztes und Botanikers Adam Lonitzer, der im 16. Jahrhundert lebte und unter anderem ein wichtiges Heilkräuterbuch sowie ein naturhistorisches Werk verfasst hat.

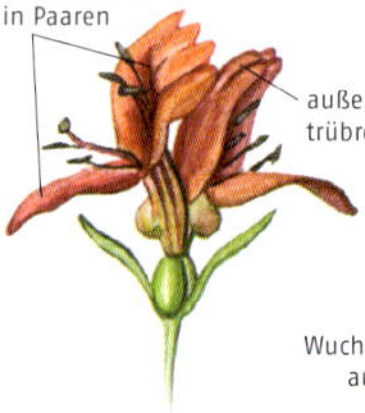

Runzelblättriger Schneeball

Viburnum rhytidophyllum (Geißblattgewächse)

H 3–5 m Mai–Juni

Gärtner pflanzen den Runzelblättrigen Schneeball recht gerne, da er sehr robust und mit seinen immergrünen Blättern und dem lange haltbaren, reichen Fruchtschmuck sehr dekorativ ist. Die Früchte sind für den Menschen nicht essbar und werden auch von den Vögeln erst im Lauf des Winters gefressen, wenn schmackhaftere Nahrung bereits zur Neige gegangen ist.

Vorkommen *Heimisch in Mittel- und Westchina. In Europa in Gärten, Parks und Anlagen. Die zahlreichen Früchte sind anfangs leuchtend rot.*

> ***Blattunterseite dicht grau- oder gelblich filzig***
> ***Blätter immergrün***
> ***sehr frosthart***

Schon gewusst?

Den ganzen Winter über trotzen die Blütenknospen für das kommende Jahr nur von einem Haarfilz geschützt der Kälte. Die Blätter biegen sich bei starkem Frost oft abwärts und richten sich bei wärmerem Wetter wieder auf.

Gewöhnliche Schneebeere

Symphoricarpos albus (Geißblattgewächse)

H 1,5–2 m   Juni–Sept.

Vorkommen *Stammt aus Nordamerika. In Europa in Gärten, Parks und an Böschungen. Unverwechselbar durch die schneeballähnlichen Früchte.*

- ***Beeren können Erbrechen oder Durchfall auslösen***
- ***oft auch grob gelappte Blätter vorhanden***
- ***Blüten locken Bienen an***

Die Früchte des Strauches werden je nach Gegend „Knallerbsen", „Knatschbeeren" oder „Knackerbsen" genannt. Wirft man sie mit Wucht auf den Boden oder tritt darauf, zerplatzen sie mit einem mehr oder weniger lauten Knall. Das schwammige Fruchtfleisch enthält keinen weißen Farbstoff, sondern reflektiert das einfallende Licht vollständig.

Stacheliger Mäusedorn

Ruscus aculeatus (Mäusedorngewächse)

H 0,2–0,9 m   Febr.–April

Vorkommen *Wild im Mittelmeerraum und in Westeuropa in Gebüschen und Wäldern. Selten in Gärten. Blüht und fruchtet auf den „Blättern".*

- ***undurchdringliches Gehölz***
- ***es gibt männliche und weibliche Pflanzen***
- ***Zweige für Trockensträuße geeignet***

Zwischen Vorräte gehängt oder gelegt, hielten die stechenden Zweige des Mäusedorns früher erfolgreich Mäuse vom Plündern ab. Die starren Zweige ergaben auch haltbare Besen. Ganz junge Zweige kochte man zu einem spargelähnlichen Gemüse. Heute spielt der Mäusedorn als Heilpflanze gegen Venenleiden eine wichtige Rolle.

Moor-Gagelstrauch

Myrica gale (Gagelstrauchgewächse)

H 0,5–1,5 m April–Mai

Die Wikinger verwendeten den aromatischen, jedoch auch giftigen Moor-Gagelstrauch zum Würzen von Bier. Das Gebräu wirkt dadurch zusätzlich stark berauschend und konnte Tobsuchtsanfälle oder die sprichwörtliche „Berserkerwut" auslösen. Alte Kräuterbücher empfahlen Gagelblätter als Abtreibungsmittel und gegen Ungeziefer.

Vorkommen *Wild in West- und Mitteleuropa in feuchten Heiden und Mooren. Kultiviert an Teichrändern. Die kleinen Früchte sitzen in dichten Kätzchen.*

> ***duftet zerrieben aromatisch***

> ***es gibt männliche und weibliche Sträucher***

> ***Wildvorkommen sind in Deutschland gefährdet***

Grau-Weide

Salix cinerea (Weidengewächse)

H 2–5 m April–Mai

Die Blütenzweige der Grau-Weide ähneln auf den ersten Blick denen der Sal-Weide (S. 80). Der breite Wuchs des Strauches und der graue Filz auf Zweigen und Blättern sind jedoch gute Erkennungsmerkmale. Der Strauch erträgt es, lange mit „dem Fuß im Wasser" zu stehen. So gehört er zu den Gehölzen, die sich an Ufern am weitesten Richtung Wasser wagen.

Vorkommen *In fast ganz Europa wild in Mooren, Sümpfen, an Gräben, Bachufern, Seen. Auch die unscheinbaren weiblichen Blüten locken Bienen an.*

> ***Staubbeutel beim Aufblühen meist orangerot***

> ***junge Zweige graufilzig behaart***

> ***heißt auch „Asch-Weide"***

Purpur-Weide

Salix purpurea (Weidengewächse)

H 2–6 m   März–April

Vorkommen *Wild in West-, Süd- und Mitteleuropa an Flüssen, in Auengebüschen und Kiesgruben. Typisch sind die vor dem Aufblühen roten Staubbeutel.*

- > ***Blüten erscheinen vor dem Laubaustrieb***
- > ***eine der häufigsten Weiden***
- > ***auch als Flechtweide und Bodenbefestiger gepflanzt***

Bereits die Heilkundigen der Antike verwendeten Weidenrinde gegen Schmerzen und Fieber. Verantwortlich für die Wirkung, die noch heute in Fieber- und Rheumatees genutzt wird, ist der Stoff Salicin, der auch in der Purpur-Weide reichlich enthalten ist. Wichtiger als die Rinde selbst sind heute künstliche Abwandlungen des Salicins wie Acetylsalicylsäure.

Lavendel-Weide

Salix elaeagnos (Weidengewächse)

H 3–6 m   April–Mai

Vorkommen *Wild in den Gebirgen Mittel- und Südeuropas. Häufig angepflanzt. Bildet vor oder mit dem Laubaustrieb unzählige Blütenkätzchen.*

- > ***Blattform erinnert entfernt an die von Lavendel***
- > ***kann auch auf austrocknenden Böden wachsen***
- > ***Blätter im Herbst goldgelb***

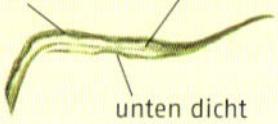

Die Lavendel-Weide bildet auf Schotterflächen an Gebirgsflüssen oft dichte Bestände. Sie tritt dort als eines der ersten Gehölze auf und hilft den Boden zu festigen. Zu diesem Zweck pflanzt man sie auch gerne an Kiesgruben und Geröllhänge. Als üppig und früh blühender Zierstrauch hat das Gehölz außerdem den Weg in Anlagen und Parks gefunden.

Grün-Erle

Alnus viridis (Birkengewächse)
H 1–3 m April–Juni

An schattigen Hängen oberhalb der Waldgrenze der Alpen besiedelt die Grün-Erle als Pioniergehölz oft von Natur aus Hangrutschungen und Lawinenschutt. Als Schutzgehölz gepflanzt kann sie auch gezielt Erosionen und Lawinenabgänge verhindern und die Aufforstung mit anderen Gehölzen ermöglichen.

Vorkommen *Gebirgsgehölz Mittel- und Südeuropas. Bildet besonders oberhalb der Waldgrenze oft große Bestände.*

> ***Wuchs breit, oft niederliegend***
> ***erträgt lange Schneebedeckung***
> ***heißt auch „Laublatsche"***

Strauch-Birke

Betula humilis (Birkengewächse)
H 0,5–2 m April–Mai

Die Strauch-Birke ist in Mitteleuropa ein seltenes Überbleibsel der letzten Eiszeit. Große Bestände des Gehölzes wachsen noch in Nordeuropa und Sibirien. Der Strauch erträgt tiefen Frost und kommt auch mit kurzen Wachstumszeiten gut zurecht. Die ebenfalls im Norden verbreitete Zwerg-Birke bleibt kleiner und hat bis 1,5 cm große Blätter.

Vorkommen *Wild von Nordosteuropa bis Süddeutschland. Die eiförmigen Fruchtkätzchen stehen meist aufrecht.*

> ***braucht nassen Boden***
> ***Pioniergehölz***
> ***wächst in Mitteleuropa nur in Mooren***

Gewöhnliche Hasel

Corylus avellana (Haselgewächse)

H 2–7 m   Febr.–April

Vorkommen *Wild in ganz Europa in Laubwäldern, an Waldrändern und in Hecken. Gepflanzt in Gärten und Parks. Die Früchte reifen ab September.*

> ***blüht manchmal bereits im Dezember***
> ***der Blütenstaub wird vom Wind verblasen***
> ***kann Allergien auslösen***

Haselnüsse enthalten viel fettes Öl, Eiweiß, wertvolle Mineralstoffe sowie Vitamine. Als Nahrungslieferant war der Strauch früher den Kelten und den Wikingern heilig. Er sollte auch Hexen und böse Geister abwehren. Seine elastischen „Stecken" liefern noch heute Wanderstöcke, Wünschelruten und Flechtmaterial für Korbmacher. Die Haselnüsse des Handels sind meist die größeren Früchte der südeuropäischen Lamberts-Hasel (*Corylus maxima*).

Schon gewusst?

Die häufig als Ziergehölz kultivierte Korkenzieher-Hasel (Corylus avellana 'Contorta') orientiert ihre Wuchsrichtung nicht wie sonst bei Pflanzen üblich nach der Schwerkraft. Die Zweige wachsen deshalb verdreht und gewunden.

Kermes-Eiche

Quercus coccifera (Buchengewächse)

H 0,5–4 m   März–Mai

Auf der Kermes-Eiche saugen Kermes-Schildläuse. Die bis erbsengroßen weiblichen Tiere enthalten einen roten Saft, aus dem ein karminroter Farbstoff gewonnen werden kann. Die Kermesgewinnung ging jedoch im 19. Jahrhundert stark zurück, da die auf Feigenkakteen gezüchteten Cochenille-Schildläuse (S. 165) wesentlich mehr Farbstoff liefern.

Vorkommen *Im Mittelmeerraum bis in höhere Lagen, im Buschland und in Wäldern. Die im 2. Jahr reifenden Früchte sind oft größer als die Blätter.*

> **Blätter immergrün**
> **Blätter erinnern an die der Stechpalme (S. 115)**
> **würde ohne Ziegenfraß und Brände baumförmig wachsen**

Julianes Berberitze

Berberis julianae (Berberitzengewächse)

H 2–3 m   Mai–Juni

Es gibt fast 500 verschiedene Berberitzen, von denen viele als Ziergehölze in Gärten wachsen. Julianes Berberitze gehört zu den häufig gepflanzten, sehr robusten Arten. Der Name „Berberitze" hängt wohl mit den Berbern zusammen, möglicherweise weil viele Arten vom Osten her nach Europa eingeführt wurden.

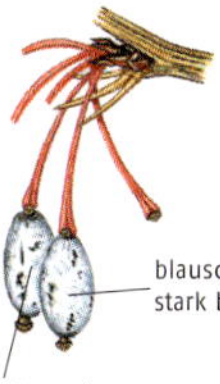

Vorkommen *Stammt aus China. In Europa in Gärten, Anlagen und Parks. Immergrün, ältere Blätter jedoch im Herbst oft bunt gefärbt.*

> **Blätter immergrün**
> **lässt sich als Hecke schneiden**
> **giftig!**

Gewöhnliche Berberitze

Berberis vulgaris (Berberitzengewächse)

H 1–3 m Mai–Juni

***Vorkommen** Wild in Mittel- und Südeuropa an Waldrändern, in Hecken, Gebüschen. Als Zierstrauch gepflanzt. Die Beeren hängen in langen Trauben.*

> **braucht im Sommer Wärme**
> **gutes Vogelschutzgehölz**
> **mit Ausnahme der reifen Früchte giftig!**

Die Früchte der Gewöhnlichen Berberitze sind im Gegensatz zu denen der meisten anderen Berberitzen-Arten reif essbar. Sie schmecken jedoch sehr sauer, da sie viele Fruchtsäuren enthalten. Arme Leute pressten früher ihren Saft aus und verwendeten ihn an Stelle von Essig. Heute bieten Türkenläden und Marktstände getrocknete Früchte als säuernde Kochzutat und für erfrischenden Früchtetee an.

Schon gewusst?

Die Rinde enthält gelbe Stoffe, mit denen sich Wolle, Leder, Baumwolle und Seide in verschiedenen Gelbtönen färben lassen. Auszüge aus der Rinde finden sich auch in Arzneimitteln gegen Gallen- und Leberleiden sowie Rheuma.

Japanische Kamelie

Camellia japonica (Teegewächse)

H 2–10 m Jan.–April

Die Japanische Kamelie gehört in Japan und China zu den wichtigsten immergrünen Ziergehölzen in Gärten und ist auch in Südeuropa beliebt. Der nah verwandte Teestrauch (*Camellia sinensis*) dagegen ist eine wirtschaftlich bedeutende Nutzpflanze: Seine fermentierten oder grün getrockneten Blätter ergeben anregenden Schwarz- oder Grüntee.

***Vorkommen** Wildform in Japan. Viele Sorten in Kultur. In Südeuropa in Gärten, in Mitteleuropa als Kübelpflanze. Viele Sorten bilden gefüllte Blüten.*

- ***Wuchs aufrecht oder ausladend***
- ***braucht viel Wärme***
- ***Sorten mit verschiedenfarbigen Blüten***

Armblütige Scheinhasel

Corylopsis pauciflora (Zaubernussgewächse)

H 1–1,5 m März–April

Die Blätter des Strauches und auch die hellgelben Blütenstände sollen etwas an die der Gewöhnlichen Haselnuss (S. 198) erinnern. Dies trifft für die Bütenstände jedoch nur bei Fernbetrachtung zu: Auffällig hellgelb bei der Scheinhasel sind die Blütenblätter, bei der Gewöhnlichen Hasel dagegen die Staubblätter.

***Vorkommen** Heimisch in den Gebirgen Japans. In Europa als Zierstrauch in Gärten. Blüht noch vor dem Laubaustrieb.*

- ***Blüten bleiben über eine längere Zeit schön***
- ***Blätter im Herbst gelb gefärbt***
- ***heißt auch „Blumenhasel"***

Hybrid-Zaubernuss

Hamamelis x *intermedia* (Zaubernussgewächse)

H 3–5 m Dez.–März

Vorkommen *Nur in Kultur bekannt. Verschiedene Sorten in Gärten und Parks kultiviert. Blüht sehr bald im Frühjahr, lange vor dem Laubaustrieb.*

> ***Blätter ähneln denen der Gewöhnlichen Hasel (S. 198)***
> ***Kronblätter bei Kälte eingerollt***
> ***kann mehrere Wochen lang blühen***

Die ersten Sorten der Hybrid-Zaubernuss entstanden Anfang des 20. Jahrhunderts in Belgien. Es handelt sich um Kreuzungen der Japanischen Zaubernuss *(Hamamelis japonica)* mit der Chinesischen Zaubernuss *(Hamamelis chinensis)*. Zauberhaft an dem Strauch ist die Blüte in der kalten Jahreszeit, oft mitten im Schnee. Die Blüten ertragen ohne Schaden Temperaturen von –10 Grad. Die reifen Früchte öffnen sich explosionsartig und schleudern die Samen fort.

Schon gewusst?

Die aus dem östlichen Nordamerika stammende Virginische Zaubernuss (Hamamelis virginiana) blüht bereits um die Zeit des Laubfalls im Herbst. Auszüge aus ihren Blättern und der Rinde helfen bei verschiedenen Hautleiden.

Garten-Hortensie

Hydrangea macrophylla (Hortensiengewächse)
H 1–1,5 m Juli–Sept.

Bei einigen Sorten kann sich die Blütenfarbe ändern: Beim Kauf in der Gärtnerei noch blau gefärbt, erscheinen die Blütenbälle im nächsten Jahr rosa. Den Pflanzen fehlt dann Aluminium, das sie für den blauen Farbstoff benötigen. Spezieller Hortensiendünger oder Kalialaun im Frühjahr sowie Regenwasser oder durch Essig angesäuertes Wasser schaffen Abhilfe.

Vorkommen *Stammt aus Japan und Korea. In Sorten als Topfpflanze, auf Friedhöfen und in Gärten. Verschiedenfarbige Blüten am selben Strauch möglich.*

> ***Blüten können weiß, rosa oder blau sein***
> ***braucht ausreichend feuchte Böden***
> ***friert im Winter oft zurück***

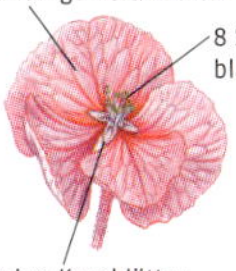

Raue Deutzie

Deutzia scabra (Hortensiengewächse)
H 2–3 m Mai–Juni

Von Deutzien gibt es sehr viele verschiedene Sorten für den Garten. Alle zeichnen sich durch eine große Anspruchslosigkeit und üppige, auffällige Blüten aus. Sie lassen sich außerdem über Steckhölzer sehr einfach und rasch vermehren, so dass sie von Baumschulen preisgünstig angeboten werden können.

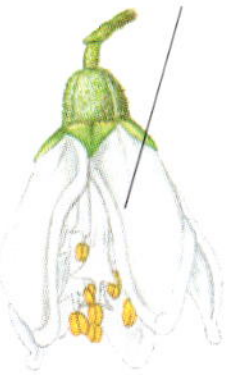

Vorkommen *Die Wildform ist ursprünglich in Japan beheimatet. Sorten in Europa in Gärten, Parks, Anlagen. Die Blätter können hell gescheckt sein.*

> ***Blätter gegenständig***
> ***Blüten duften honigartig***
> ***es gibt auch Sorten mit gefüllten Blüten***

Gewöhnlicher Pfeifenstrauch

Philadelphus coronarius (Hortensiengewächse)

H 1–3 m   Mai–Juni

Vorkommen *Wild vor allem im östlichen Mittelmeerraum und in Kleinasien. In Mitteleuropa in Gärten und Parks. Auffällige Blüten meist zu fünft bis neunt.*

> **Blüten duften sehr stark**
> **anspruchsloser, frostharter, weit verbreiteter Zierstrauch**
> **heißt auch „Falscher Jasmin"**

Da die Blüten des Gewöhnlichen Pfeifenstrauchs sehr intensiv nach Jasmin duften, wird er häufig mit dem Echten Jasmin verwechselt (s. Kasten). Seine Blüten liefern zwar keinen Aromastoff für die Parfümindustrie, ein blühender Zweig bringt jedoch den betörenden Duft in die Wohnung. Aus den Zweigen schnitzte man früher Flöten. Im 18. Jahrhundert stellte man auch die Schäfte langer Tabakpfeifen daraus her.

Schon gewusst?

Der Echte Jasmin (Jasminum officinale) ist ein Kletterstrauch aus Asien, der in Südeuropa kultiviert wird. Seine Blüten liefern Duftstoffe für Parfüms. In Mitteleuropa lässt sich das Gehölz nur in Kübeln kultivierten, da es nicht winterhart ist.

Japanischer Spierstrauch

Spiraea japonica (Rosengewächse)

H 0,3–0,6 m Juni–Juli

Die anspruchslosen Sträucher werden oft dicht nebeneinander gepflanzt, so dass sie größere Flächen begrünen. Sie ertragen Rückschnitte, so dass sie auch für Hecken oder Rabatten entlang von Straßen verwendet werden. Die Blüten produzieren süßen Nektar und locken damit zahlreiche Wildbienen, Fliegen und Käfer an.

Vorkommen *Wildform in Japan beheimatet. Zuchtformen in Europa in Parks und Gärten. Die Blüten bilden dichte, schirmartige Blütenstände.*

- > ***kann auch weißlich blühen***
- > ***sehr beliebt als sommerblühender Strauch***
- > ***anspruchslos***

Belgischer Spierstrauch

Spiraea x *vanhouttei* (Rosengewächse)

H 2–3 m Mai–Juni

Bei den weißblühenden Spiersträuchern gibt es eine große Auswahl an ähnlichen Arten und Sorten, die eine Zierde für jeden Garten sind. Theophrastos, ein griechischer Philosoph des Altertums, erwähnt *speiraia* als einen Strauch, der für Girlanden verwendet wird. Dieser Name passt gut für die Sträucher mit den langen, üppigen Blütenzweigen.

Vorkommen *Um 1860 von einem Belgier gezüchteter Zierstrauch. Oft in Gärten, Parks und Anlagen. Fällt durch die Blütenfülle auf.*

- > ***braucht sonnige Standorte***
- > ***blühende Zweige eignen sich für Sträuße***
- > ***heißt auch „Pracht-Spierstrauch"***

Echte Felsenbirne

Amelanchier ovalis (Rosengewächse)

H 1–3 m April–Mai

Der Strauch dringt mit seinen Wurzeln tief in Felsspalten vor und findet so auch an scheinbar trockenen Felsen ausreichend Feuchtigkeit. Wegen der weißfilzigen Blätter heißt das Gehölz in Oberbayern „Edelweißbaum". Die Füchte dienten früher mancherorts als Rosinen- oder Korinthenersatz, wovon Namen wie „Rosinenstrauch" oder „Korinthenbaum" zeugen.

Vorkommen *Wild in Süd- und Mitteleuropa an Felsen, auf Felsschutt, in sonnigen, trockenen Wäldern. Die Blüten stehen je zu dritt bis sechst beieinander.*

> ***blüht meist üppig***
> ***junge Blätter weißfilzig, später kahl***
> ***Früchte weniger aromatisch als bei folgender Art***

Kupfer-Felsenbirne

Amelanchier lamarckii (Rosengewächse)

H 6–8 m Mai

Gewöhnlich wächst die Kupfer-Felsenbirne als Zierstrauch in den Gärten. Das Gehölz liefert jedoch auch wohlschmeckende, süße Früchte, deren Aroma etwas an das von Heidelbeeren (S. 212) erinnert. Reife, schwarze Früchte eignen sich für Marmelade, Gelee oder Likör. Zerkaute Samen unreifer Früchte können zu Magen-Darm-Beschwerden führen.

Vorkommen *Heimisch im östlichen Nordamerika. In Europa in Gärten und Parks, auch verwildert. Die Blätter färben sich im Herbst orange bis rot.*

> ***austreibende Blätter kupferrot überlaufen***
> ***Blütenstände mit 8–10 Blüten***
> ***Früchte locken Vögel an***

Scheinquitte

Chaenomeles sp. (Rosengewächse)
H 0,5–3 m   März–April

Die ersten Scheinquitten-Sträucher kamen Ende des 18. Jahrhunderts nach Europa. Züchter beschäftigten sich seither in erster Linie wegen der schönen Blüten mit dem Gehölz, das sich als anspruchslose, dekorative „Zierquitte" rasch verbreitete. Die harten Früchte duften sehr angenehm, Hausfrauen legten sie deshalb früher in den Wäscheschrank. Sie eignen sich auch für Konfitüre und Gelee.

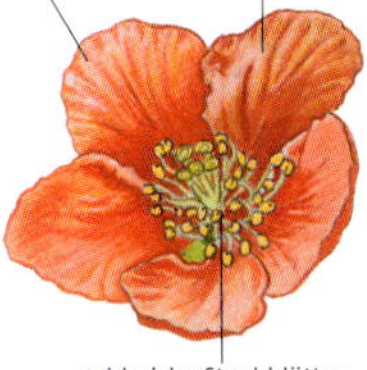

Vorkommen *Stammt aus Ostasien. In Europa in vielen Sorten in Gärten und Parks. Die Früchte erinnern etwas an die von Echten Quitten (S. 68).*

> ***blüht oft im Herbst ein zweites Mal***
> ***Früchte reifen von September bis November***
> ***viele verschiedene Sorten***

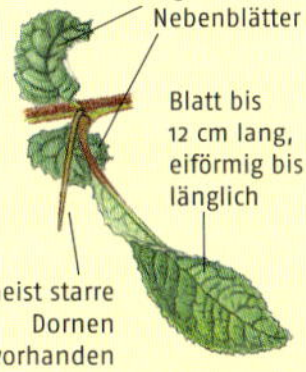

Schon gewusst?

Besonders in Lettland gibt es Scheinquitten-Plantagen, um die Früchte zu gewinnen. Diese heißen dort oft „Zitronen des Nordens". Der aus ihren Früchten gepresste saure Saft enthält viel Vitamin C und wird wie Zitronensaft verwendet.

Mittelmeer-Feuerdorn

Pyracantha coccinea (Rosengewächse)

H 1–3 m   Mai–Juni

***Vorkommen** Wildform in Südeuropa. In Mitteleuropa in Hausgärten, Parks, an Straßen, für Hecken. Bildet unzählige um 8 mm große, weiße Blüten.*

- ***nach der leuchtenden Farbe der Früchte benannt***
- ***Blätter fallen meist erst im Frühjahr ab***
- ***gutes Nistgehölz für Vögel***

Der schöne Strauch hat außer den Dornen leider einen weiteren Nachteil: Er wird recht häufig vom Feuerbrand befallen, einer gefährlichen Bakterienkrankheit, die bei verschiedenen Rosengewächsen auftritt und zu großen Verlusten im Obstbau führt. Befallene Sträucher haben verdorrte Zweige mit anhaftenden, schwärzlich braun vertrockneten Blättern und Früchten.

Ranunkelstrauch

Kerria japonica (Rosengewächse)

H 1–2 m   Mai–Juni

***Vorkommen** Stammt aus den Laubwäldern Zentral- und Südwestchinas. Bei uns in Gärten, Parks und Anlagen. Gefüllte Blüten erinneren etwas an Röschen.*

- ***gelegentlich verwildert***
- ***anspruchslos***
- ***die Sorte mit gefüllten Blüten heißt auch „Goldröschen"***

Lange bevor der Ranunkelstrauch zu uns kam, wuchs er bereits in chinesischen Gärten. Dort ist auch die Sorte mit gefüllten Blüten entstanden, die Anfang des 19. Jahrhunderts nach Europa eingeführt wurde und sich rasch ausbreitete. Die ursprüngliche Form mit den einfachen Blüten wird wesentlich seltener gepflanzt.

Gewöhnliche Schlehe

Prunus spinosa (Rosengewächse)

H 1–3 m März–April

Die Gewöhnliche Schlehe heißt auch „Schwarzdorn", ein Name, der sich auf die im Vergleich zum Weißdorn (S. 221) dunkle Rinde der Zweige bezieht. Die Sträucher stellen wichtige Schutz- und Nistgehölze für viele Tiere dar. Ihre Früchte verbleiben im Winter lange an den Zweigen und werden von Vögeln und Säugetieren gefressen.

Vorkommen *Wild in ganz Europa an Waldrändern, in sonnigen Hecken. Die Früchte sind anfangs blau bereift, später schwarzblau.*

> **Blüten sitzen meist einzeln, seltener zu zweit**
> **blüht vor dem Laubaustrieb**
> **Früchte schmecken nach dem ersten Frost weniger herb**

Christusdorn

Paliurus spina-cristi (Kreuzdorngewächse)

H 2–3 m Mai–Sept.

Auch wenn die Zweige dornig sind, bestand die Dornenkrone von Christus wohl nicht aus diesem „Christusdorn". Wissenschaftler gehen eher davon aus, dass es sich um die Dornige Bibernelle (*Sarcopoterium spinosum*) handelte, ein Rosengewächs, das in Israel häufig ist. Die Bezeichnung „Christusdorn" wird für verschiedene dornige Pflanzen verwendet.

Vorkommen *Wild im Mittelmeerraum in Gebüschen und an Waldrändern. An den charakteristischen Früchten gut zu erkennen.*

> **die Blüten locken viele Insekten an**
> **die Früchte bleiben den Winter über am Strauch**
> **erträgt Trockenheit**

Gewöhnliches Pfaffenhütchen

Euonymus europaea (Spindelbaumgewächse)

H 1,5–3 m Mai

Vorkommen *Fast in ganz Europa wild in Hecken, Auenwäldern, an Waldrändern und Bachufern. Fällt besonders durch die Früchte auf.*

- > **Blätter gegenständig**
- > **Herbstfärbung orange bis leuchtend rot**
- > ***giftig!***

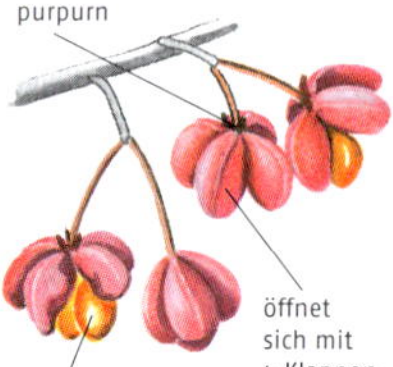

Der Name „Pfaffenhütchen" bezieht sich auf die Früchte, deren Form an eine Mitra, die Kopfbedeckung der Priester, erinnert. Früher stellten Drechsler aus dem harten, zähen, sehr dauerhaften Holz des Strauches Stricknadeln, Holznägel und Garnspindeln her, eine Verwendung, auf die der auch gebräuchliche Name „Gewöhnlicher Spindelstrauch" noch heute hinweist. Die Holzkohle eignet sich als Zeichenkohle.

Schon gewusst?

Häufig sind die Sträucher im späten Frühjahr kahlgefressen und mit dichten Gespinsten durchzogen. Darin leben Gruppen der Raupen von Gespinstmotten. Diese verpuppen sich auch dort. Etwa im Juli schlüpfen daraus weiße Motten mit schwarzen Punkten.

Japanische Aukube

Aucuba japonica (Hartriegelgewächse)

H 2–2,5 m März–April

Früher stand die Japanische Aukube häufig als unverwüstliche Schmuckpflanze in den Schaufenstern von Fleischerläden. Mancherorts heißt sie deshalb noch heute „Fleischerpalme". Besonders die Sorten mit gefleckten Blättern sind als Ziergehölze beliebt. In Kübel gepflanzt fühlt sie sich in Mitteleuropa besonders in kühlen Treppenhäusern und Wintergärten wohl.

Vorkommen *Wild in China, Japan und Korea. In Südeuropa in Gärten, Parks, in Mitteleuropa in Kübeln. Die Früchte haften den Winter über am Strauch.*

> ***Blätter immergrün, ledrig***
> ***Blüten sehr unauffällig***
> ***verträgt schattige Standorte***

Alpen-Bärentraube

Arctostaphylos alpina (Heidekrautgewächse)

H 0,1–0,3 m Mai

Die Sennen auf den Almen der schweizer Alpen löschten früher mancherorts ihren Durst mit den reifen, herb schmeckenden Früchten der Alpen-Bärentraube. In anderen Gegenden dagegen galten die Beeren zu Unrecht als giftig. Der kleine Strauch wächst in den Alpen oft gemeinsam mit seinem Verwandten, der Echten Bärentraube (S. 184), am selben Standort.

Vorkommen *In der Arktis und in den Hochlagen der Gebirge Europas beheimatet. Die Blüten erscheinen im Frühjahr mit den Blättern.*

> ***Früchte reifen erst im Jahr nach der Blüte***
> ***braucht feuchten Boden***
> ***eignet sich für Steingärten***

Heidelbeere

Vaccinium myrtillus (Heidekrautgewächse)
H 0,15–0,5 m April–Juni

***Vorkommen** Wild in Nord- und Mitteleuropa und den Gebirgen Südeuropas. In Wäldern, auf moorigen Heiden. Wächst oft flächendeckend.*

> **Zweige auffallend kantig**
> **wichtige Waldfrucht**
> **heißt auch „Blaubeere"**

Die wohlschmeckenden Heidelbeeren enthalten Fruchtsäuren, wertvolle Mineralstoffe und Vitamine. Frische Heidelbeeren wirken eher abführend, getrocknete sowie Heidelbeersaft lindern Durchfälle. Wer die Früchte sammelt, wird auch Bekanntschaft mit den Farbstoffen machen, die nicht nur Finger, sondern auch Kleidung hartnäckig färben. Früher verwendete man den Saft zum Färben von Wolle, Spielkarten und Wein.

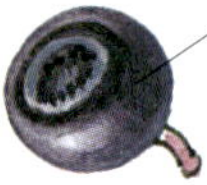

Schon gewusst?

Die zahlreichen Sorten der Kultur-Heidelbeere stammen von der nordamerikanischen Blueberry (Vaccinium corymbosum) ab. Sie bilden bis 2 m hohe Sträucher mit Beeren, bei denen das Fleisch und der Saft farblos sind.

Forsythie

Forsythia sp. (Ölbaumgewächse)

H 2–3 m   April–Mai

Die frühe Blütenpracht der Forsythien begeistert die meisten Gartenliebhaber. Honig- und Wildbienen fliegen die Blüten jedoch fast nie an, obwohl sie zuckerhaltigen Nektar und eiweißreichen Pollen als Nahrung bieten. Warum dies so ist, weiß man noch nicht. Im Naturgarten sollte man jedoch auf die Forsythie verzichten und lieber zum Beispiel Weiden pflanzen.

Vorkommen *Wildformen in Ostasien. Seit über 100 Jahren in Europa als Zierstrauch für sonnige Lagen. Blüht vor dem Blattaustrieb.*

> ***leuchtender Blickfang im Frühlingsgarten***
> ***über Stecklinge vermehrbar***
> ***viele Sorten mit hell- bis dunkelgelben Blüten***

Schmalblättrige Steinlinde

Phillyrea angustifolia (Ölbaumgewächse)

H 1–3 m   Mai–Juni

Trotz des Namens sind Steinlinden nicht mit den echten Linden verwandt. Sie stehen vielmehr dem Ölbaum (S. 79) nahe. Ihre kleinen Früchte bilden um den harten Kern recht viel Fruchtfleisch. Für den Menschen sind sie uninteressant. Sie werden jedoch gerne von Vögeln und kleinen Säugetieren gefressen, die mit ihrem Kot die Samen verbreiten.

Vorkommen *Im Mittelmeergebiet von Spanien bis Kroatien in Buschland und lichten Wäldern. In den Blattachseln stehen duftende Blütenstände.*

> ***immergrün***
> ***kann auch Blätter mit glattem Rand bilden***
> ***Blätter oft auffallend nach oben gerichtet***

Gewöhnlicher Sommerflieder

Buddleja davidii (Sommerfliedergewächse)

H 3–4 m Juli–Sept.

Vorkommen *Stammt aus den Gebirgen Westchinas. Zierstrauch in Gärten und Parks, verwildert auf Ödflächen, an Bahndämmen. Blüht auch rotviolett.*

- ***Blüten duften besonders abends stark aromatisch***
- ***kam um 1900 nach Europa***
- ***bekannt als „Schmetterlingsstrauch"***

Bei der Auswahl neuer Sorten spielt bei den Züchtern neben dem Blütenreichtum und der Blütenfarbe besonders die Frosthärte eine Rolle. In kalten Wintern kann der Strauch bei uns nämlich vollständig zurückfrieren. Meist treibt er jedoch aus der Basis wieder neu aus. Die sehr leichten Samen verbreiten sich mit dem Wind und können Fahrzeugen anhaften. Deshalb wächst der Strauch oft verwildert auf Ödflächen in Städten, an Bahndämmen, Straßenrändern und in Industriegebieten.

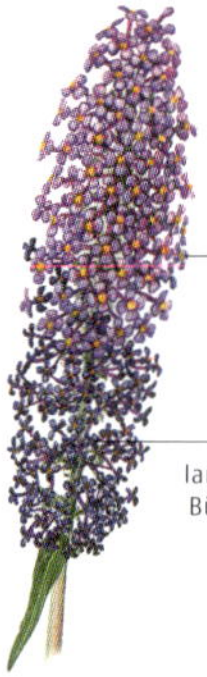

Schon gewusst?

Der Blüten liefern reichlich Nektar und werden von zahlreichen Insekten, besonders Schmetterlingen besucht. Der Artenreichtum der Schmetterlinge wird dadurch aber nicht gefördert, da dieser in erster Linie von den Futterpflanzen der Raupen abhängt.

Bodiniéres Schönfrucht

Callicarpa bodinieri (Eisenkrautgewächse)

H 1,5–2 m Juli–Sept.

Die dekorativen Früchte bleiben noch lange nach dem Laubfall an den Zweigen. Sie eignen sich für Ziergestecke und Sträuße. Da sie in Größe und Farbe sehr an eine besonders früher beliebte Süßigkeit, die „Liebesperlen", erinnern, heißt das Gehölz auch „Liebesperlenstrauch".

Vorkommen *Heimisch in Mittel- und Westchina. In Mitteleuropa als Zierstrauch. Die perlenartigen Früchte bleiben den Winter über am Strauch.*

- ***Wuchs aufrecht, locker***
- ***kann in kalten Wintern zurückfrieren***
- ***Blüten locken Bienen und Hummeln an***

Weigelie

Weigela-Sorten (Geißblattgewächse)

H 1–3 m Mai–Juni

Baumschulen bieten eine Vielzahl von Weigelien-Sorten an, die alle sehr anspruchslos sind, jedoch für eine üppige Blüte ausreichend Sonne benötigen. Sie lassen sich sehr leicht durch Stecklinge vermehren. Einige Sorten blühen im Herbst noch ein zweites Mal, allerdings schwächer als im Frühjahr.

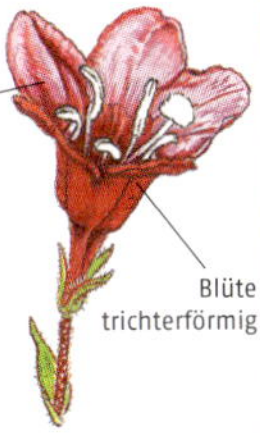

Vorkommen *Ursprünglich aus Ostasien. In Europa viele Sorten in Parks und Gärten. Die Blüten verändern bei einigen Sorten ihre Farbe.*

- ***Blätter gegenständig***
- ***schöner Blütenstrauch***
- ***viele Sorten mit Blüten von Weiß bis Dunkelrot***

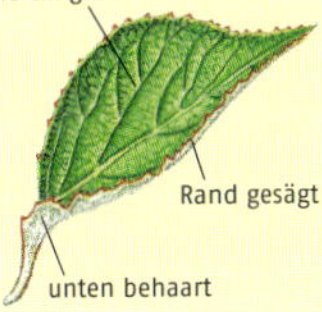

Kolkwitzie

Kolkwitzia amabilis (Geißblattgewächse)

H 2–3 m Mai–Juni

Vorkommen *Heimisch in China. In Europa häufig als Zierstrauch in Gärten und Parks. Auffällige Blüten in dichten Büscheln.*

> ***frosthart und anspruchslos***
> ***wächst in der Sonne und im Halbschatten***
> ***heißt auch „Perlmuttstrauch"***

Kaum zu glauben, dass dieser wunderschöne Zierstrauch erst um 1900 nach Europa kam und anfangs als „wenig ansehnlich" beschrieben wurde. Dies änderte sich jedoch rasch, als der erste Strauch seine üppige Blütenpracht entfaltete. Die Art ist zu Ehren eines Berliner Botanikers benannt, dessen Familienname auf den Ort Kolkwitz bei Cottbus zurückgeht.

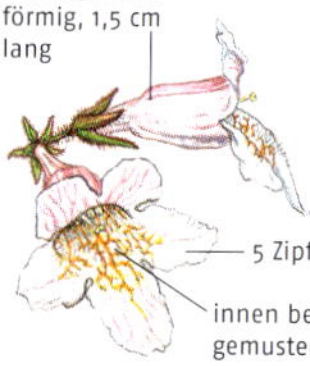

Bodnant-Schneeball

Viburnum x *bodnantense* (Geißblattgewächse)

H 2–3 m Okt./Febr.–März

Vorkommen *Nur in Kultur bekannt. In Europa häufig in Gärten und Anlagen. Blüht oft schon im Schnee.*

> ***Blüten ertragen leichten Frost***
> ***Blüten duften stark süßlich***
> ***Früchte unauffällig***

Der Bodnant-Schneeball entstand in den 30er Jahren des letzten Jahrhunderts im Bodnant-Garten in Wales aus einer Kreuzung des Duftenden Schneeballs *(Viburnum farreri)* und des Großblütigen Schneeballs *(Viburnum grandiflorum)*. Als frühzeitig und reichlich blühender, duftender Strauch hat er sich rasch zu einem beliebten Gartengehölz entwickelt.

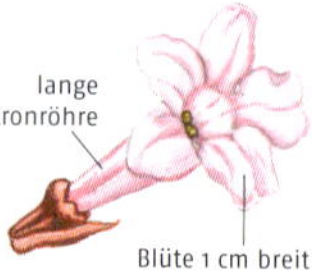

Wolliger Schneeball

Viburnum lantana (Geißblattgewächse)

H 2–5 m April–Mai

Der Wollige Schneeball hat im Gegensatz zu den meisten anderen Holzgewächsen nackte Winterknospen ohne Knospenschuppen. Die deutlich erkennbaren Blättchen sind nur durch einen Haarfilz geschützt. Bauern verwendeten früher die jungen, sehr zähen Zweige zum Binden von Heuballen und Getreidegarben.

Vorkommen *Wild in Mittel- und Südeuropa in Gebüschen. Gepflanzt an Böschungen und in Gärten. Bildet bis 10 cm breite, gewölbte Blütenstände.*

> ***Blüten riechen unangenehm***
> ***erträgt Trockenheit***
> ***sehr anspruchslos***

Japanischer Schneeball

Viburnum plicatum (Geißblattgewächse)

H 1,5–3 m Mai–Juni

Vom Japanischen Schneeball gibt es viele verschiedene Zuchtformen, die alle attraktive Ziersträucher sind. Sie fallen sowohl durch den Wuchs als auch durch die Blüten, Früchte und Herbstfärbung auf. Im Garten verlangen sie einen mäßig feuchten, etwas sauren Boden. Auf sehr kalkreichem Untergrund wachsen sie schlecht.

Vorkommen *Ursprünglich aus China, Japan und Taiwan. In Europa in Gärten und Parks. Oft nur sterile Blüten in kugeligen Blütenständen.*

> ***blüht über einen langen Zeitraum***
> ***Früchte erst rot, reif schwarz***
> ***Blätter im Herbst violettbraun***

Schwarze Johannisbeere

Ribes nigrum (Stachelbeerengewächse)
H 1–2 m April–Mai

Der Strauch riecht je nach Nase angenehm-aromatisch oder wanzenartig-stinkend. Die Früchte enthalten Fruchtsäuren, Mineralstoffe und Vitamin C und werden besonders für Saft oder Cassis-Likör verarbeitet. Die Blätter des Strauches lieferten, als schwarzer und grüner Tee im 18. und 19. Jahrhundert knapp oder sehr teuer waren, einen wichtigen Ersatz dafür.

***Vorkommen** Selten wild in Auenwäldern, besonders in Mittel- und Nordeuropa. Oft als Beerenstrauch kultiviert. Die Früchte reifen meist nicht gleichzeitig.*

- ***Blätter riechen besonders zerrieben stark aromatisch***
- ***Blattunterseite mit Drüsenpunkten***
- ***Zweige ohne Dornen***

Rote Johannisbeere

Ribes rubrum (Stachelbeerengewächse)
H 1–2 m April–Mai

Rote Johannisbeeren gehören zu den säurereichsten heimischen Früchten. Die Fruchtsäuren reinigen beim Abstreifen der Beeren von den Stängeln die Hände ähnlich gut wie eine Zitrone. Besonders gut schmecken die Früchte gemischt mit Himbeeren oder anderem Obst in Mischmarmelade oder Sorbet. Sie sind auch wichtiger Bestandteil von „Cumberlandsoße".

***Vorkommen** Wild nur selten in Auenwäldern Mittel- und Westeuropas. Sorten in Gärten gepflanzt. Die Früchte hängen in langen Trauben.*

- ***Früchte reifen um Johanni (24. Juni)***
- ***Beeren fördern die Verdauung***
- ***in Österreich als „Ribiseln" bekannt***

Stachelbeere

Ribes uva-crispa (Stachelbeerengewächse)
H 0,5–1,5 m April–Mai

Die meisten Stachelbeersorten entstanden nach dem Zweiten Weltkrieg, als Lebensmittel knapp waren und die heimischen Obststräucher im Ansehen wieder stiegen. Die Beeren schmecken je nach Sorte sauer-aromatisch oder süß. Es gibt auch robuste Kreuzungen aus Stachelbeeren und Schwarzen Johannisbeeren, die „Josta-" oder „Jochelbeeren".

***Vorkommen** Fast in ganz Europa wild, im Süden in den Gebirgen. Oft als Beerenstrauch in Gärten. Früchte je nach Sorte gelb, grün oder rötlich.*

- > ***beliebtes Obst für Frühjahrskuren***
- > ***viele Sorten in Kultur***
- > ***oft auch als Hochstamm gezogen***

Roseneibisch

Hibiscus syriacus (Malvengewächse)
H 1,5–2 m Juli–Sept.

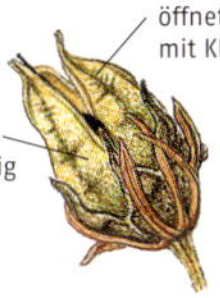

Der wissenschaftliche Name *syriacus* lässt vermuten, dass der Strauch aus Syrien stammt. Jedoch ist er auch im Orient ein ursprünglich aus Ostasien eingeführter Zierstrauch. In Mitteleuropa wurde er ab Ende des 16. Jahrhunderts bekannt. Man hielt ihn in Kübeln und überwinterte ihn in Orangerien. Heute gibt es Sorten, die die kalte Jahreszeit im Freien überstehen.

***Vorkommen** Stammt aus Ostasien. In Süd-, Mittel- und Westeuropa in Gärten. Fällt durch die großen, einzeln stehenden Blüten auf.*

- > ***nur für wintermilde Gebiete geeignet***
- > ***braucht viel Sonne***
- > ***zahlreiche Sorten mit verschiedenen Blütenfarben***

Rizinus

Ricinus communis (Wolfsmilchgewächse)
H 0,5–4 m Febr.–Okt.

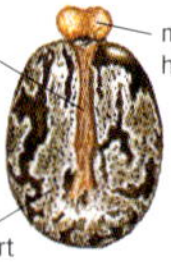

Vorkommen *Heimisch im tropischen Afrika. In Süd- und Mitteleuropa als Zierpflanze, manchmal verwildert. Früchte auffälliger als die Blüten.*

> ***wächst sehr rasch, heißt deshalb auch „Wunderbaum"***
> ***braucht Wärme***
> ***giftig!***

In seiner Heimat wächst Rizinus als bis 12 m hoher Baum, am Mittelmeer bleibt er kleiner und strauchförmig. Bei uns kultiviert man ihn meist nur als einjährige Pflanze. Aus den Samen wird das fette Rizinusöl gepresst. Dieses wird schon seit dem Altertum bei Verstopfung verwendet. Heute findet es sich außerdem unter der Bezeichnung „Kastoröl" oder „Castor Oil" in Kosmetika. Es macht die Haut weich und geschmeidig.

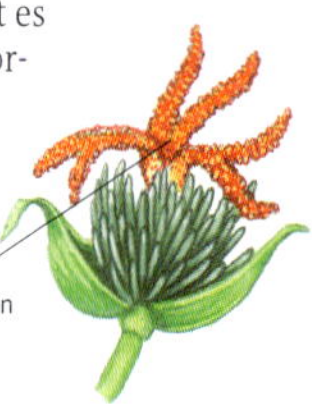

Schon gewusst?

Außer dem wertvollen Öl enthalten die Samen Ricin, eine hochgiftige Substanz. Bereits der Genuss eines einzigen Samens kann tödlich sein. Aus Halsketten mit Rizinussamen kann der Giftstoff auch durch kleine Wunden in den Körper gelangen.

Eingriffliger Weißdorn

Crataegus monogyna (Rosengewächse)

H 2–6 m Mai–Juni

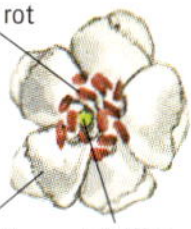

Schon Dioskurides, einer der bedeutendsten Heilkundigen des Altertums, beschrieb den Weißdorn als Heilpflanze. Im Mittelalter empfahlen Heilkundige die blutroten Früchte gegen zu starke Monatsblutungen und Durchfall, die steinharten Kerne gegen Nieren- und Gallensteine. Die noch heute bedeutsame herzstärkende Wirkung wurde erst später erkannt.

Vorkommen *Wild fast in ganz Europa in sonnigen Hecken, Wäldern, Gebüschen, an Felsen. Die Blüten erscheinen nach den Blättern.*

- **Äste tragen Dornen**
- **bekannte Heilpflanze**
- **blüht meist etwas später als der Zweigriffige Weißdorn**

Zweigriffliger Weißdorn

Crataegus laevigata (Rosengewächse)

H 2–10 m Mai–Juni

Arzneimittel mit Auszügen aus Weißdorn gehören zu den am häufigsten verkauften pflanzlichen Präparaten. Sie helfen als „Herzpflegemittel“ bei leichtem Bluthochdruck und Kreislaufschwäche. Um gut zu wirken müssen die Mittel, egal ob sie aus Blättern, Blüten oder Früchten hergestellt sind, mindestens sechs Wochen angewandt werden.

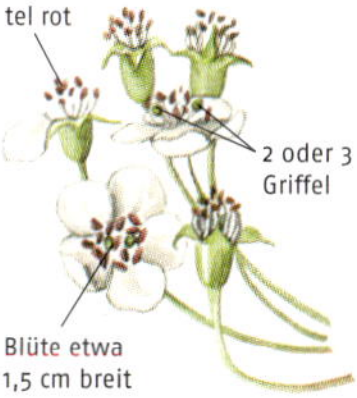

Vorkommen *Fast in ganz Europa wild in Laubwäldern, Hecken, Gebüschen. Meist auf Kalkboden. Die leuchtend roten Früchte enthalten zwei oder drei Samen.*

- **Äste tragen Dornen**
- **Blüten riechen unangenehm**
- **Früchte heißen wegen des mehligen Fleisches „Mehlfässchen“**

Zimt-Himbeere

Rubus odoratus (Rosengewächse)
H 1,5–2 m Juni–Aug.

Vorkommen *Heimisch in Nordamerika an Waldrändern und steinigen Hängen. In Europa in Anlagen und Parks. Bildet bis 5 cm breite rosarote Blüten.*

- > ***Stängel mit steifen Haaren besetzt***
- > ***Früchte zerfallen oft in einzelne kugelige Früchtchen***
- > ***Blüten duften***

Im Gegensatz zur Wald-Himbeere (S. 227) und den daraus gezüchteten Himbeersorten für die Gartenkultur liefert die Zimt-Himbeere ungenießbare Früchte. Sie stellt jedoch ein dekoratives Ziergehölz für halbschattige, etwas feuchte Standorte dar. Allerdings kann sie sich durch unterirdische Ausläufer stark ausbreiten.

Mandelbäumchen

Prunus triloba (Rosengewächse)
H 1,5–3 m März–Mai

Vorkommen *Nur in Kultur bekannte Form aus China. In Europa in Gärten. Typisch sind die rosafarbenen, gefüllten Blüten.*

- > ***meist auch ungelappte, elliptische Blätter vorhanden***
- > ***blüht vor oder mit dem Laubaustrieb***
- > ***bildet nur selten Früchte***

Im Unterschied zur Mandel (S. 107) ist das Mandelbäumchen ausschließlich ein Ziergehölz. Es entwickelt seine ganze Schönheit in Mitteleuropa nur in wärmeren Lagen, da die Blüten sehr empfindlich auf Spätfröste reagieren. Neben den Sträuchern gibt es auch auf Stämmchen veredelte Formen.

Gewöhnlicher Schneeball

Viburnum opulus (Geißblattgewächse)

H 2–4 m   Mai–Juni

Die Randblüten sind unfruchtbar, jedoch so auffällig, dass sie Insekten zu den unscheinbaren, fruchtbaren Zentralblüten locken. Zuchtformen haben auch „gefüllte“ Blütenstände, die nur aus den großen Schaublüten bestehen und dann wirklich Schneebällen ähneln. Die Früchte schmecken den Vögeln nur in nahrungsarmen Zeiten und bleiben oft bis zum Frühjahr stehen. Beim Menschen können sie Durchfall, Erbrechen, Übelkeit und Brennen im Mund auslösen.

Vorkommen *In ganz Europa wild in Auenwäldern, Hecken, an Waldrändern, Bächen. Bis 10 cm breite, weiße Blütenstände.*

> **Blätter gegenständig**
> **abgeschnittene Zweige riechen unangenehm**
> **mit Drüsen am Blattstiel**

Schon gewusst?

Oft fällt der Gewöhnliche Schneeball weniger durch Blüten oder Früchte als vielmehr durch siebartig zerfressene Blätter auf. Verantwortlich dafür sind grün-gelb gefärbte, mit schwarzen Warzen versehene Larven des Schneeball-Blattkäfers (Pyrrhalta viburni).

Gewöhnliche Mahonie

Mahonia aquifolium (Berberitzengewächse)
H 0,5–1,5 m April–Mai

Vorkommen *Aus dem westlichen Nordamerika stammender Zierstrauch, gelegentlich verwildert. Die Blüten bilden auffallende, dichte Blütenstände.*

- ***Innenseite der Rinde sowie Holz gelb gefärbt***
- ***wächst an sonnigen und schattigen Standorten***
- ***gedeiht auch in Industriegebieten***

Die Beeren dienen Amseln und anderen Singvögeln als Winterfutter. Diese verbreiten mit ihrem Kot die Samen und tragen so zur Verwilderung des Strauches bei. Bei Menschen können größere Mengen roher Früchte Übelkeit und Fieber auslösen. Gekocht und durch ein Sieb gestrichen eignen sie sich jedoch als Farb- und Säurezusatz für Marmelade und Quarkspeisen.

Fingerstrauch

Potentilla fruticosa (Rosengewächse)
H 0,4–1,2 m Mai–Sept.

Vorkommen *Wild in Gebirgen der Nordhalbkugel, in Europa nur selten. Häufig gepflanzt in Gärten und Grünanlagen. Blüten meist am Ende der Zweige.*

- ***eignet sich auch für niedrige Hecken***
- ***lockt Bienen an***
- ***es gibt auch Sorten mit roten oder weißen Blüten***

Der Fingerstrauch trägt seinen Namen eigentlich nach der Form der Blätter. Bei den meisten Verwandten des Strauches sind diese tatsächlich handförmig geteilt mit fünf Blättchen. Beim Fingerstrauch sind sie zwar gefiedert, aber immerhin meist fünfzählig. Die Sträucher sind sehr anspruchslos und blühen über einen langen Zeitraum – kein Wunder, dass sie gerne angepflanzt werden.

Hunds-Rose

Rosa canina (Rosengewächse)

H 1–3 m Juni–Juli

Die Früchte, die Hagebutten, liefern aromatischen, angenehm säuerlichen Tee und Vitamin-C-reiches Mus. Ihre altdeutsche Bezeichnung „Butte“ galt früher für „Fass“ und bezeichnet eine kurze, dicke Form. Dieser Name hat sich heute noch in „Büttenreden“ und in „Buddelflasche“ erhalten. Bei den Germanen war die Hunds-Rose der Liebesgöttin Frigg geweiht. Sie stand auch als Symbol für das Weiterleben der Seele nach dem Tod.

Vorkommen *Wild in ganz Europa in Hecken, an Wald- und Wegrändern, auf Ödflächen. Die Blüten eines Strauches können weiß oder rosa sein.*

> ***Blüten duften***
> ***Dornen helfen der Pflanze beim Klettern***
> ***gerne als Veredlungsunterlage für Zierrosen verwendet***

Schon gewusst?

Immer wieder wachsen an Hunds-Rosen auffällige Gebilde, die man früher „Rosenäpfel“ oder „Schlafäpfel“ nannte. Es handelt sich dabei um Gallen, in deren Innerem die Larven der Rosengallwespe (Rhodites rosae) fressen und sich später verpuppen.

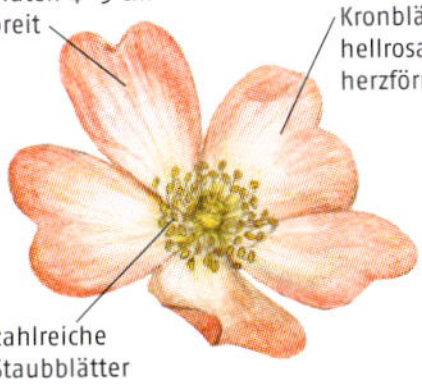

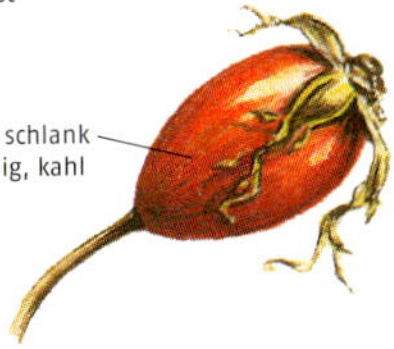

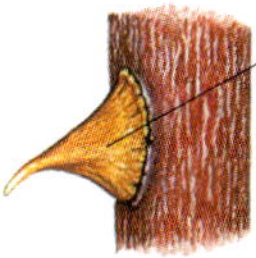

Rotblättrige Rose

Rosa glauca (Rosengewächse)
H 1–3 m Juni–Juli

Vorkommen *Wild in den Gebirgen Mittel- und Südeuropas, an Felsen und in trockenen Gebüschen. Die Blüten leuchten zwischen den dunklen Blättern.*

- > ***eine Wildrose mit besonders auffälligen Blättern***
- > ***nur mäßig bestachelt***
- > ***heißt auch „Hecht-Rose"***

Die Wurzeln der Rotblättrigen Rose können tief in Felsspalten eindringen und so auch an scheinbar trockenen Standorten ausreichend Feuchtigkeit aufnehmen. Der Strauch fand wegen der kontrastreichen Blüten und der auffälligen Blattfärbung den Weg als Zierrose in Gärten. Auch an Straßenböschungen pflanzt man die anspruchslose Art recht gerne.

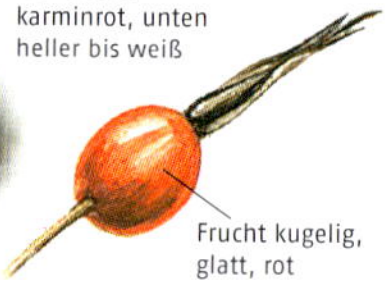

Wein-Rose

Rosa rubiginosa (Rosengewächse)
H 1–3 m Juni–Juli

Vorkommen *Wild in ganz Europa in Gebüschen auf mageren Wiesen, an Waldrändern, felsigen Hängen. Orangefarbene Früchte mit gestielten Drüsen am Stiel.*

- > ***am Duft gut zu erkennen***
- > ***bevorzugt warme Standorte***
- > ***Früchte eignen sich für Tee***

Die Wein-Rose verströmt beim Reiben, im Frühsommer auch ohne Reiben, einen deutlichen Geruch nach frischen Äpfeln. Das geflügelte Wort „Keine Rose ohne Dornen" müsste botanisch gesehen richtig heißen: „Keine Rose ohne Stacheln": Die wehrhaften Gebilde entstehen aus der Hautschicht und lassen sich wegdrücken, ohne den Zweig zu verletzen – und sind somit Stacheln.

Kartoffel-Rose

Rosa rugosa (Rosengewächse)

H 1–2,5 m Juni–Sept.

Die großen Früchte liefern wesentlich mehr Fruchtfleisch als die der Hunds-Rose (S. 225). Sie können auf gleiche Weise verarbeitet werden. Rosen-Züchter verwendeten die Kartoffel-Rose als Basis zur Züchtung von „Öfter-blühenden-Strauchrosen". Die Art hat ihre Hauptblüte zwar im Juni, bildet jedoch noch bis Mitte September weitere Blüten aus.

Vorkommen *Stammt aus Ostasien. In Europa als Hecke, an Straßenböschungen, auf Dünen, auch verwildert. Typische, kugelig-abgeflachte Früchte.*

> ***blüht und fruchtet oft gleichzeitig***
> ***Blüten duften***
> ***erträgt salzhaltigen Boden***

Wald-Himbeere

Rubus idaeus (Rosengewächse)

H 0,5–2 m Mai–Juni

Die sehr aromatischen, vitaminreichen Himbeeren schmecken frisch und in vielerlei Zubereitungen. In Teemischungen sorgen die getrockneten Blätter mit ihrem Filz dafür, dass die Bestandteile gleichmäßig durchmischt bleiben. Neben Kultursorten der Wald-Himbeere wachsen heute in Gärten auch amerikanische Himbeerarten.

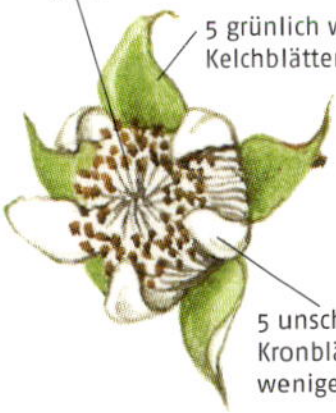

Vorkommen *Wild in ganz Europa auf Waldlichtungen, an Waldwegen, auf Felsschutthalden. Unverwechselbar durch die typischen Früchte.*

> ***Frucht ist nach dem Abpflücken innen hohl***
> ***seit dem Mittelalter in Gärten***
> ***braucht feuchten Boden***

Brombeere

Rubus fruticosus (Rosengewächse)
H 0,5–2 m Mai–Aug.

Vorkommen *Wild in ganz Europa in Gebüschen, Hecken, an Waldrändern, Steinbrüchen, Böschungen. Die rasch wachsenden Stängel können kriechen oder klettern.*

- > ***Blätter bleiben den Winter über grün***
- > ***Frucht ist nach dem Abpflücken innen nicht hohl***
- > ***Blattform, -farbe und Behaarung sehr variabel***

Der Name „Brombeere" kommt vom altdeutschen „bram" und bedeutet „Dornstrauch". Die Dornen verhindern, dass die Stängel zurückrutschen, wenn sie über den Untergrund kriechen oder über andere Pflanzen klettern. Die Blätter enthalten reichlich Gerbstoffe und Fruchtsäuren. Ein Tee daraus lindert Durchfall und Entzündungen der Mundschleimhaut.

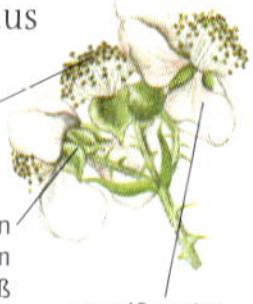

Kratzbeere

Rubus caesius (Rosengewächse)
H 0,5–1 m Mai–Aug.

Vorkommen *Fast in ganz Europa in Auenwäldern, Hecken, an Ufern, Waldrändern, auf Schuttplätzen. Typisch sind die bereiften Früchte.*

- > ***Frucht ist nach dem Abpflücken innen nicht hohl***
- > ***zeigt verdichteten Boden an***
- > ***kann sich mit der Brombeere kreuzen***

Die saftigen Kratzbeeren schmecken weit weniger aromatisch und meist wesentlich herber als Brombeeren. Sie eignen sich jedoch zusammen mit anderem Wildobst für Mischkonfitüren oder auch für einen sehr guten Likör („Kroatzbeeren-Likör"). Wer Brombeeren sammelt, sollte also ruhig auch die Kratzbeeren mit abernten.

Schwarzwerdender Ginster

Cytisus nigricans (Schmetterlingsblütengewächse)

H 0,3–1,2 m Juni–Aug.

Trocknet der Schwarzwerdende Ginster langsam aus, etwa in einer Pflanzenpresse, färbt er sich schwarz. Übergießt man die Pflanze vor dem Trocknen dagegen mit heißem Wasser oder bügelt sie, bleibt sie grün, da hierdurch die Stoffwechselprozesse unterbrochen werden, die für das Schwarzwerden verantwortlich sind.

Vorkommen *Wild in Osteuropa, in den Südalpen und in Süddeutschland an sonnigen Waldrändern. Auffällige Trauben mit bis 100 nickenden Blüten.*

> ***Blüten duften***
> ***braucht warme Standorte***
> ***wächst oft auch auf steinigen Böden***

Jupiterbart

Anthyllis barba-jovis (Schmetterlingsblütengewächse)

H 0,5–2 m April–Juni

Ursprünglich hieß eine Hauswurz (*Sempervivum*) mit fleischigen Blättern und gelben Blüten „Jupiterbart". Sie sollte nach einem mittelalterlichen Aberglauben von Jupiter geschleuderte Blitze abhalten können. Später ging der Name auch auf den silbern schimmernden Strauch über, vielleicht weil dieser aus der Ferne an den weißen Bart des Jupiters erinnert.

Vorkommen *Wild an Küstenfelsen im Mittelmeerraum. In Südeuropa als Zierstrauch kultiviert. Die Blüten bilden endständige Köpfchen.*

> ***besonders die Blattunterseite schimmert silbrig***
> ***erträgt Trockenheit***
> ***sehr schöner, jedoch nicht winterharter Zierstrauch***

Gewöhnlicher Erbsenstrauch

Caragana arborescens (Schmetterlingsblütengewächse)
H 0,5–4 m Mai–Juni

Vorkommen *Stammt aus Sibirien und der Mandschurei. In Europa in Parks, als Windhecke, oft auch an Autobahnen. Blüten einzeln oder bis zu viert.*

> ***giftig!***
> ***stellt geringe Ansprüche an den Boden***
> ***wächst in der Sonne und im Schatten***

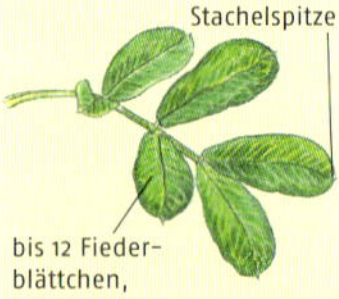

Ab dem 18. Jahrhundert pflanzte man das damals „Sibirischer Erbsenbaum" genannte Ziergehölz häufig in deutsche Gärten. Allerdings blüht es im Vergleich mit heute verbreiteten Ziergehölzen nicht besonders üppig. So verwenden Gärtner es praktisch nur noch an Standorten, an denen es weniger um Blüten als vielmehr um einen anspruchslosen Bewuchs geht.

Gewöhnlicher Blasenstrauch

Colutea arborescens (Schmetterlingsblütengewächse)
H 1,5–4 m Mai–Aug.

Vorkommen *Wild in Südeuropa. In Mitteleuropa oft in Parks, Gärten und an Straßen, gelegentlich auch verwildert. Fällt durch die blasigen Früchte auf.*

> ***giftig!, führt zu Erbrechen und Durchfall***
> ***früher als Abführmittel verwendet***
> ***braucht Wärme***

Die Früchte bleiben lange am Strauch hängen. Sie springen im Gegensatz zu den Hülsen der meisten anderen Schmetterlingsblütengewächse nicht auf, sondern werden als Ganzes vom Wind verblasen. Legt man sie auf die Hand und klatscht darauf, öffnen sie sich mit einem Knall – deshalb hieß der Strauch früher auch „Knallschote".

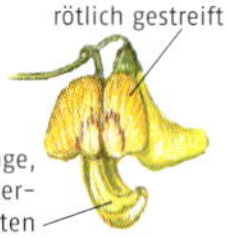

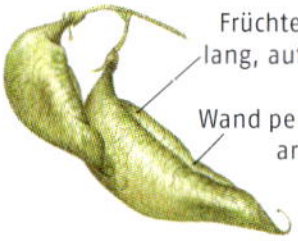

Bitterorange

Poncirus trifoliata (Rautengewächse)
H 1–4 m April–Mai

Im Gegensatz zu ihren Verwandten wie Orange (S. 113) und Zitrone (S. 114) ist die Bitterorange relativ frosthart, so dass sie in Weinbaulagen auch in Mitteleuropa im Freien wachsen kann. Oft verwenden Gärtner sie auch als Veredelungsunterlage für die Zitrus-Sorten, die als Kübelpflanzen verkauft werden.

Vorkommen *Urspünglich in Nordchina beheimatet. In warmen Gebieten Europas in Gärten. Die bis 5 cm großen Früchte bleiben lange an den Zweigen.*

> ***Früchte orangenähnlich, aber nicht essbar***
> ***braucht viel Sonne***
> ***dekorativer Zierstrauch***

Mastixstrauch

Pistacia lentiscus (Sumachgewächse)
H 1–3 m März–Juni

Besonders die Griechen auf der Insel Chios kultivieren baumförmige Exemplare, um Mastix-Harz zu gewinnen. Dieses verwenden sie für Raki-Schnaps, Retsina-Wein und gegen Magenbeschwerden. Techniker schätzen es als Klebemasse für Glas und Edelsteine. Früher schützten Maler ihre Ölgemälde mit einem Firnis aus Mastix, das jedoch stark vergilbt.

Vorkommen *Heimisch im Buschland des gesamten Mittelmeerraumes. Die weiblichen Blüten fallen zwischen den immergrünen Blättern kaum auf.*

> ***es gibt männliche und weibliche Sträucher***
> ***riecht zerrieben terpentinartig***
> ***Harz dient im Orient als Kaumittel***

Terpentin-Pistazie

Pistacia terebinthus (Sumachgewächse)

H 2–5 m April–Juli

Vorkommen *Wild im gesamten Mittelmeerraum im Buschland und in lichten Wäldern. Die erbsengroßen Früchte bilden lockere Fruchtstände.*

- ***wächst als Strauch, auch als kleiner Baum***
- ***Blätter nur im Sommer grün***
- ***kommt nördlich bis an den Gardasee vor***

Aus angeschnittenen Stämmen fließt ein duftendes Harz, das „Terpentin" des Altertums. Heute versteht man unter „Terpentin" ein ätherisches Öl aus dem Harz von Kiefern. Terpentin-Ersatz stammt dagegen aus Erdöl oder Steinkohle. Mit den auf Terpentin-Pistazien häufigen, hohlen Gallen färbt man im Orient Seide.

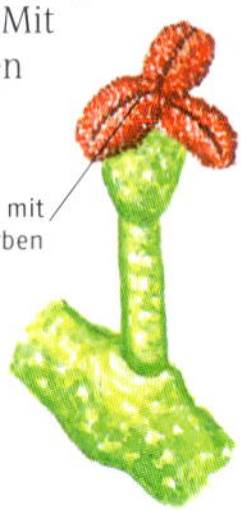

Schon gewusst?

Die haselnussgroßen, grünen Pistazien, die in Mortadella-Wurst und als Knabberfrüchte verwendet werden, stammen von der verwandten Echten Pistazie (Pistacia vera). Dieser bis zehn Meter hohe Baum stammt aus Asien.

Strauch-Rosskastanie

Aesculus parviflora (Rosskastaniengewächse)

H 2–4 m   Juli–Aug.

Im Gegensatz zu den anderen Rosskastanien (S. 155 und 156) bildet die Strauch-Rosskastanie immer mehr als einen Stamm aus. Sie breitet sich durch unterirdische Ausläufer stark aus und kann so dichte Dickichte bilden. Am schönsten wirkt sie bei freiem Stand auf einer großen Rasenfläche. Die Blüten locken Nachtschmetterlinge als Bestäuber an.

Vorkommen *Stammt aus den südöstlichen USA. In Europa als Zierstrauch in Parks und Gärten. Fällt durch die aufrechten Blütenstände auf.*

> ***Blüten duften am Abend***
> ***Blätter färben sich im Herbst gelb***
> ***bildet meist nur wenige, 2–3 cm große Früchte aus***

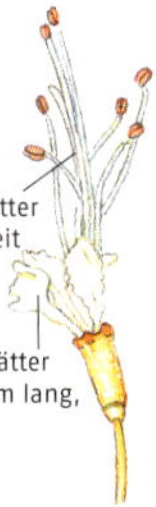

Winter-Jasmin

Jasminum nudiflorum (Ölbaumgewächse)

H 2–3 m   Dez.–April

Im Gegensatz zum verwandten Echten Jasmin (s. Kasten S. 204) bildet der Winter-Jasmin keine Duftstoffe. Er ist jedoch als Zierstrauch beliebt, da er mit seinen langen Zweigen über Mauern und Garagendächer hängt und so manche Bausünde verhüllen kann. Die ersten Blüten im Winter erfrieren bei uns oft, später ist der Strauch dann mit Blüten übersät.

Vorkommen *In den Gebirgen Nordchinas beheimatet. Im Mittelmeerraum und Mitteleuropa als Ziergehölz. Blüht vor dem Laubaustrieb.*

> ***blüht oft bereits im Schnee***
> ***Blätter fallen kaum auf***
> ***bevorzugt milde Lagen, ist aber ziemlich winterhart***

Mönchspfeffer

Vitex agnus-castus (Eisenkrautgewächse)
H 1–6 m   Juni–Nov.

Vorkommen *Wild an Küsten und Flussläufen des Mittelmeerraumes. Bevorzugt sonnige, warme Standorte. Fällt durch die üppigen Blütenstände auf.*

> ***riecht zerrieben stark aromatisch***
> ***heißt auch „Keuschlamm"***
> ***in Mitteleuropa als Kübelpflanze***

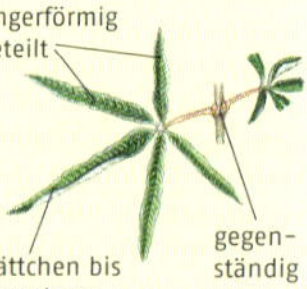

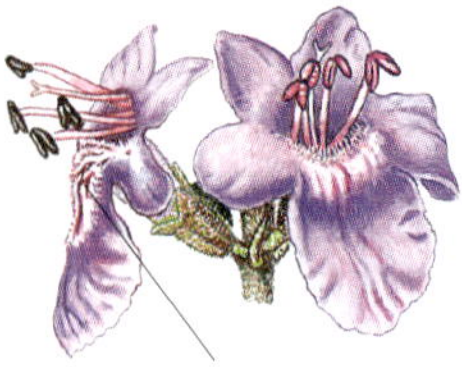

Im Altertum war der Strauch bei den Griechen der Fruchtbarkeitsgöttin Hera geweiht, die der Legende nach unter einem Mönchspfeffer geboren wurde. Bereits damals wussten die Heilkundigen, dass die Pflanze den Geschlechtstrieb beeinflusst. Mönche brachten die Pflanze später nach Mitteleuropa und unterdrückten – um den Zölibat einhalten zu können – ihren Geschlechtstrieb, indem sie ihre Speisen mit den gemahlenen, pfefferartig scharfen Früchten würzten.

Schon gewusst?
Die in den Früchten enthaltenen Stoffe beeinflussen die Bildung von Geschlechtshormonen. Pflanzliche Arzneimittel mit Auszügen aus den Früchten helfen unter anderem bei Menstruationsstörungen.

Gewöhnliche Pimpernuss

Staphylea pinnata (Pimpernussgewächse)

H 2–5 m Mai–Juni

Der Name „Pimpernuss" leitet sich vom mittelhochdeutschen „pimpern" oder „pümpern" ab und bedeutet „klappern": Die Samen klappern bei Bewegung in den hohlen Früchten. Einem alten Aberglauben zufolge sollen die Samen Glück bringen. Manche Menschen tragen deshalb noch heute eines der „Glücksnüsschen" im Geldbeutel.

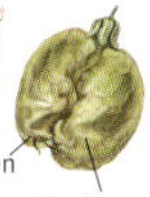

Vorkommen *Wild in Südeuropa, sehr selten in Mitteleuropa an Waldrändern. In Gärten gepflanzt. In den Früchten sitzen erbsengroße Samen.*

> ***Strauch wird im unteren Bereich meist kahl***
> ***bildet typische Früchte***
> ***Samen galten früher als potenzfördernd***

Roter Holunder

Sambucus racemosa (Geißblattgewächse)

H 2–4 m April–Mai

Die rohen, herb-sauer schmeckenden Früchte des Roten Holunders können zu Brechdurchfall führen. Früher dienten sie in der Heilkunde als Abführ- und Brechmittel. Wer gerne mit Wildfrüchten experimentiert, kann jedoch die Beeren kräftig kochen, die Samen abtrennen und den Saft verwenden.

Vorkommen *In Mitteleuropa wild, in Skandinavien eingebürgert. In Wäldern, Gebüschen, an Felshängen. Die Blütenstände erscheinen mit den Blättern.*

> ***Früchte locken Vögel an***
> ***erträgt schattige Standorte***
> ***wächst häufiger in den Bergen als im Flachland***

Kahle Drillingsblume

Bougainvillea glabra (Wunderblumengewächse)
H 5–8 m April–Sept

Vorkommen *Stammt aus Brasilien. In Südeuropa an Mauern, Wänden, in Mitteleuropa als Kübelpflanze. Auffallend durch die rotvioletten Hochblätter.*

> - ***trägt abstehende Dornen an den Stängeln***
> - ***kann in Südeuropa Wände in Blütenmeere verwandeln***
> - ***robust gegen Krankheiten***

Der Name „Drillingsblume" bezieht sich darauf, dass immer drei Hochblätter drei Blüten umgeben. Die gelblichen Blüten fallen jedoch zwischen den leuchtend gefärbten Hochblättern kaum auf. So sind es auch die Hochblätter, die in der Heimat der Pflanze Kolibris als Bestäuber zu den Blüten locken: Für diese Vögel wirken rote Farbtöne besonders attraktiv.

Wohlriechendes Geißblatt

Lonicera caprifolium (Geißblattgewächse)
H 3–6 m Mai–Juli

Vorkommen *Wild in Südeuropa, in Mitteuropa in Gärten und verwildert in Gebüschen. Blüten zu sechst bis zehnt auf dem oberen, scheibenartigen Blattpaar.*

> - ***duftet besonders abends beim Öffnen der Blüten***
> - ***kam in der Mitte des 16. Jahrhunderts nach Deutschland***
> - ***blüht nur bei sonnigem Stand***

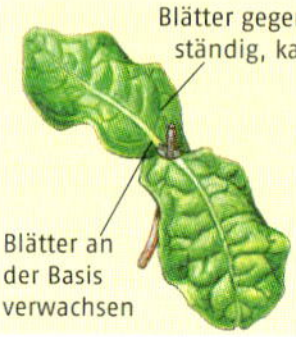

Mit seinem dichten Wuchs und dem fast betörenden Duft ist das Wohlriechende Geißblatt beliebt für „Liebeslauben". Im 18. Jahrhundert zählte es bei uns zu den häufigsten Gartenpflanzen. Die Blüten locken Nachtschmetterlinge an, die zum Teil wie kleine Kolibris im Schwirrflug vor der Blüte stehen und in der langen Kronröhre reichlich Nektar finden.

Wald-Geißblatt

Lonicera periclymenum (Geißblattgewächse)

H 3–6 m Mai–Juli

Früchte leuchtend rot, bis 1 cm groß

Das Wald-Geißblatt wird wie das Wohlriechende Geißblatt (S. 236) häufig „Jelängerjelieber" genannt. Dies kann sich sowohl auf die Blütezeit als auch die Länge der Kletterzweige beziehen. Ende des 19. Jahrhunderts galt „Jelängerjelieber" als „unanständiger bzw. eine unanständige Deutung zulassender Pflanzenname", und sollte deshalb im Schulunterricht nicht erwähnt werden.

Zweige winden sich um die Unterlage

üppige Blütenstände

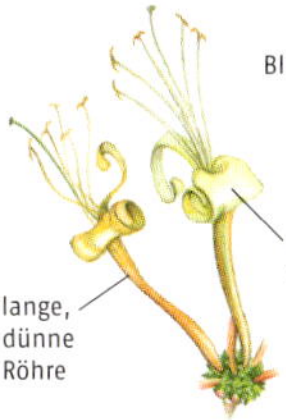

Blüte bis 6 cm lang

lange, dünne Röhre

Vorkommen *Wild in West- und Mitteleuropa in Laubwäldern, an Waldrändern, Gebüschen. Viele Blüten bilden einen Kopf.*

- ***alle Blätter unverwachsen***
- ***braucht Standorte mit hoher Feuchtigkeit***
- ***duftet etwas weniger stark als das Wohlriechende Geißblatt***

Blatt bis 6 cm lang, eiförmig bis elliptisch

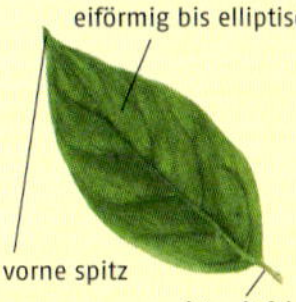

vorne spitz

meist mit Stiel

Japanisches Geißblatt

Lonicera japonica (Geißblattgewächse)

H 2–6 m Mai–Sept.

Die raschwüchsige Schlingpflanze entwickelt oft zweimal in der Saison ihre intensiv jasminartig duftenden Blüten, die kurz nach dem Öffnen weiß und später gelblich sind. Manche Hautpflegeprodukte enthalten unter der Bezeichnung „Lonicera japonica Extract" Auszüge aus den Blättern oder Blüten, die gereizte Haut beruhigen.

Früchte 7 mm dick, blauschwarz, meist zu zweit

Wuchs buschartig oder hoch windend

Blätter immergrün oder über den Winter grün

Vorkommen *Stammt aus Japan, China und Korea. In Mittel- und Südeuropa häufig kultiviert. Die Blüten stehen immer zu zweit beieinander.*

- ***Zweige innen hohl***
- ***anspruchslos, erträgt Hitze und Sonne***
- ***wächst in Südeuropa oft über Pergolen***

Blatt bis 8 cm lang, eiförmig oder länglich

Schling-Flügelknöterich

Fallopia baldschuanica (Knöterichgewächse)

H 5–15 m   Juli–Okt.

Vorkommen *Spaliere an Mauern, Wänden, Straßenlaternen, Balkonen. An sonnigen und halbschattigen Standorten. Attraktiv durch die vielen Blüten.*

- ***windet rechts und links herum***
- ***anspruchslos und robust***
- ***Blüten duften***

Die Schlingpflanze wurde Ende des 19. Jahrhunderts in China entdeckt. In deutschen Gärten tauchte sie nach dem 1. Weltkrieg auf. Passend zu ihren Wuchseigenschaften nannte man sie landläufig bald „Klettermaxe" – in Anlehnung an den Spitznamen eines berüchtigten Einbrechers und Fassadenkletterers, der in den 1920er Jahren in Berlin sein Unwesen trieb. Im Garten wuchert die Pflanze rasch auch über Gebüsche und andere Kletterpflanzen.

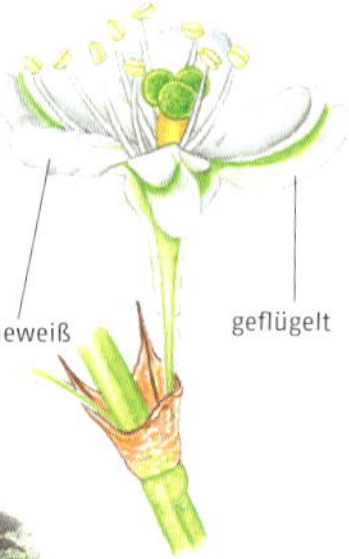

238

Schon gewusst?

Der Schling-Flügelknöterich kann im Jahr mehrere Meter wachsen und so als „Architektentrost" rasch Hauswände, Bausünden und kahle Betonwände verdecken. Mit dieser Aufgabe pflanzt man ihn auch gerne an Lärmschutzwände.

Kiwifrucht

Actinidia deliciosa (Strahlengriffelgewächse)
H 5–7 m Juni

In den 1960er Jahren begannen die Kiwifrüchte ihren Siegeszug in Europa. Anfangs kamen sie meist aus neuseeländischem Anbau, heute gibt es große Kulturen in den Mittelmeerländern. Die Früchte enthalten viel Vitamin C sowie ein Enzym, das Eiweiß zersetzt. Roh eignen sie sich deshalb nicht zum Mischen mit Milchprodukten.

Vorkommen *Stammt ursprünglich aus China. Im Mittelmeerraum kultiviert, selten in Mitteleuropa. Die Früchte reifen bei uns nur in warmen Sommern.*

- > ***Blattunterseite mit dichtem, grauem Filz***
- > ***Blüten duften***
- > ***es gibt männliche und weibliche Pflanzen***

Kletter-Hortensie

Hydrangea anomala ssp. *petiolaris* (Hortensiengewächse)
H 2–15 m Juli

Die Kletter-Hortensie hält sich mit Haftwurzeln am Untergrund fest und kann so an Mauern hinaufwachsen. Allerdings sind besonders die blühenden Zweige oft so schwer, dass sie sich bei starkem Wind von der Wand lösen. Berühren die Haftwurzeln den Erdboden, entwickeln sie sich zu normalen Wurzeln. Aus derartig bewurzelten Zweigen können wieder junge Pflanzen wachsen.

Vorkommen *Stammt aus Japan, Korea und Taiwan. In Europa kultiviert. Bis 25 cm breite schirmförmige Blütenstände mit vergrößerten Randblüten.*

- > ***wächst ziemlich langsam***
- > ***große Randblüten bleiben viele Wochen lang schön***
- > ***blüht auch an schattigen Standorten***

Weinrebe

Vitis vinifera (Weinrebengewächse)
H 5–20 m   Juni–Juli

***Vorkommen** Wild selten in Auenwäldern. Kultursorten häufig in warmen Gegenden gepflanzt, gelegentlich verwildert. Herbstfärbung gelb oder rot.*

- ***hält sich mit Hilfe von Ranken fest***
- ***Blüten duften***
- ***in vielen Sorten weltweit in Kultur***

Wissenschaftler datieren die ältesten Belege für Weinanbau auf 3500–2900 v. Chr. Damit gehört der Wein zu den ältesten Kulturpflanzen. Trauben enthalten Traubenzucker, ein Kohlenhydrat, das vom Körper rasch in das Blut aufgenommen wird und einen Energieschub gibt. Außerdem liefern die Früchte viele Mineralstoffe und die Vitamine B und C. Ein großer Teil der Trauben wird jedoch nicht frisch gegessen, sondern zu Wein gekeltert.

Schon gewusst?

Winzer verwenden Blattaufgüsse und breiartige Umschläge bereits seit langem gegen geschwollene, schmerzende Beine. Mittlerweile gibt es Fertigpräparate gegen Krampfadern und Venenentzündungen, die rotes Weinlaub enthalten.

Dreilappige Jungfernrebe

Parthenocissus tricuspidata (Weinrebengewächse)

H 5–15 m Juni–Aug.

Die attraktive Kletterpflanze wurde bald nach ihrer Einfuhr in Holland vor über 100 Jahren ein Verkaufsschlager. Sie ist genügsam und braucht im Gegensatz zu vielen anderen Kletterpflanzen kein Rankgerüst. Allerdings wächst sie bei Häusern manchmal übers und ins Dach und kann dabei Dachplatten anheben. Nach dem Entfernen der Pflanze von einer Wand bleiben die Haftscheiben wie Saugnäpfe auf dem Untergrund und müssen mühsam abgekratzt oder abgeflammt werden.

***Vorkommen** Heimisch in China und Japan. In Europa an Mauern, Hauswänden. Ranken mit Haftscheiben ermöglichen das Festhalten auch auf glattem Untergrund.*

> ***im Winter kahl***
> ***erträgt auch verschmutzte Stadtluft***
> ***Früchte schwach giftig***

Blätter an jungen Trieben fast ungelappt

Beerenfrüchte dunkelblau, bereift

Blatt glänzend grün

Rand gezähnt

meist 3-lappig

flächige, eng am Untergrund anliegende Kletterpflanze

Schon gewusst?

Von der Dreilappigen Jungfernrebe bewachsene Wände leuchten im Herbst intensiv rot und fallen so schon von weitem auf.

Gewöhnlicher Efeu

Hedera helix (Efeugewächse)
H 0,5–20 m   Sept.–Okt.

Vorkommen *Wild fast in ganz Europa in Wäldern, an Felsen, Gemäuer. Gepflanzt an Mauern, in Gärten und Parks. Die Blüten entwickeln sich im Herbst.*

- > ***eignet sich zum Begrünen von Mauern***
- > ***in vielen Formen in Kultur***
- > ***Früchte dienen im Frühling als Nahrung für Vögel***

Blatt 3–5-lappig, ledrig, immergrün

Der Gewöhnliche Efeu wächst mit Hilfe von Haftwurzeln an Gestein und Stämmen empor. Im Altertum war Efeu den Göttern des Weins geweiht, er galt als Symbol der Heiterkeit und der Geselligkeit. Ruhmreiche Dichter erhielten einen Efeukranz. Im christlichen Glauben sieht man im immergrünen Efeu ein Zeichen der Unsterblichkeit. Deshalb pflanzt man ihn gerne auf Gräber und meißelt seine Blattform auf Grabsteine.

Blüten grünlich gelb, um 0,5 cm groß

Blätter blühender Zweige ungelappt, rautenförmig

Früchte bis 1 cm breit, blauschwarz

dicht belaubt

Zweige kletternd

bildet Stämme mit Haftwurzeln

Schon gewusst?

Der Gewöhnliche Efeu ist kein Schmarotzer, sondern versorgt sich selbst mit Nährstoffen. Wenn er sich in einer Baumkrone zu üppig entwickelt, kann es aber schon einmal passieren, dass dieser Baum „erstickt“ oder unter dem Gewicht zusammenbricht.

Gewöhnliche Waldrebe

Clematis vitalba (Hahnenfußgewächse)

H 5–15 m   Juni–Sept.

Die Blüten locken mit ihrem unangenehmen Duft Bienen und Fliegen an. Die Früchte reifen erst im Winter und lösen sich nur durch starke Winde von der Mutterpflanze. Vom 16. bis 19. Jahrhundert pflanzte man die Gewöhnliche Waldrebe auch in Gärten, vor allem zum Begrünen von Lauben. Heute gibt es hierfür attraktivere Waldreben mit größeren und farbigen Blüten.

Vorkommen *Wild in Mittel- und Südeuropa in Auenwäldern, an Waldrändern, auf Ödflächen. Die Früchte fallen besonders im Winter auf.*

> ***Saft reizt die Haut***
> ***zeigt stickstoffreiche Böden an***
> ***kann große Flächen überziehen***

Alpen-Waldrebe

Clematis alpina (Hahnenfußgewächse)

H 1–3 m   Mai–Juli

Die Alpen-Waldrebe ist an ihren Wildstandorten geschützt. Gärtnereien bieten jedoch verschiedene Sorten für den Garten an. Frische Waldreben enthalten einen giftigen, brennend scharfen Saft. Dieser reizt die Haut so stark, dass sich Blasen bilden. Bettler haben sich früher oft absichtlich den Saft auf die Haut gestrichen, um Mitleid auszulösen.

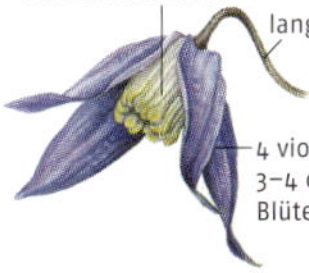

Vorkommen *Wild in den Gebirgen Mittel- und Südosteuropas und in Lappland. Bildet perückenähnliche Früchte.*

> ***Blüten hängen***
> ***braucht feuchten Boden***
> ***auch für Gärten geeignet***

Chinesischer Blauregen

Wisteria sinensis (Schmetterlingsblütengewächse)

H 8–10 m Mai–Juni

Vorkommen *Stammt aus China. In warmen, sonnigen Lagen an Mauern, Pergolen und Balkonen kultiviert. Die Einzelblüten der Trauben öffnen sich gleichzeitig.*

- > ***ganze Pflanze, besonders die Samen, giftig!***
- > ***Blüten duften stark***
- > ***im Winter kahl***

In China schlingen sich die Stämme wild wachsender Blauregen um Bäume und überwuchern Hecken. Dort pflanzten Gärtner die Art auch schon lange als dekorative Zierpflanze, bevor das erste lebende Exemplar im Jahre 1816 nach Europa kam. Die Anzucht junger Pflanzen aus Samen lohnt sich nicht, da diese oft erst nach über zehn Jahren das erste Mal blühen. Besser ist es, die Pflanze durch Abtrennen der von ihr gebildeten Ausläufer zu vermehren.

Schon gewusst?

Bei der Reife platzt der untere Teil der bis 15 cm langen Fruchthülse ruckartig auf und schleudert dabei die Samen bis 9 m weit weg.

Gewöhnliche Jungfernrebe

Parthenocissus quinquefolia (Weinrebengewächse)
H 8–15 m Juni–Aug.

Die anspruchslose Kletterpflanze kam etwa um 1610 nach Europa und wurde schon bald in Parks zum Begrünen von Bogengängen verwendet. An Hauswänden kann sie sich jedoch nicht so gut festhalten wie die Dreilappige Jungfernrebe (S. 241). Man pflanzt sie deshalb besser an Gerüste, die sie mit ihren Ranken umwickeln kann.

unscheinbare Blüten in lockeren Rispen

Blätter färben sich im Herbst rot

dicht beblättert

klettert mit Ranken

Vorkommen *Stammt aus Nordamerika. In Europa an Zäunen, Pergolen und an Häusern, gelegentlich auch verwildert. Triebe häufig rot überlaufen.*

> ***wird auch „Wilder Wein" genannt***
> ***wächst sehr schnell***
> ***bevorzugt Sonne, erträgt aber auch Schatten***

Blatt meist handförmig 5-teilig

Rand grob gesägt

Stiel lang

Amerikanische Klettertrompete

Campsis radicans (Trompetenbaumgewächse)
H 5–10 m Juli–Sept.

In ihrer Heimat lockt die Pflanze Kolibris an. Diese verharren im Schwirrflug vor den Blüten und strecken ihren Kopf so weit hinein, dass sie den reichlichen, in der Röhre verborgenen, zuckerhaltigen Nektar erreichen können. Bei uns beobachtet man öfters Wespen an den Blüten. Sie klettern meist außen am Kelch herum, wo sie ebenfalls etwas Nektar finden.

bis 10 m in die Höhe wachsende Kletterpflanze

blühende Triebe hängen über

Blütenbüschel an den Enden der Triebe

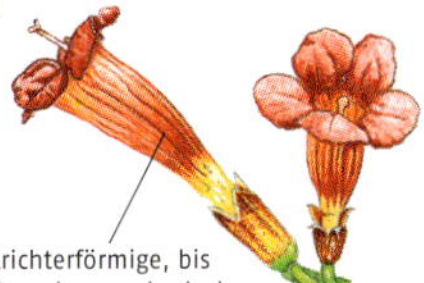

trichterförmige, bis 8 cm lange scharlachrote Blüten

Vorkommen *Stammt aus den USA. In Europa Zierpflanze an Wänden und Balkonen in sonnigen Lagen. Die Blüten stehen in waagerechten Büscheln.*

> ***klettert mit Hilfe von Haftwurzeln***
> ***es gibt auch eine Sorte mit gelben Blüten***
> ***winterhart***

Blatt unpaarig gefiedert

Rand gezähnt

9–11 Blättchen

Register der Baum- und Straucharten

Bildnachweis

Zeichnungen
M. Golte-Bechtle/Kosmos (476); **S. Haag/Kosmos** (29); **R. Hofmann/Kosmos** (11); **G. Kohnle/Kosmos** (2); **W. Lang/Kosmos** (3); **R. Spohn/Kosmos** (351)

Fotografien
A. Bärtels 39oH, 43uH, 58uH, 66oH, 67H, 74oH, 86uH, 93H, 95oH, 108uH, 113H, 114oH, 142H, 143oH, 156uH, 156uN, 229uH; **D. Smit** 64oH; **H.E. Laux** 222uH; **M. Pforr** 70uH, 237oH; **R. Spohn** 2, 16/17, 18H, 18K, 18N, 18Z4, 19oH, 19oN, 19uH, 19uN, 20oH, 20oN, 20uH, 20uN, 21H, 21K, 21N, 22oH, 22oN, 22uH, 22uH, 22uZ2, 23H, 23K, 23N, 24oH, 24oN, 24uH, 24uN, 25H, 25K, 25N, 26oH, 26oN, 26uH, 26uN, 27oH, 27oN, 27uH, 27uN, 28oH, 28oN, 28uH, 28uN, 29H, 29N, 30H, 30K, 30N, 31oH, 31oN, 31uH, 31uN, 32H, 32K, 32N, 33oH, 33oN, 33uH, 33uN, 34H, 34K, 34N, 35oH, 35oN, 35uH, 35uN, 36H, 36K, 36N, 37H, 37K, 37N, 38H, 38K, 38N, 39oN, 39uH, 39uN, 39uZ2, 40H, 40N, 41oH, 41oN, 41uH, 41uN, 42H, 42K, 42N, 43oH, 43oN, 43uN, 43uZ, 44H, 44K, 44N, 44Z3, 45oH, 45oN, 45uH, 45uN, 45uZ, 46H, 46K, 46N, 47oH, 47oN, 47uH, 47uN, 48H, 48K, 48N, 49oH, 49oN, 49uH, 49uN, 50H, 50K, 50N, 51oH, 51oN, 51uH, 51uN, 52H, 52K, 52N, 53oH, 53oN, 53uH, 53uN, 54H, 54K, 54N, 55oH, 55oN, 55uH, 55uN, 56H, 56K, 56N, 57H, 57K, 57N, 58oH, 58oN, 58uN, 59oH, 59oN, 59uH, 59uN, 60H, 60K, 60N, 60Z1, 61oH, 61oN, 61uH, 61uN, 62H, 62K, 62N, 63oH, 63oN, 63uH, 63uN, 64oN, 64oZ, 64uH, 64uN, 65H, 65K1, 65K2, 65N, 66oN, 66uH, 66uN, 67K, 67N, 68H, 68N, 68Z2, 69oH, 69oN, 69uH, 69uN, 70oH, 70oN, 70uN, 71H, 71K, 71N, 72oH, 72oN, 72uH, 72uN, 73H, 73K, 73N, 74oN, 74uH, 74uN, 75H, 75K, 75N, 76H, 76K, 76N, 77oH, 77oN, 77uH, 77uN, 78H, 78K, 78N, 79oH, 79oN, 79uH, 79uN, 80H, 80K, 80N, 81oH, 81oN, 81uH, 81uN, 82H, 82K, 82N, 83oH, 83oN, 83uH, 83uN, 84H, 84K, 84N, 84Z, 85H, 85K, 85N, 85Z3, 86oH, 86oN, 86uN, 87H, 87K, 87N, 88oH, 88oN, 88uH, 88uN, 88uZ1, 89H, 89K, 89N, 90oH, 90oN, 90oZ, 90uH, 90uN, 91H, 91K, 91N, 91Z2, 92oH, 92oN, 92uH, 92uN, 93K, 93N, 94H, 94K, 94N, 94Z2, 95oN, 95uH, 95uN, 96oH, 96oN, 96uH, 96uN, 97H, 97K, 97N, 98oH, 98oN, 98uH, 98uN, 99oH, 99oN, 99uH, 99uN, 100H, 100K, 100N, 100Z1, 101oH, 101oN, 101uH, 101uN, 102oH, 102oN, 102uH, 102uN, 103H, 103K, 103N, 104oH, 104oN, 104uH, 104uN, 105H, 105K, 105N, 105Z2, 106H, 106K, 106N, 107H, 107K, 107N, 107Z3, 108oH, 108oN, 108uN, 109H, 109K, 109N, 110H, 110K, 110N, 111oH, 111oN, 111oZ2, 111uH, 111uN, 112oH, 112oN, 112uH, 112uN, 113K, 113N, 114oN, 114uH, 114uN, 115H, 115K, 115N, 115Z4, 116H, 116K, 116N, 116Z1, 117H, 117N, 118H, 118N, 119oH, 119oN, 119oZ3, 119uH, 119uN, 120H, 120N, 121oH, 121oN, 121uH, 121uN, 122H, 122K, 122N, 123oH, 123oN, 123uH, 123uN, 124H, 124K, 124N, 125H, 125K, 125N, 126oH, 126oN, 126uH, 126uN, 127H, 127N, 128H, 128K, 128N, 129oH, 129oN, 129uH, 129uN, 130oH, 130oN, 130uH, 130uN, 131oH, 131oN, 131uH, 131uN, 132H, 132K, 132N, 133oH, 133oN, 133uH, 133uN, 134oH, 134oN, 134uH, 134uN, 134uZ2, 135H, 135N, 135Z1, 136oH, 136oN, 136uH, 136uN, 137H, 137K, 137N, 138oH, 138oN, 138uH, 138un, 139H, 139K, 139N, 139Z2, 140oH, 140oN, 140uH, 140uN, 141H, 141K, 141N, 141Z2, 142K, 142N, 143oN, 143uH, 143uN, 144H, 144N, 145oH, 145oN, 145uH, 145uN, 146H, 146K, 146N, 147H, 147K, 147N, 148oH, 148oN, 148oZ, 148uH, 148uN, 149H, 149K, 149N, 149Z3, 150oH, 150oN, 150uH, 150uN, 151H, 151K1, 151K2, 151N, 151Z3, 152oH, 152oN, 152uH, 152uN, 153H, 153K, 153N, 154oH, 154oN, 154uH, 154uN, 154uZ2, 155H, 155K, 155N, 156oH, 156oN, 156uZ2, 157H, 157K, 157N, 158oH, 158oN, 158uH, 158uN, 159oH, 159oN, 159uH, 159uN, 159uZ, 160oH, 160oN, 160uH, 160uN, 161oH, 161oN, 161uH, 161uN, 162H, 162K, 162N, 163oH, 163oN, 163uH, 163uN, 164H, 164K, 164N, 165H, 165K, 165N, 165Z2, 166H, 166K, 166N, 167oH, 167oN, 167uH, 167uN, 168oH, 168oN, 168uH, 168uN, 169H, 169K, 169N, 169Z2, 170oH, 170oN, 170uH, 170uN, 171H, 171K, 171N, 172oH, 172oN, 172uH, 172uN, 173H, 173K, 173N, 173Z2, 174oH, 174oN, 174uH, 174uN, 175H, 175K, 175N, 176oH, 176oN, 176uH, 176uN, 177H, 177K, 177N, 177Z3, 178oH, 178oN, 178uH, 178uN, 179oH, 179oN, 179uH, 179uN, 180oH, 180oN, 180uH, 180uN, 181H, 181K, 181N, 182oH, 182oN, 182uH, 182uN, 182uZ, 183oH, 183oN, 183uH, 183uN, 184oH, 184oN, 184uH, 184uN, 185H, 185K, 185N, 186oH, 186oN, 186uH, 186uN, 187H, 187K, 187N, 188H, 188K, 188N, 189oH, 189oN, 189uH, 189uN, 190H, 190K, 190N,

190Z1, 191oH, 191oN, 191uH, 191uN, 192oH, 192oN, 192uH, 192uN, 193H, 193K, 193N, 194oH, 194oN, 194uH, 194uN, 195oH, 195oN, 195uH, 195uN, 196oH, 196oN, 196uH, 196uN, 197oH, 197oN, 197uH, 197uN, 198H, 198K, 198N, 199oH, 199oN, 199uH, 199uN, 200H, 200K, 200N, 201oH, 201oN, 201uH, 201uN, 202H, 202K, 202N, 202oZ1, 202Z1, 203oH, 203oN, 203uH, 203uN, 204H, 204K, 204N, 205oH, 205oN, 205uH, 205uN, 206oH, 206oN, 206uH, 206uN, 207H, 207K, 207N, 208oH, 208oN, 208uH, 208uN, 209oH, 209oN, 209uH, 209uN, 210H, 210K, 210N, 211oH, 211oN, 211uH, 211uN, 212H, 212K, 212N, 213oH, 213oN, 213uH, 213uN, 214H, 214K, 214N, 215oH, 215oN, 215uH, 215uN, 216oH, 216oN, 216uH, 216uN, 217oH, 217oN, 217uH, 217uN, 217uZ, 218oH, 218oN, 218uH, 218uN, 218uZ1, 219oH, 219oN, 219uH, 219uN, 220H, 220K, 220N, 220Z4, 221oH, 221oN, 221uH, 221uN, 222oH, 222oN, 222uN, 223H, 223K, 223N, 223Z3, 224oH, 224oN, 224uH, 224uN, 225H, 225K, 225N, 226oH, 226oN, 226uH, 226uN, 227oH, 227oN, 227uH, 227uN, 228oH, 228oN, 228uH, 228uN, 229oH, 229oN, 229uN, 230oH, 230oN, 230uH, 230uN, 231oH, 231oN, 231uH, 231uN, 232H, 232K, 232N, 232Z2, 233oH, 233oN, 233uH, 233uN, 234H, 234N, 235oH, 235oN, 235uH, 235uN, 236oH, 236oN, 236uH, 236uN, 237oN, 237uH, 237uN, 238H, 238K, 238N, 239oH, 239oN, 239uH, 239uN, 240H, 240K, 240N, 240Z1, 241H, 241K, 241N, 241Z1, 242H, 242K, 242N, 243oH, 243oN, 243uH, 243uN, 244H, 244K, 244N, 245oH, 245oN, 245uH, 245uN, sowie alle Fotos auf der vorderen Innenklappe

H = Hauptmotiv, N = Nebenmotiv, Z = zusätzliches Detail, K = Kasten, o = oben, u = unten

NABU
NABU
Macht Spaß. Macht Sinn.
Die Natur schützen mit dem NABU. Mach mit!
www.NABU.de/aktiv

Die Autoren

Die Autoren dieses Buches, das Biologenehepaar Margot und Roland Spohn, verbringen jede freie Minute draußen in der Natur. Bei der Arbeit an diesem Buch ergänzen sie sich gegenseitig: Margot Spohn schreibt über die Pflanzen und Roland Spohn fotografiert und illustriert sie. Beide haben schon erfolgreich beim Standardwerk „Was blüht denn da? zusammengearbeitet.

Impressum

Mit 848 Fotos und 872 Farbzeichnungen (siehe Bildnachweis S. 252/253).

Das Foto auf der Seite 2 zeigt die Gewöhnliche Fichte. Die Fotos auf der Seite 3 zeigen von oben nach unten: Gewöhnliche Fichte, Winter-Linde, Gewöhnliche Hasel, Gewöhnlicher Efeu. Auf den Seiten 16/17 finden Sie die Aufnahme eines Berg-Ahorns. Auf der hinteren Innenklappe ist der Ginkgo abgebildet.

Umschlaggestaltung: Gramisci Editorialdesign, Cornelia Sekulin, München unter Verwendung eines Fotos von Vincenzo Lombardo/ Getty Images (Stiel-Eiche) und einer Zeichnung von Golte-Bechtle (Frucht Stiel-Eiche).

ISBN: 978-3-440-15181-5
Lektorat: Dr. Stefan Raps
Produktion: Markus Schärtlein / Johannes Geyer
Grundlayout: eStudio Calamar
Printed in Italy / Imprimé en Italie